Kontaktadresse nach EU-Produktsicherheitsverordnung:
produktsicherheit@droemer-knaur.de

KNAUR

Über die Autorin:
Gabriele Zuske ist studierte Tierpsychologin und -homöopathin und praktiziert in Berlin. Seit Jahrzehnten hat sie Erfahrung in der Haltung und Behandlung von Hunden, Katzen und Pferden. Daneben schreibt sie Fachartikel zur Tierhomöopathie. Ihr Schwerpunkt liegt auf den Themen »Homöopathie für Katzen« und »Homöopathie für Hunde«.
Weitere Informationen unter: www.tierpsychologe-online.de

Gabriele Zuske

Homöopathie für Katzen

Erkrankungen und
Verhaltensauffälligkeiten erkennen
und gezielt behandeln

KNAUR

Besuchen Sie uns im Internet:
www.knaur.de
Alle Titel aus dem Bereich MensSana finden Sie
im Internet unter: www.mens-sana.de

Originalausgabe Juni 2012

Ein Imprint der Verlagsgruppe
Droemer Knaur GmbH & Co. KG, München

Redaktion: Ulrike Strerath-Bolz
Umschlaggestaltung: ZERO Werbeagentur, München
Umschlagabbildung: FinePic®, München
Satz: Andrea Mogwitz, München
Druck und Bindung: CPI – Clausen & Bosse, Leck
Printed in Germany
ISBN978-3-426-87612-1

4 6 5

Inhalt

Vorwort

Dieses Buch ist für alle Katzenbesitzerinnen und -besitzer geschrieben, die ihren Katzen bei körperlichen Erkrankungen oder Störungen der Psyche selbst helfen wollen. Oft ist die schulmäßige Tiermedizin allein nicht ausreichend, um eine kranke Katze genesen zu lassen. Manchmal reicht die Kunst des Tierarztes leider nicht aus, um eine Erkrankung durchgreifend zu heilen, so dass die Katze immer wieder Probleme mit einer bestimmten Krankheit oder einer Folgekrankheit hat.

Aus eigener Erfahrung weiß ich, wie schlimm es ist, wenn der geliebte Stubentiger plötzlich erkrankt oder eine Krankheit einfach nicht loswird. Leider kann uns die Katze ja nicht mitteilen, was ihr fehlt oder weh tut, und so fühlen wir uns oft hilflos und wissen nicht, wie wir ihr helfen können. Mit der Homöopathie haben wir aber einen Ansatz zu wirksamer Hilfe. Sicher sollte der erste Weg bei allen ernsten Erkrankungen immer der zum Tierarzt sein; steht die Diagnose aber fest, können wir unserer Katze mit homöopathischen Mitteln unterstützend helfen, die Krankheit schneller zu überstehen. Bei leichteren Erkrankungen kann man auch gleich den Versuch unternehmen, nur mit homöopathischen Mitteln zu behandeln.

Die Homöopathie lässt sich jedoch bei chronischen Krankheiten ebenso einsetzen wie bei akuten Erkrankungen oder

Verletzungen. Wenn man zum ersten Mal erlebt, wie durchgreifend ein homöopathisches Mittel eine chronische Krankheit beeinflusst, glaubt man es selbst kaum. Ich habe es schon viele Male erleben dürfen und bin trotzdem immer wieder erstaunt über die oft schnelle Wirkung der homöopathischen Mittel. Ich habe Katzen behandelt, die über lange Zeit schwere Asthmaanfälle durchlebten und schon nach einer Gabe ihres passenden homöopathischen Mittels – während eines Anfalls – sofort wieder besser atmen konnten. Ich habe auch Katzen erlebt, deren ableitende Harnwege mit einem Harnstein zugesetzt waren und die nach der Gabe des passenden Mittels den Stein nach einigen Minuten auspieselten, weil die Harnwege sich entspannten und den Stein freigaben. Es grenzt manchmal an ein kleines Wunder, wenn eine Katze, die seit Jahren einen chronischen Katzenschnupfen hat, durch die Gabe eines homöopathischen Mittels sofort besser Luft bekommt und nach einigen Stunden keine Schnupfensymptome mehr zeigt.

Bei der Suche nach dem richtigen Mittel sollten Sie sich von den Symptomen leiten lassen, aber auch vom Verhalten Ihrer Katze. Das Kapitel über das Verhalten der Katze habe ich aber auch geschrieben, weil natürliches Verhalten meist nicht mit homöopathischen Mitteln beeinflussbar ist. Verhaltensauffälligkeiten lösen sich dagegen oft sehr schnell in Luft auf, wenn der Mensch erst einmal versteht, was für seine Katze wichtig ist, und ihr ein entsprechendes Umfeld anbietet.

Auch zur richtigen Dosierung und Potenz finden Sie in diesem Buch entsprechende Hinweise. Sie gelten für kleinere

Beschwerden, doch auch hier sollten Sie immer mit Bedacht vorgehen und homöopathische Mittel nicht zu häufig einsetzen. Mein Leitspruch dazu lautet: *So oft wie nötig, so selten wie möglich und nur im Ausnahmefall zur Vorbeugung.*
Hohe Potenzen ab etwa C 30 sollten Sie nur in Absprache mit einem homöopathisch arbeitenden Tierarzt oder einem Tierhomöopathen einsetzen, da diese Potenzen recht lange wirken können und bei einer falschen Auswahl zur Unterdrückung von wichtigen Symptomen oder einer Arzneimittelkrankheit führen könnten. Nur wenn Sie sich absolut sicher sind und viel Erfahrung mit der Homöopathie haben, rate ich dazu, solche hohen Potenzen selbständig anzuwenden.

Dieser Ratgeber ist mit großer Sorgfalt zusammengestellt worden. Trotzdem kann eine Haftung für das Erreichen des zu erwartenden Resultats und eventuell zu erwartende Folgen, die aus der Befolgung der Ratschläge in diesem Buch entstehen, weder durch mich noch durch den Verlag oder Dritte übernommen werden. Wird eine Krankheit oder ein Leiden, das Sie selbst behandeln möchten, nicht in diesem Buch erwähnt, oder erkennen Sie die Probleme Ihrer Katze nicht eindeutig durch die Angaben in der Symptomeliste, dann empfehle ich Ihnen dringend, einen Tierhomöopathen oder einen homöopathisch arbeitenden Tierarzt hinzuzuziehen. Ebenso sollten Sie, wenn das ausgewählte Mittel nicht wirkt, nicht weiterprobieren, sondern einen Homöopathen zu Rate ziehen.

Nun wünsche ich Ihnen viel Erfolg bei der Auswahl der homöopathischen Mittel und eine gesunde Katze für lange Zeit.

Oktober 2011
Gabriele Zuske
Tierpsychologin und Tierhomöopathin

Symptomeliste

Symptome	Indikationen	Medikamente
Aggressives Verhalten	aus Angst	Hyoscyamus, Natrium muriaticum, Tarantula
	aus Eifersucht	Lachesis
	wegen Scheinträchtigkeit	Ignatia
	durch Widerstand	Aurum metallicum, Chamomilla, Lycopodium, Platinum metallicum, Sepia
Akne	allgemein	Arnica, Calcium jodatum, Hepar sulfuris, Kalium jodatum, Sulfur jodatum
	durch Verletzungen, auf Narben	Arnica
	zwischen den Zehen	Ignatia, Selenium
Aktivität	übermäßig	Agarius, Aurum metallicum, Coffea, Jodum, Nux vomica, Phosphorus
	vermindert	Calcium carbonicum, Graphites
Alleine sein	kann nicht	Hyocyamus, Nux vomica, Phosphorus, Pulsatilla, Stramonium, Tarantula

Symptome	Indikationen	Medikamente
	kann	Chamomilla, Graphites, Ignatia, Lachesis, Lycopodium, Natrium muriaticum, Sepia, Staphisagria
	will	Ignatia
Allergie	allgemein	Cardiospermum
Allergie	bei Nesselsucht	Apis, Lachesis, Rhus toxicodendron, Urtica urens
	mit starker Schwellung	Apis
Alterserscheinungen		Arnica, Arsenicum album, Barium carbonicum, Bryonia, Carbo vegetabilis, Crataegus, Ginseng, Kalium carbonicum, Lycopodium, Nux vomica, Opium, Sepia, Solidago
Analdrüsenentzündung		Calcium sulfuricum, Causticum, (siehe unten: »Entzündungen«)
Angst	durch Verfolgung	Argentum nitricum, Tarantula
	plötzlich, durch Schock	Aconitum
	alleine zu sein	siehe oben: »Alleine sein, kann nicht«
	vor glitzernden Gegenständen	Stramonium
	vor Gewitter	Borax, Phosphorus, Rhododendron
	bei Sturm	Rhododendron
	bei Feuerwerk	Borax

Symptome	Indikationen	Medikamente
Appetit, entartet	Eier	Calcium carbonicum
	eigener Kot	Veratrum album
	Gras (ohne Erbrechen)	Silicea
	Kalk, Zement usw.	Calcium carbonicum, Calcium phosphoricum
	Kieselsteine	Lycopodium
	Papier	Calcium phosphoricum
	Sand	Tarantula
	Salziges	Natrium muriaticum
Arthritis/ Arthrose	allgemein	Bryonia, Causticum, Dulcamara, Harpagophytum, Hekla Lava
	Zehen	Ledum, Rhododendron
Aufstoßen und Blähungen		Aloe, Carbo vegetabilis, China, Lycopodium
Autokrankheit		siehe unten: »Reisekrankheit«
Bandscheiben	Halshöhe	Bryonia, Calcium carbonicum, Lachnanthes tinctoria, Silicea
	Rücken (Basisbehandlung)	Calcium carbonicum, Silicea
	Rücken (mit Schmerz)	Arnica, Bryonia, Calcium carbonicum, Hypericum, Rhus toxicodendron, Silicea
	Rücken (Nerven beeinträchtigt)	Arnica, Causticum, Hypericum, Nux vomica, Petroselinum, Plumbum metallicum, Strychninum nitricum

Symptome	Indikationen	Medikamente
Bewegung eingeschränkt	Basisbehandlung	Calcium carbonicum, Calcium fluoratum, Calcium phosphoricum, Silicea
	Bewegung bessert	Rhododendron
	Bewegung verschlechtert	Arnica, Bryonia, Ledum
	bei fortgesetzter Bewegung verschlechtert	Bellis perennis, Rhus toxicodendron, Ruta
	trockene Kälte verschlechtert	Bryonia, Causticum
	Kälte verschlechtert	Ledum
	Nässe und Kälte verschlechtern	Acidum formicicum, Arnica, Dulcamara, Pulsatilla, Rhododendron, Rhus toxicodendron, Ruta
	Wärme bessert	Rhus toxicodendron, Ruta
	Wärme verschlechtert	Ledum, Pulsatilla
Bindehautentzündung	allgemein	Calendula, Cineraria maritima, Echinacea
	akut und eitrig	Belladonna, Hepar sulfuris, Mercurius solubilis oder vivus, Pulsatilla
	chronische Eiterung	Argentum nitricum
	wässriger Ausfluss	Aconitum, Allium cepa, Apis, Euphrasia
	mit Schwellung	Apis
Bisswunden	siehe unten: »Schnitt- und Stichwunden«	

Symptome	Indikationen	Medikamente
Blasen-entzündung	allgemein	Echinacea, Equisetum hiemale, Hepar sulfuris, Oleum terebinthinae, Solidago
	bei Funktionsstörungen	Arnica, Hypericum, Nux vomica, Petroselinum, Plumbum metallicum, Strychninum nitricum
	durch Rückenmarkerkrankung	siehe oben: »Bandscheiben«
	bei trockener Kälte	Aconitum, Causticum
	bei feuchter Kälte	Dulcamara, Rhus toxicodendron
	akut und heftig	Cantharis, Pareira brava
	während der Rolligkeit	Oleum terebinthinae, Pulsatilla
Blasenfunktion gestört	allgemein	Petroselinum
	durch Emotionen	Hyoscyamus, Pulsatilla
Blaues Auge		Arnica, Ledum, Hypericum
Blähungen und Aufstoßen		Aloe, Carbo vegetabilis, China, Lycopodium
Blutungen Penis (Schleimhaut)		Acidum nitricum, Arnica, Hamamelis, Millefolium
Bluterguss		Arnica, Bellis perennis
Bluterguss in der Ohrmuschel	Othämatom	Arnica, Conium, Hamamelis
Blutungen im Augapfel		Hamamelis, Symphytum
Blutungen, äußere	kleinere Blutungen	Arnica, Hamamelis, Millefolium
Brandige Haut		Arsenicum album, Sulfur

Symptome	Indikationen	Medikamente
Brandwunden	ersten Grades	Calendula, Urtica urens, siehe unten: »Verbrennungen«
Deckunwilligkeit der Katze	mit Aggressionen	Sepia
	ängstlich und unsicher	Pulsatilla
Dominantes Verhalten	immer	Aurum metallicum, Lycopodium, Platinum, Sepia
	ab und zu	Chamomilla, Natrium muriaticum
Durchfall	siehe unten: »Erbrechen« und »Nervöser Durchfall«	
Durst	psychisch beeinflusst	Acidum phosphoricum
Entwässerung	um Leber und Niere anzuregen	Berberis, Cantharis, Lycopodium, Solidago
Entzündungen	Anfangsstadium ohne lokale Symptome	Aconitum
	mit ersten lokalen Symptomen	Belladonna
	mit lokalen Veränderungen ohne Eiterung	Apis, Bryonia
	mit Eiterungen und Abszessbildung	Hepar sulfuris, Mercurius sebifera, Mercurius solubilis, Siegesbeckia orientalis, Tarantula
	schlecht heilende Entzündungen (Fistelbildung)	Calcium sulfuricum, Silicea

Symptome	Indikationen	Medikamente
	allgemeine Infektion	Ferrum phosphoricum, Lachesis
	unterstützende Mittel	Arnica, Calendula, Echinacea
	Nosode	Pyrogenium
Erbrechen mit/ ohne Durchfall	bei Bauchgrippe	Arsenicum album, Ipecacuanha
	mit Dickdarmproblemen	Aloe, Ignatia, Lycopodium, Mercurius corrosivus, Mercurius solubilis, Nux vomica, Rheum
	chronischer Durchfall (alte Katze)	Sulfur
	Welpen, durch Muttermilch	Aethusa
	bei Ernährungsstörungen	Aethusa, Arsenicum album, Nux vomica, Okoubaka, Pulsatilla
	mit Reizbarkeit	Antimonium crudum, Colocynthis, Natrium muriaticum
	Erbrechen, morgens	Arsenicum album, Bryonia, Ipecacuanha
	Erbrechen, hervorschießend	Aethusa, Colocynthis, Nux vomica
	beim Zahnwechsel	Chamomilla
	mit Nervosität	Argentum nitricum, Gelsemium, Ignatia, Nux vomica, Staphisagria
	durch Aufregung	Argentum nitricum, Gelsemium, Nux vomica

Symptome	Indikationen	Medikamente
Erfrierungen	siehe unten: »Verbrennungen«	
Fellprobleme	siehe unten: »Haarkleid«	
Fettsucht		Cimicifuga, Fucus vesiculosus, Ginkgo biloba, Graphites, Pulsatilla
Fisteln	siehe unten: »Knochenhautverletzung« und »Knochenverletzung«, »Sehnenverletzung«; siehe oben: »Entzündungen«	Hypericum, Silicea
Gebärmutterblutungen		Cimicifuga, Hamamelis, Millefolium, Secale cornutum, Ustilago maydis
Gebärmutterentzündung		Caulophyllum, Echinacea, Helonias, Hepar sulfuris, Hydrastis, Kalium jodatum, Pulsatilla, Sabina, Secale cornutum, Sepia
	allgemein	Echinacea, Lachesis, Pyrogenium
Gebiss – Zahnwechsel	Basisbehandlung	Calcium carbonicum, Calcium phosphoricum, Calcium fluoratum, Silicea
	während Erbrechen/ Durchfall	Chamomilla
	Zähne bröckeln ab	Acidum fluoricum
Gerstenkorn		Hepar sulfuris, Myristica sebifera

Symptome	Indikationen	Medikamente
Geschlechtstrieb	gesteigert	Agnus castus, Arsenicum album, Asa foetida, Aurum metallicum, Gelsemium, Majorana, Murex purpureus, Platinum, Stramonium, Tarantula
	vermindert	siehe unten: »Impotenz«
Haarkleid	abgebrochene Haare	Lycopodium
	trockenes Fell mit roter Haut	Sulfur
	starkes Haaren	Sulfur, Thallium aceticum
Hagelkorn		Graphites, Platanus occidentalis, Staphisagria
Harnleiterkrampf		Sabal serrulatum
Harnwegsteine		Berberis, Lycopodium, Orthosiphonis stamineus, Rubia tinctorum, Solidago
Haut-/bzw. Muskelverletzung		Arnica, Bellis perennis, Calendula
Hautprobleme	Besserung durch Kälte	Apis, Arsenicum album, Carbo vegetabilis, Dolichos pruriens, Fagopyrum, Ledum, Mezereum, Sulfur
	Verschlimmerung durch Kälte	Antimonium crudum, Carbo animalis, Causticum, Hepar sulfuris, Petroleum, Psorinum, Rhus toxicodendron
	Besserung durch Wärme	Carbo animalis, Hepar sulfuris, Psorinum

Symptome	Indikationen	Medikamente
	Verschlimmerung durch Wärme	Antimonium crudum, Apis, Arsenicum album, Carbo vegetabilis, Dolichos pruriens, Fagopyrum, Kalium arsenicosum, Kreosotum, Ledum, Mezereum, Sulfur
	Verschlimmerung durch Nässe	Sulfur
	am Hoden	Croton tiglium, Rhus toxicodendron
	an Übergängen von der Haut zur Schleimhaut	Argentum nitricum, Petroleum
	an der Geschlechtsöffnung	Croton tiglium
	am gesamten Rücken	Agaricus
Heimweh	nach Umzug oder in Pension	Ignatia
Heiserkeit		Arum triphyllum, Causticum, Paris quadrifolia
Hinterhandschwäche		Causticum, Conium, Ginkgo biloba, Natrium muriaticum, (siehe auch oben: »Bandscheiben«)
Hoden steigen nicht ab		Cimicifuga, Pulsatilla
Hornhautentzündung (Geschwürbildung)		Aethiops antimonialis, Aurum jodatum, Calendula, Kalium bichromicum, Silicea

Symptome	Indikationen	Medikamente
Husten	durch Allergie	Ammi visnaga, Grindelia robusta
	durch asthmatische Bronchitis	Yerba santa
	durch chronische Bronchitis	Arsenicum jodatum, Stannum, Antimonium tartaricum
	durch trockene Kälte	Aconitum, Causticum
	durch feuchte Kälte	Dulcamara, Rhus toxicodendron
	durch Lungenemphysem	Ammonicum carbonicum
	durch Virusinfektion	Arsenicum album
	mit zähem Schleim	Kalium bichromicum
	mit Erbrechen	Ipecacuanha
	krampfartig	Cuprum aceticum
	durch Einatmen von Ammoniak	Arum triphyllum, Ammonium carbonicum
	durch unterdrückte Hauterkrankungen	Sulfur
	durch Impfreaktion	Thuja
	nervös bedingt	Hyoscyamus, Ignatia
	Resorptionsmittel	Arsenicum jodatum
	sehr schmerzhaft	Bryonia
Hysterie	bei der Geburt oder Scheinschwangerschaft	Asa foetida
	bei Angst	Hyoscyamus

Symptome	Indikationen	Medikamente
	ohne Grund, plötzlich	Ignatia
Impotenz		Acidum phosphoricum, Agnus castus, Arnica, Damiana, Ginseng, Yohimbinum
Infekt		Calendula, Echinacea angustifolia, Hypericum, Lachesis, Ledum, Pyrogenium
Juckreiz	durch Erregung	Nux vomica
	durch Geschlechtstrieb	Majorana
	ohne Fell- und Hautschädigungen	Agaricus
Kahlheit	mit Juckreiz	Graphites, Natrium muriaticum, Pulsatilla
	ohne Juckreiz, eventuell mit Pigmentstörungen und lokal begrenzt	Apis, Lachesis, Pulsatilla
	symmetrisch	Graphites, Lachesis
Knochenbruch		Hekla Lava, Symphytum
Knochenentkalkung		Calcium carbonicum, Calcium fluoratum, Calcium phosphoricum, Hekla Lava
Knochenverletzungen		Hekla Lava, Ruta, Symphytum
Knochenwucherungen		Calcium fluoratum, Causticum, Harpagophytum, Hekla Lava, Ruta, Symphytum

Symptome	Indikationen	Medikamente
Leckgranulom	allgemein	Arnica, Hyoscyamus, Hypericum, Ignatia
	eiternd	Silicea
Lidakne		Sulfur jodatum
Lider	geschwollen durch Allergie oder Infekt	Apis, Ledum
Lidwarzen		Acidum nitricum, Thuja
Linsentrübung		Calcium fluoratum, Causticum, Cineraria maritima, Naphthalium, Sulfur
Lippenfalten-ekzem		Mezereum
Mandel-entzündung		Kalium bichromicum, Kalium jodatum, Lachesis, Lycopodium, Mercurius bijodatus, Phytolacca, Sulfur jodatum
Milchglasauge		Thuja
Milchmangel		Agnus castus, Alfalfa, Asa foetida
Mundentzündung		Calendula, Chamomilla, Kreosotum, Mercurius solubilis, Mercurius vivus
Nachgeburt	löst sich nicht	Caulophylum, Sabina, Secale cornutum
Nagt an den Pfoten	durch Unruhe	Hyocyamus, Ignatia
	durch Unfall	Arnica, Hypericum
Narben	entzünden sich	Arnica, Silicea
	hart und schmerzhaft	Calendula, Conium, Graphites, Silicea

Symptome	Indikationen	Medikamente
	auf Hornhaut	Conium, Graphites, Silicea
Nasenausfluss	eitrig	Cinnabaris, Hepar sulfuris, Kalium bichromicum, Luffa operculata, Pulsatilla
	wässrig	Allium cepa, Euphrasia, Luffa operculata, Galphimia glauca
Nasenbluten	allgemein	Hamamelis, Millefolium
	durch Verletzung	Arnica, siehe auch unten: »Verletzungen«
Nervenzucken		Agaricus, Zincum metallicum
Nervöser Durchfall		Argentum nitricum, Gelsemium, Ignatia, Nux vomica, Staphisagria
Nervöser Husten		Hyoscyamus, Ignatia
Nierenentzündung	akut	Cantharis, Echinacea angustifolia
	Schrumpfniere (CNI)	Lespedezia sieboldi, Orthosiphonis stamineus, Solidago virgaurea
Nierensteine		siehe oben: »Harnwegsteine«
Nymphomanie		Apis, Aurum metallicum, Cimicifuga, Murex purpureus, Platinum
Ohrenentzündung	akut, eitrig, schmerzhaft	Hepar sulfuris
	akut, wässrig-eitrig	Mercurius vivus, Silicea
	chronisch, Gehörgang verstopfend	Tellurium

Symptome	Indikationen	Medikamente
	chronisch, eitrig, mit Geschwürbildung	Aethiops antimonialis
	chronisch, Schrunden bildend, blutig	Acidum nitricum
	chronisch, Ausfluss honigartig	Graphites
Operationswunden		Arnica, Calendula, Echinacea angustifolia, Hypericum, Staphisagria
Prostataerkrankung	vergrößert	Majorana
Reisekrankheit		Apomorphinum muriaticum, Borax, Cocculus, Hyoscyamus, Nux vomica, Passiflora incarnata, Petroleum, Tabacum
Reizbarkeit	bei Ruhestörung	Graphites
	allgemein	Calcium carbonicum, Chamomilla, Jodum, Staphisagria, Tarantula
	durch Unfall	Arnica
	durch Scheinträchtigkeit	Ignatia
Rolligkeit	bleibt aus	Cimicifuga, Pulsatilla
Samenqualität	schlecht	Cimicifuga, Pulsatilla
Scheinträchtigkeit	aggressiv (ohne Milch)	Ignatia
	viel Milch	Pulsatilla
	hysterisch	Asa foetida

Symptome	Indikationen	Medikamente
	Milchproduktion stoppen	Phytolacca, Salvia officinalis, Urtica urens
	vorbeugend gegen Knoten	Phytolacca
Schlaf	schläft viel	Antimonium crudum
	schläft wenig	Coffea
Schnitt- und Stichwunden		Arnica, Hypericum, Ledum, Staphisagria
Schock	körperlich	Arnica
	seelisch	Aconitum
	mit Erschöpfung oder Austrocknung bei Erbrechen und Durchfall	Carbo vegetabilis, China, Podophyllum peltatum, Veratrum album
Schrundige Haut		Acidum nitricum, Antimonium crudum
Schuppen		Kalium arsenicosum, Sulfur
Schürfwunden		Calendula
Schwäche	mit Nervosität	Acidum phosphoricum, Arnica, Arsenicum album, Avena sativa, Calcium carbonicum, Calcium phosphoricum, Jodum, Silicea
Schwielen		Antimonium crudum
Sehnenverletzungen		Calendula, Ledum, Rhus toxicodendron Ruta
Sonne	Wärme wird nicht vertragen	Antimonium crudum, Natrium muriaticum, Psorinum

Symptome	Indikationen	Medikamente
Stubenrein, nicht	markiert	siehe oben: »Geschlechtstrieb, übermäßig«
	unwillkürlich	Hyoscyamus, Nux vomica, Pulsatilla
	absichtlich	Staphisagria, Stramonium
Stuhlgang	schlechter	Caulophyllum, Gelsemium
Tränen	bilden Streifen	Graphites, Kalium bichromicum, Silicea
Trockene Augen		Alumina, Aurum jodatum, Kalium bichromicum
Trockene Nase		Antimonium crudum, Causticum, Graphites, Natrium muriaticum
Verwachsungen	im Bauch	Graphites, Sepia, Silicea
Verbrennungen	mit Blasen	Cantharis, Urtica
	mit Juckreiz	Agaricus, siehe oben: »Brandwunden«
Verhaltensprobleme	durch Kastration	Lachesis
	durch Schreck	Aconitum, Opium
	durch Eifersucht	Hyoscyamus, Lachesis
	durch Misshandlung	Nux vomica, Staphisagria
	durch Narkose	Opium
	durch Umzug	Hyoscyamus, Ignatia, Stramonium
	durch Unfall	Arnica
	durch Alter (Demenz)	Barium carbonicum, Stramonium
	durch Strafe	Ignatia

Symptome	Indikationen	Medikamente
	durch Verlassen	Graphites, Hyoscyamus, Ignatia, Nux vomica, Staphisagria, Stramonium
Verrenkungen		Bellis perennis, Bryonia, Calcium carbonicum, Calcium fluoratum, Calcium phosphoricum, Ledum, Rhododendron, Rhus toxicodendron, Ruta, Silicea
Warzen		Acidum nitricum, Causticum, Thuja
Wechselwirkungen	zwischen Haut und inneren Beschwerden	Graphites, Mezereum, Sulfur, Urtica
Wehenschwäche		Caulophyllum, Gelsemium, Sabina, Secale cornutum
Wildes Fleisch		siehe oben: »Knochen- und Sehnenverletzungen«
Wunden	allgemein	Calendula
	Gewebe nervenreich	Hypericum
	mit hohem Gewebeverlust	Bellis perennis
Würmer	Folgen durch Befall	Abrotanum
	Bandwürmer	Cuprum oxydatum nigrum
	Spulwürmer	Cina
Zehenverletzung		Hypericum, Ledum
Zerstörungswut	wenn alleine	siehe oben: »Alleine sein, kann nicht«
	aus Frust	Agaricus
	aus Langeweile	Coffea

Homöopathische Konstitutionstypen und Verhaltensstörungen

Repertorium zu Verhaltensproblemen

Diese Gesamtübersicht beschreibt die homöopathischen Mittel, die bei Verhaltensproblemen in Betracht gezogen werden können. Genauere Anweisungen finden Sie in den Beschreibungen der nachfolgenden homöopathischen Mittel.

Symptome	Indikationen	Medikamente
Aggressives Verhalten	aus Angst	Hyoscyamus, Natrium muriaticum, Tarantula
	aus Eifersucht	Lachesis
	bei Scheinschwangerschaft	Ignatia
	durch Widerstand	Antimonium crudum, Aurum metallicum, Chamomilla, Lycopodium, Platinum metallicum, Sepia
Alleine sein	kann nicht	Hyocyamus, Nux vomica, Phosphorus, Pulsatilla, Stramonium, Tarantula
	kann	Chamomilla, Graphites, Ignatia, Lachesis, Lycopodium, Natrium muriaticum, Sepia, Staphisagria
	will	Ignatia

Symptome	Indikationen	Medikamente
Angst	durch Verfolgung	Argentum nitricum, Tarantula
	plötzlich, durch Schock	Aconitum
	alleine zu sein	siehe: »Alleine sein, kann nicht«
	vor glitzernden Gegenständen	Stramonium
	vor Gewitter	Borax, Phosphorus, Rhododendron
	bei Sturm	Rhododendron
	bei Feuerwerk	Borax
Appetit, entartet	Eier	Calcium carbonicum
	eigener Kot	Veratrum album
	Gras (ohne Erbrechen)	Silicea
	Kalk, Zement usw.	Calcium carbonicum, Calcium phosphoricum
	Kieselsteine	Lycopodium
	Papier	Calcium phosphoricum
	Sand	Tarantula
	Salziges	Natrium muriaticum
Beruhigung	Mittel zur	Avena sativa, Passiflora incarnata
Dominantes Verhalten	immer	Aurum metallicum, Lycopodium, Platinum, Sepia
	ab und zu	Chamomilla, Natrium muriaticum
Durst	psychisch beeinflusst	Acidum phosphoricum

Symptome	Indikationen	Medikamente
Heimweh	nach Umzug oder in Pension	Ignatia
Hysterie	bei der Geburt oder Scheinschwangerschaft	Asa foetida
	bei Angst	Hyoscyamus
	ohne Grund, plötzlich	Ignatia
Nagt an den Pfoten	durch Unruhe	Hyocyamus, Ignatia
	durch Unfall	Arnica, Hypericum
Nervenzucken		Agaricus, Zincum metallicum
Nervöser Durchfall		Argentum nitricum, Gelsemium, Ignatia, Nux vomica, Staphisagria
Nervöser Husten		Hyoscyamus, Ignatia
Reizbarkeit	bei Ruhestörung	Graphites
	allgemein	Calcium carbonicum, Chamomilla, Jodum, Staphisagria, Tarantula
	durch Unfall	Arnica
	durch Scheinträchtigkeit	Ignatia
Schlaf	schläft viel	Antimonium crudum
	schläft wenig	Coffea
Schwäche	mit Nervosität	Acidum phosphoricum, Arnica, Arsenicum album, Avena sativa, Calcium carbonicum, Calcium phosphoricum, Jodum, Silicea

Symptome	Indikationen	Medikamente
Stubenrein, nicht	markiert	siehe oben: »Übermäßiger Geschlechtstrieb«
	unwillkürlich	Hyoscyamus, Nux vomica, Pulsatilla
	absichtlich	Staphisagria, Stramonium
Übermäßig aktiv		Agaricus, Aurum metallicum, Coffea, Jodum, Nux vomica, Phosphorus
Übermäßiger Geschlechtstrieb		Agnus castus, Arsenicum album, Asa foetida, Aurum metallicum, Gelsemium, Murex purpureus, Origanum majorana, Platinum, Stramonium, Tarantula
Verfolgungswahn		Argentum nitricum, Tarantula
Verhaltensprobleme	durch Kastration	Lachesis
	durch Schreck	Aconitum, Opium
	durch Eifersucht	Hyoscyamus, Lachesis
	durch Misshandlung	Nux vomica, Staphisagria
	durch Narkose	Opium
	durch Umzug	Hyoscyamus, Ignatia, Stramonium
	durch Unfall	Arnica
	durch Alter (Demenz)	Barium carbonicum, Stramonium
	durch Strafe	Ignatia
	durch Verlassen	Graphites, Hyoscyamus, Ignatia, Nux vomica, Staphisagria, Stramonium

Symptome	Indikationen	Medikamente
Verminderte Aktivität		Calcium carbonicum, Graphites
Zerstörungswut	wenn alleine	siehe oben: »Alleine sein, kann nicht«
	aus Frust	Agaricus
	aus Langeweile	Coffea

Die Behandlung von Verhaltensstörungen

Verhaltensstörungen lassen sich homöopathisch eigentlich recht gut beeinflussen, wenn man dazu noch die Modalitäten (Besserung oder Verschlechterung bei ...) und eventuell auslösende Symptome einbeziehen kann. Dazu sollte der Besitzer oder der Tierhomöopath jedoch gute Kenntnisse in der *Materia medica* haben und ein *Repertorium* zur Auswahl des passenden Mittels benutzen.

Die *Materia medica* ist eine Sammlung der einsetzbaren homöopathischen Arzneimittelbilder, in der alle Mittel genau beschrieben sind. Das *Repertorium* ist ein Nachschlagewerk mit allen Symptomen und den dazupassenden homöopathischen Mitteln. Es ist immens wichtig, das genau passende Mittel für die Katze zu finden, damit dieses die psychischen Probleme beeinflussen kann. Repertorien gibt es mittlerweile auch schon für Tiere. Man kann zwar auch eines für Menschen benutzen, hat dabei aber die Schwierigkeit, diese Symptome, die ja für Menschen beschrieben wurden, zu übersetzen. Normales Katzenverhalten kann meist nicht zur Auswahl hinzugezogen werden. Unter Umständen sollte man einen Tierpsychologen einbeziehen, um normales von gestörtem Verhalten abgrenzen zu können, wenn man sich unsicher dabei ist, das Verhalten der Katze richtig zu verstehen.

Damit man Verhaltensprobleme bei der Katze lösen kann, muss man versuchen, möglichst tief zu den Wurzeln der Krankheit vorzudringen, und das Heilmittel suchen, das die größte Ähnlichkeit mit der Katze hat. Dazu setzt man verschiedene Arten von Auswahlsymptomen ein.

Die Symptome werden dabei nach Wertigkeit aufgelistet. Es stehen hochwertige und geringwertige Symptome zur Auswahl. Hierzu zählen, nach Wichtigkeit aufgezählt:

- die Typdiagnose
- die Suche nach der Krankheitsursache
- die charakteristischen Symptome
- die Verhaltenssymptome
- die Modalitäten
- die lokalen Symptome

Was ist ein Konstitutionstyp, und wie entsteht er?

Der Konstitutionstyp ist in der Regel prädestiniert für ein bestimmtes Krankheits- oder Gemütsbild. Erkrankungen, die im Arzneimittelbild auftreten, finden sich dann auch bei der Katze wieder und zeigen sich bei den Verhaltenssymptomen. Manchmal deckt ein homöopathisches Mittel nicht alle Symptome ab, weil die Katze zwischen zwei Konstitutionsmitteln liegt oder gerade einen Wandel vollzieht. Viele junge Katzen sind z. B. in den ersten Monaten ein Calcium-carbonicum-Typ und wandeln sich dann mit dem Erwachsenwerden zu Pulsatilla oder Lycopodium. In der Phase des Übergangs könnten beide Mittel der Katze helfen. Der Arzneimitteltyp bleibt jedoch selbst beim gesunden Tier erkennbar.

Veranlagung kann ebenso wie diverse äußere Einflüsse für die Entstehung eines Konstitutionstyps verantwortlich sein. Spielt die Veranlagung die größere Rolle, spricht man von Konstitution.

Konstitutionsbehandlungen sind bei Katzen schwierig, weil die Veranlagung häufig nicht nachvollziehbar ist, wenn man die Herkunft der Katze nicht kennt. Die Typbestimmung ist dagegen etwas einfacher, da hier Auswahlkriterien wie Körperbau, Verhaltensmuster zu Hause oder beim Tierarzt oder charakteristische Symptome mit einfließen können.

Die Auswahlkriterien können als Hilfsmittel angesehen werden, denn nicht immer passen alle Diagnosen. Trifft man z. B. auf einen mageren Graphites-Typ, kann der Punkt »im Allgemeinen dick« in die Auswahl nicht einbezogen werden. Trotzdem kann die Katze ein Graphites-Typ sein. So kann es sich auch mit anderen homöopathischen Mitteln verhalten.

Die Typdiagnose

Körperliche Beschwerden verschwinden oft, wenn man das passende Typmittel findet; dann ist man nicht darauf angewiesen, mit homöopathischen Mitteln zu arbeiten, die nur auf organotroper Basis heilen. Bei einer Blasenentzündung könnte z. B. Cantharis auf der organotropen Behandlungsbasis richtig sein, als Typmittel für die Katze könnte es jedoch Pulsatilla sein, wenn es zu ihrem Verhalten passt. Das homöopathische Typmittel muss die Blasenentzündung nicht im Arzneimittelbild zeigen; trotzdem wird es der Katze heilend helfen können. Ein Typmittel kann alle Erkrankungen bei der Katze positiv beeinflussen, egal welcher Art diese sind, weil es die Schwingungen im Körper wieder in Einklang bringen kann.

Grenzen der Homöopathie bei Verhaltensstörungen

Die homöopathische Behandlung hat natürlich auch Grenzen, aber gestörtes Verhalten lässt sich oft gut regulierend beeinflussen. Wichtig ist dabei, eine Verhaltenstherapie nicht außer Acht zu lassen, denn nicht jeder Katzenbesitzer kennt alle natürlichen Verhaltensweisen seiner Katze. Jedoch kann ein gestörtes oder störendes Verhalten meist schon positiv beeinflusst werden, wenn man den Störfaktor für die Katze abstellt. Häufig werden Katzen, die unsauber sind, hingestellt, als würden sie es absichtlich oder aus Protest tun. Protestpinkeln tritt bei der Katze aber eigentlich selten auf; vielmehr versucht die Katze mit dem Absetzen von Urin eine zusätzliche geruchliche Absicherung zu erreichen. Diese gibt ihr in ihrem Revier vermehrte Sicherheit, und sie muss sich weniger ängstigen. Denn Angst kann für Katzen schon entstehen, wenn fremde Gerüche sie in ihrem Revier stören. Deswegen ist es wichtig, diesen Aspekt der Tierpsychologie mit in die Auswahl eines homöopathischen Mittels einzubeziehen.

Angeborene Verhaltensweisen, die häufig durch äußere Einflüsse verstärkt werden, sind mit homöopathischen Mitteln schwieriger zu beeinflussen. So sind nach meiner Erfahrung gerade bunte Katzen (Glückskatzen oder Schildpatt) recht »zickig«, und man kann diesen Wesenszug nicht leicht mit einer homöopathischen Behandlung abstellen, wenn die Umwelt dieses Verhalten noch verstärkt hat. Gerade hier ist es wichtig, dass der Katzenbesitzer informiert ist und das Verhalten seiner Katze nicht strafend zu beeinflussen versucht, denn das Vertrauen der Katze würde dadurch unweigerlich noch mehr gestört. Wenn ein Vertrauensverhältnis zerstört ist, kann auch die Homöopathie diesen Zustand nur schwerlich wieder in Ordnung bringen.

Repertorium zu psychischen Störungen

Diese Gesamtübersicht beschreibt die homöopathischen Mittel, die bei einer *psychischen Störung* in Betracht gezogen werden können. Anweisungen zu den einzelnen Mitteln finden Sie in den Beschreibungen der nachfolgenden homöopathischen Mittel.

Symptome	Indikationen	Medikamente
Aggression	allgemein	Hyoscyamus niger, Lycopodium clavatum
	mit Beißen	Belladonna, Hyoscyamus niger, Sepia

Symptome	Indikationen	Medikamente
	mit Bösartigkeit	Hyoscyamus niger, Nux vomica
	mit Reizbarkeit	Hepar sulfuris, Lycopodium clavatum
Angst	schreckhaft mit Angst	Aconitum napellus, Arsenicum album, Chamomilla (vulgaris), Gelsemium, Hyoscyamus niger, Natrium muriaticum, Phosporus
	bei Gewitter	Causticum, Petroleum, Phosphorus, Sepia, Silicea
	vor Gewitter	Gelsemium, Natrium muriaticum, Sepia
	mit großer Unruhe	Arnica montana, Arsenicum album, Nux vomica, Silicea
	in der Nacht	Arsenicum album, Hyoscyamus niger, Phosphorus
	vor dem Alleinsein	Arsenicum album, Lycopodium, Phosphorus, Pulsatilla, Sepia
	vor Dunkelheit	Carbo vegetabilis, Stramonium
Allgemeine psychische Störungen	Eigensinn	Chamomilla, Hepar sulfuris, Ignatia amara, Lycopodium clavatum, Phosphorus
	Launen	Ignatia amara, Pulsatilla, Sepia
	Nervosität	Belladonna, Chamomilla, Natrium muriaticum, Phosphorus

Symptome	Indikationen	Medikamente
	Schreckfolgen	Aconitum napellus, Argentum nitricum, Hyoscyamus niger, Opium
	streitsüchtig	Hyoscyamus niger, Sepia
	wütend mit Tobsucht	Belladonna, Hyoscyamus niger

Mittelbeschreibungen – psychische Störungen

Im Anschluss finden Sie Kurzbeschreibungen der im Repertorium genannten homöopathischen Mittel, die Sie zur Beeinflussung von *psychischen Störungen* bei Ihrer Katze einsetzen können. Die Mittel sind alphabetisch geordnet.

Aconitum

Heftiges Zittern, große Unruhe, panikartige Anfälle mit heftigem Abwehrverhalten bei der Untersuchung durch den Tierarzt oder durch Schreckfolgen.
Aconitum C 30: 1x täglich 1 Gabe, 2–3 Tage lang. Danach nach Bedarf, so selten wie möglich.

Argentum nitricum

Dieses Mittel zeigt Angstverhalten vor Situationen, die eintreten könnten, im Gegensatz zu Gelsemium, das Angst zeigt, wenn eine Angst auslösende Situation bereits aufgetreten ist.

Argentum nitricum C 30: 1x täglich 1 Gabe, 2–3 Tage lang. Danach nach Bedarf, so selten wie möglich.

Arnica montana

Arnica wird gewählt bei allen körperlichen Verletzungen, besonders bei Schmerzen, Entzündungen oder Schwellungen. Die Katze reagiert überempfindlich und ängstlich, wenn man sich ihr nähert. Sie kann zornig auf Berührungen reagieren, weil sie in Ruhe gelassen werden möchte. Die Katze benimmt sich, als wäre sie gesund, obwohl sie eigentlich schwer krank zu sein scheint.

Arnica C 30: 1x täglich 1 Gabe, 2–3 Tage lang. Danach nach Bedarf, so selten wie möglich.

Arsenicum album

Das Mittel wird häufig bei Trennungsangst eingesetzt, es ist aber auch allgemein schreckhaft und ängstlich, häufig mit Unruhe verbunden, die oft in der Nacht verstärkt auftritt.

Arsenicum album C 30: 1x täglich 1 Gabe, 2–3 Tage lang. Danach nach Bedarf, so selten wie möglich.

Belladonna

Der Geruchs-, Hör- und Tastsinn kann hypersensibel reagieren, weshalb sich die Katze nicht gerne anfassen lässt und ängstlich reagieren kann. Allerdings sind die Abwehrreaktionen bei der tierärztlichen Untersuchung weniger heftig als bei Aconitum.

Belladonna C 30: 1x täglich 1 Gabe, 2–3 Tage lang. Danach nach Bedarf, so selten wie möglich.

Carbo vegetabilis

Carbo vegetabilis hat Angst vor der Dunkelheit und zeigt eine allgemeine Schreckhaftigkeit mit ängstlichem Verhalten. Es kann auch eine große Traurigkeit bestehen.
Carbo vegetabilis C 30: 1 x täglich 1 Gabe, 2–3 Tage lang. Danach nach Bedarf, so selten wie möglich.

Chamomilla vulgaris

Starker Eigensinn und eine gewisse Gleichgültigkeit treten bei diesem Mittel verstärkt in den Vordergrund. Es wird gerne bei Katzen eingesetzt, die sich ständig streiten.
Chamomilla vulgaris C 30: 1 x täglich 1 Gabe, 2–3 Tage lang. Danach nach Bedarf, so selten wie möglich.

Hepar sulfuris

Angst vor Berührungen. Die Katze ist dadurch eher gegen Kälte empfindlich; Wärme bessert alle Beschwerden (bei Apis und Mercurius bessert Kälte).
Hepar sulfuris C 30: 1 x täglich 1 Gabe, 2–3 Tage lang. Danach nach Bedarf, so selten wie möglich.

Hyoscyamus niger

Die Katze gibt sich bösartig oder sogar wütend bis aggressiv und neigt auch zur Eifersucht. Misstrauen durch Schreckfolgen weist den Weg zu diesem Mittel. Stimmungswechsel können ebenfalls bei diesen Katzen auftreten.
Hyoscyamus niger C 30: 1 x täglich 1 Gabe, 2–3 Tage lang. Danach nach Bedarf, so selten wie möglich.

Ignatia

Ignatia ist das »Zickenmittel« in der Homöopathie. Katzen, die dieses Mittel benötigen, verhalten sich häufig sehr bizarr. Was sie im einen Moment noch schön fanden, ist ihnen im nächsten Moment zuwider. Das Mittel passt meist besser zu weiblichen Tieren.

Ignatia C 30: 1 x täglich 1 Gabe, 2–3 Tage lang. Danach nach Bedarf, so selten wie möglich.

Lachesis

Lachesis ist das Eifersuchtsmittel der Homöopathie und hilft Katzen, die aus Eifersucht völlig durchdrehen. Verschlimmerungen entstehen durch Wärme oder Berührung; Besserung entsteht durch Bewegung.

Lachesis C 30: 1 x täglich 1 Gabe, 2–3 Tage lang. Danach nach Bedarf, so selten wie möglich.

Lycopodium clavatum

Viele Probleme entstehen, weil die Katze sich langweilt, und durch ein zu geringes Selbstvertrauen des Tieres. Die Katze neigt zu Eigensinn und tritt oft missmutig auf.

Lycopodium clavatum C 30: 1 x täglich 1 Gabe, 2–3 Tage lang. Danach nach Bedarf, so selten wie möglich.

Natrium muriaticum

Meist sind es Kater, die dieses Mittel benötigen. Die Katze ist oft nervös und reizbar, was auch durch Schreckfolgen bedingt sein kann. Die Katze kann traurig sein, weil sie einen Katzenkameraden oder einen Menschen verloren hat. Das

Mittel wird ihr helfen, diese Traurigkeit zu überwinden. Sie kann aber auch rachsüchtig versuchen, ein anderes Tier zu beseitigen. Gewitterangst tritt meist vor dem Gewitter mit starker Unruhe auf.
Natrium muriaticum C 30: 1 x täglich 1 Gabe, 2–3 Tage lang. Danach nach Bedarf, so selten wie möglich.

Nux vomica

Die Katze gibt sich missmutig und launisch. Es sind häufig die dominanten Egoisten unter den Katzen, die dieses Mittel benötigen. Erregbarkeit und Nervosität passen ebenso zu ihrem Verhalten wie Schreckhaftigkeit. Da sie immer alles für sich haben möchten, neigen sie auch etwas zur Eifersucht.
Nux vomica C 30: 1 x täglich 1 Gabe, 2–3 Tage lang. Danach nach Bedarf, so selten wie möglich.

Opium

Ist die Katze schreckhaft und nervös, so ist dies ein Wegweiser zu Opium. Die Probleme der Katze entstehen häufig durch Schock- oder Schreckfolgen.
Opium C 30: 1 x täglich 1 Gabe, 2–3 Tage lang. Danach nach Bedarf, so selten wie möglich.

Petroleum

Petroleum hilft Katzen, die Angst bei Gewitter haben. Die Angst wird durch starke Unruhe geprägt und kann zur Mutlosigkeit bei der Katze führen. Auch Streitsucht passt zu diesem Mittel.
Petroleum C 30: 1 x täglich 1 Gabe, 2–3 Tage lang. Danach nach Bedarf, so selten wie möglich.

Phosphorus

Katzen, die Phosphorus benötigen, haben bei Gewitter Angst und sind allgemein schreckhaft und ängstlich in der Nacht. Sie können schlecht alleine bleiben und sehr nervös erscheinen. Misstrauen und Schreckhaftigkeit passen auch zu diesem Mittel, wenn die anderen vorgenannten Probleme ebenfalls auftreten.

Phosphorus C 30: 1 x täglich 1 Gabe, 2–3 Tage lang. Danach nach Bedarf, so selten wie möglich.

Platinum

Die Diven unter den Katzendamen benötigen dieses Mittel. Sie geben sich stolz und egoistisch.

Platinum C 30: 1 x täglich 1 Gabe, 2–3 Tage lang. Danach nach Bedarf, so selten wie möglich.

Pulsatilla

Pulsatilla neigt zu Stimmungswechseln und kann sich manchmal recht missmutig geben. Die meist weiblichen Katzen fühlen sich schnell beleidigt und traurig, wobei die Katze sogar ein wenig weinerlich wirkt. Allerdings sind sie hervorragende Muttertiere und sehr liebebedürftig.

Pulsatilla C 30: 1 x täglich 1 Gabe, 2–3 Tage lang. Danach nach Bedarf, so selten wie möglich.

Sepia

Sepia gibt sich gleichgültig und kann auch schnell beleidigt sein. Die Katze neigt dazu, durch Bisse zu zeigen, dass sie etwas nicht mag. Sie ist gegen ihren Menschen oft launisch und reiz-

bar. Manchmal wirkt sie sogar etwas schizophren. Diese Stimmungswechsel sind oft nicht berechenbar für den Menschen, und deswegen wirkt die Katze sogar ein wenig gefährlich.
Sepia C 30: 1 x täglich 1 Gabe, 2–3 Tage lang. Danach nach Bedarf, so selten wie möglich.

Silicea

Silicea, der Bergkristall, hat Angst bei Gewitter, die sich ebenfalls mit Unruhe zeigen kann. Probleme entstehen auch durch Schreckfolgen, die mit Traurigkeit und Ungeduld zusammenhängen können. Angst vor Spritzen ist ein guter Hinweis auf Silicea.
Silicea C 30: 1 x täglich 1 Gabe, 2–3 Tage lang. Danach nach Bedarf, so selten wie möglich.

Sulfur

Die Katze wirkt schmuddelig, obwohl sie sauber ist. Oft sind diese Katzen mit chronischen Blähungen, Verstopfung oder chronischer Bindehautentzündung belastet. Die Krallen können brüchig sein, und Schuppen treten vermehrt auf. Zähne neigen dazu, verfrüht auszufallen.
Sulfur C 30: 1 x täglich 1 Gabe, 2–3 Tage lang. Danach nach Bedarf, so selten wie möglich.

Stramonium

Zeigt die Katze Angst vor der Dunkelheit, so wird ihr Stramonium helfen.
Stramonium C 30: 1 x täglich 1 Gabe, 2–3 Tage lang. Danach nach Bedarf, so selten wie möglich.

Sissi greift den im Haus lebenden Hund an

Sissi ist eine bunte Hauskatze. Von diesen Katzen heißt es, dass sie recht zickiges Verhalten an den Tag legen, was sich bei dieser Katze wieder einmal bestätigte. Sissi teilte sich das Revier mit einem Kater und einem Dackel, was zwei Jahre lang wunderbar funktionierte. Mit dem Kater im Haus hatte sie keine Probleme, da dieser der Chef im Haushalt war. Mit dem Dackel war die Beziehung bis vor kurzem auch sehr entspannt, sie kuschelte mit ihm, und die beiden fraßen aus einem Napf. Eigentlich hätte es nicht besser laufen können. Bis zu dem Tag, als Sissi den Dackel aus der Haustür jagte. Leider waren die Besitzer bei diesem Angriff nicht unmittelbar dabei, sondern sahen nur die Auswirkungen: Sissi hing dem Dackel mit den Krallen ihrer Vorderläufe am Hinterteil. Der Dackel schrie vor Angst und versuchte natürlich wegzulaufen, was ihm nicht wirklich gelang. Die Besitzer trennten die Tiere und sorgten dafür, dass sich die Situation beruhigte. Nach einigen Minuten schien alles wieder in Ordnung zu sein – bis zum zweiten Angriff durch Sissi noch am gleichen Tag.

Die Besitzer gingen mit der Katze zum Tierarzt und bekamen ein Medikament für sie. Die Auswirkungen dieses Medikamentes ließen sie erschrecken: Sissi saß nach der Eingabe fast eine Stunde direkt vor einem Schrank, den sie unaufhörlich anschrie. Sie war kaum ansprechbar und hatte stark geweitete Pupillen. Diese Wirkung hatten sich die Besitzer wahrlich nicht gewünscht. Also wurde eine homöopathische Behandlung in Angriff genommen.

Sissi passte gut in das Arzneimittelbild von Ignatia und bekam dieses Mittel drei Tage lang einmal täglich. Das Mittel wurde in ein wenig Wasser aufgelöst und übers Futter verabreicht. Sissi entspannte sich schon unmittelbar nach der ersten Gabe im Beisein des Dackels, und die Wirkung hielt gut vier Wochen lang an. Sie musste das Mittel nach diesen vier Wochen noch einige Male im Abstand von einigen Wochen bekommen und hielt es mit dem Dackel zusammen wieder gut aus. Dem Dackel wurde Aconitum verabreicht, damit er die Schreckfolgen besser verarbeiten konnte. Bis zum Tod des Dackels einige Jahre später kam es zu keinen neuen Angriffen mehr. Leider war die Beziehung der beiden Tiere durch die Angriffe ein wenig gestört und der Dackel mochte mit der Katze nicht mehr alleine im Zimmer sein, aber damit konnte man sich arrangieren.

Einflüsse auf das Katzenverhalten

Schlechte Erfahrungen, die eine Katze im Tierheim oder bei den Vorbesitzern gemacht hat, können meist nur sehr mühsam und mit viel Einfühlungsvermögen wieder abgestellt werden. Selbst die Homöopathie kann die Zeit, die dafür nötig ist, nicht verkürzen. Nur über eine Desensibilisierung kann man der Katze wieder Vertrauen vermitteln. Auch eine zu frühe Abgabe einer jungen Katze kann zu schwerwiegenden Verhaltensproblemen führen, denn die Sozialisierungsphase wurde dann nicht mit den Katzengeschwistern und der Mutter durchlebt. So lernen Katzen nur durch den Kontakt mit ihren Geschwistern, wann es Zeit ist, ein aggressives Verhalten wieder einzustellen. Ist ein Katzenwelpe zu grob zu seinem Geschwisterchen, wird dieses quietschen und mit dem Spiel aufhören. So lernt die junge Katze, dass jedes tolle Spiel abrupt endet, wenn sie nicht vorsichtiger mit ihren

Kräften umgeht. Auch die Katzenmutter wird ihre Welpen erzieherisch beeinflussen, wenn sie zu groben Unsinn veranstalten, und auch diese Lernerfahrungen sind sehr wichtig für die Welpen.

Eine Katze, die diese Lebenserfahrung als Jungtier nicht machen konnte, kann ihrem Menschen mit sehr heftigen Aggressionen gegenübertreten, eben weil sie nicht gelernt hat, dass ihr Verhalten Konsequenzen hat. Hier kann die Homöopathie ebenfalls nicht helfend eingreifen: Nur das Training des Menschen mit der Katze kann solche Verhaltensweisen abstellen.

Die unsaubere Katze

Katzen, die mit der Stubenreinheit Probleme haben, sind oft sehr gestresst. Stress und Angst entstehen z. B., wenn der Katze ein Katzenklo angeboten wird, das den natürlichen Vorgaben nicht entspricht.

Katzen würden in der Natur nie in geschlossene Höhlen gehen, um sich zu erleichtern. Sie benötigen Übersicht, um erkennen zu können, ob ein Feind in der Nähe sein könnte. Also kann ein Katzenklo mit einer Haube schon ein Problem für die Katze darstellen. Sicher gibt es aus unserer Sicht in der Wohnung keine Feinde, vor denen sich die Katze fürchten müsste, doch es kann passieren, dass sie sich durch ein plötzliches Geräusch erschreckt und nicht schnell genug aus dem Katzenklo herauskommt. Oder sie wird von einer Katze, mit der sie zusammenlebt, auf dem Katzenklo gefangen gehalten. Schon wird sie beim nächsten Besuch des Klos gestresst sein, denn sie wird denken, das Katzenklo habe ihr

diesen Schrecken eingejagt; oder sie wird sich nicht mehr auf das Klo trauen, weil sie Angst hat, nicht mehr hinauszukommen. So kann eine Unsauberkeit entstehen, denn sie wird das Katzenklo nicht mehr gerne aufsuchen. Wenn dann noch weitere Stressfaktoren im Katzenleben hinzukommen wie z. B. ein im gleichen Haushalt lebender Katzenkumpel, mit dem die Katze sich nicht gut versteht, sind weitere Sauberkeitsprobleme eigentlich schon vorprogrammiert. Zudem wissen Katzen leider nicht, dass in unsere Wohnung keine fremden Katzen eindringen können, und befürchten immer mal wieder, dass sie ihr Revier verlieren könnten. Auch dieser Aspekt kann Markierverhalten hervorrufen.
Da gerade Unsauberkeit die meisten Probleme bei Katzen hervorruft, ist die Einschaltung eines Tierpsychologen meist eine gute Entscheidung, um eine schnelle Lösung für die Beziehung zwischen Mensch und Katze zu finden. Nach meiner Erfahrung ist die Unsauberkeit der Katze fast immer schnell abgestellt, wenn man beachtet, was für Katzen in der Natur wichtig ist.

Einige wichtige Aspekte dazu sind:

› *Keine Höhlen als Katzenklo anbieten.* In Höhlen kann man von Artgenossen, die im gleichen Haushalt leben, gefangen werden und bei Angst nicht schnell genug wegspringen; zudem stauen sich die Gerüche in dem Klo übermäßig, was für die Katze ein unerträglicher Gestank sein kann.
› *Eine feine Klumpstreu anbieten.* In der Natur suchen Katzen immer weiche Untergründe auf wie Sand oder Erde. Sie würden nie in Kieselsteine gehen, um sich zu erleich-

tern, es tut einfach weh an den Pfötchen, wenn die Streu zu grob ist.

› *Keine handelsüblichen Reiniger zur Reinigung des Klos benutzen.* Normale Reiniger enthalten meist Ammoniak, der für Katzen wie fremder Katzenurin riechen und sie von der Benutzung des Klos abhalten kann.

› *Reichlich Katzenstreu anbieten.* Katzen möchten in ihrem Klo richtig graben können, damit sie ihre Ausscheidungen verstecken können, um Feinde nicht auf ihre Spur zu bringen. Denken Sie daran: Katzen können nicht wissen, dass in Ihre Wohnung keine fremden Katzen eindringen können! Zudem bildet sich am Boden des Katzenklos Urinstein, der für die feine Katzennase zu einem Problem werden kann. Die Streuhöhe sollte mindestens 5 bis 6 cm, lieber noch mehr, betragen, um einer unsauberen Katze wieder zur Sauberkeit zu verhelfen.

› *Häufige Reinigung des Katzenklos ist oft schon ein Schlüssel zum Erfolg.* Meistens werden die Katzenklos viel zu selten gereinigt. Katzen benutzen in der Natur nie die gleichen Stellen, um sich zu erleichtern, und schon gar nicht Stellen, an denen sich andere Katzen erleichtert haben – außer, sie wollen geruchlich ihr Revier abstecken. Deswegen ist es sehr wichtig, die Ausscheidungen der Katze möglichst sofort, sobald man zu Hause ist, aus dem Klo zu entfernen, und das so oft wie möglich am Tag.

Wie selbst der Laie unschwer erkennen kann, kann bei all diesen Auslösern ein homöopathisches Mittel nur wenig ausrichten. Sicher könnte man versuchen, die Ängste ein wenig zu beeinflussen, aber die natürlichen Vorgaben wären damit immer noch nicht erfüllt, und es wäre nur eine Frage der Zeit, bis die Katze wieder in irgendeiner Form reagiert.

Aggressives Verhalten gegen Menschen

Durch Stress können aber nicht nur Unsicherheit und damit Unsauberkeit entstehen, sondern auch aggressives Verhalten kann damit ausgelöst werden. Reagiert der Mensch auf dieses aggressive Verhalten nun mit harter Strafe, entsteht weiterer Stress für die Katze. Strafe ist gerade für Katzen eine schlechte Erziehungswahl, denn sie haben in ihrer Jugend von ihrer Mutter eines ganz klar gelernt: Schlagen und Fauchen bedeuten, dass die Mutter das Jungtier nicht mehr in ihrer Nähe haben möchte. So könnte die Katze meinen, ihr Mensch erwarte von ihr, dass sie sich ein eigenes Revier sucht und endlich geht. Das ist in der Wohnung aber schlecht möglich. Die Katze steht somit unter dauerhaftem Stress, der weitere Aggressionen schüren kann. Man sollte immer versuchen, aggressives Verhalten einer Katze umzulenken auf Dinge, die sie angreifen darf. Ein geworfenes Spielzeug oder ein Federwedel kann oft schon helfen, die Aggression zu mildern. Oft hilft auch ein defensives, katzengerechtes Verhalten des Menschen, um Aggression zu vermeiden. Schauen Sie einer Katze nie direkt in die Augen, denn das könnte sie als Angriffsverhalten werten. Tiere, die sich in die Augen starren, sind auf Krawall aus. Überdeutliches Zublinzeln kann aggressives Verhalten schon abmildern, da es in der Katzenwelt ein Beschwichtigungssignal darstellt. Langsame Bewegungen zeigen der Katze, dass der Mensch kein Angriffsverhalten zeigen möchte, und vor allem reizen sie nicht zum Angriff, wenn die Katze unter fehlender Auslastung leidet. Spielen Sie viel mit der Katze, und sorgen Sie auch durch das Futter für mehr Beschäftigung. Trockenfutter oder Leckerlis bieten sich dazu an, in Papprollen oder Eierkartons angeboten zu werden. So kann die Katze ihre Jagdaggressionen am Futter ausleben und muss sich nicht auf ihren Menschen stürzen.

Beschwichtigungssignale der Katze

- › überdeutliches Zublinzeln
- › sehr langsame Bewegungen
- › dem Gegenüber den Rücken zuwenden
- › über die Lippen lecken
- › den Blick abwenden

Aggressives Verhalten der Katze

- › Starres In-die-Augen-Schauen mit aufblitzenden Pupillen. Katzen können ihre Pupillen willentlich verändern, sie zeigen Stress, Angst und auch Aggression damit an.
- › Sich in den Weg setzen – sogenannte Sitzblockaden, die Katzen gerne anwenden, um einer anderen Katze zu zeigen, dass sie ranghöher ist, wenden sie auch manchmal dem Menschen gegenüber an.
- › Sich auf den Rücken legen. Die Katze hat in dieser Stellung alle Waffen zur Verfügung! Viele Menschen verwechseln dieses Verhalten mit einem Unterwürfigkeitsverhalten, wie Hunde es zeigen. Aber das ist ein Irrtum.
- › Den Kopf tief stellen (Stierkopf).

Umgeleitete Jagdaggressionen

Umgeleitete Jagdaggressionen sind häufig Auslöser für aggressives Verhalten. Auch hier würde ein homöopathisches Mittel nur wenig ausrichten, denn es handelt sich dabei um von der Natur vorgegebene Notwendigkeiten, die die Katze am Leben erhalten sollen. Die Natur gab ihr diese Jagdaggressionen mit, damit sie jagen geht, und sie muss sie täglich ausleben können, sei es im Spiel mit ihrem Menschen oder beim Toben mit einem Katzenkameraden. Stauen sich diese Jagdaggressionen, fangen viele Katzen an, alles als Jagdobjekt zu sehen, was sich bewegt, auch die Hände oder Füße des Menschen. Deshalb springen so viele Katzen ihren Menschen an die Beine oder verkrallen sich in die Hände oder Arme. Der Mensch sieht dieses Verhalten dann oft als gestörtes Verhalten der Katze, da ihm die Kenntnisse im Katzenverhalten fehlen.

Besitzt man eine Katze, die schnell zu aufgestauten Jagdaggressionen neigt, dann kann man versuchen, mit ihr mit einem dicken Skihandschuh zu spielen, vorzugsweise im Bett, weil sie sich dort nicht verletzen kann. In diesen Handschuh kann sie beißen und sich verkrallen, ohne dass es jemandem schadet. Berührt die Katze bei diesem Spiel auch nur versehentlich die Haut des Menschen, muss das Spiel sofort abgebrochen werden, damit sie lernt, dass jede noch so kleine Unachtsamkeit ihrerseits für den Abbruch des Spiels sorgt. Zeigt die Katze Angstverhalten bei diesem Spiel, indem sie vermehrt faucht oder riesige Pupillen bekommt, bricht man das Spiel ebenfalls ab, damit sich kein aggressives Verhalten dar-

aus entwickelt. Es ist eine Gratwanderung, mit einer Katze auf dieser Art zu spielen, aber vielen Katzen hilft es, sich besser zu fühlen, wenn sie keine Möglichkeit zum Jagen haben.
Gerade bei Aggressionen sollte man versuchen, nicht selbst herumzuprobieren, da das Verhältnis zwischen Katze und Mensch an diesem Punkt oft schon stark beeinträchtigt ist. Ein Tierpsychologe kann eine Analyse erstellen und dem Besitzer genaue Anweisungen geben, wie er mit dem Verhalten der Katze umgehen sollte. Versuchsweise können homöopathische Mittel eingesetzt werden, wenn die Umgebung den Bedürfnissen der Katze angepasst wurde und hier keine Störfaktoren mehr zu finden sind. Die entsprechenden Mittel finden Sie im Repertorium.

Die zickige Katze Rosa macht ihren Menschen das Leben schwer

Ich musste lachen, als ich Rosa das erste Mal sah: Sie machte ihren Katzenkolleginnen, die ich bis dahin kennengelernt hatte und die ebenfalls bunt waren, alle Ehre. Sie war eine der zickigsten Katzen, die ich je gesehen hatte. Allerdings äußerte sich dieses zickige Verhalten nicht in Aggressivität gegen Menschen. Deshalb war es mir ein Leichtes, für sie ein passendes Mittel zu finden. Ignatia ist eines der »zickigsten« Mittel in der Homöopathie.
Rosa erhielt Ignatia von ihrer Besitzerin einmal täglich für drei Tage und danach immer dann, wenn sie das Gefühl hatte, es lasse in der Wirkung wieder nach.
Ich bekam schon nach einigen Tagen einen Anruf von Rosas Frauchen. Die Besitzerin freute sich sehr, mir mitteilen zu können, dass sie Rosa nun mit dem Mittel ganz anders erlebte. Sie war viel schmusiger, anschmiegsamer und ruhiger als vorher. Das ständi-

ge Schwanzschlagen hörte auf, und sie konnte sich entspannt irgendwo hinlegen, ohne alles und jeden anzufauchen, der vorbeiging, und ohne mit den Krallen die Luft zu zerschneiden. Alles entspannte sich immer mehr, und ihr Frauchen hatte keine Angst mehr vor Rosa. Ein Erfolg für beide Seiten, da Mensch und Tier sich nun wieder näherkommen konnten.

Angstverhalten bei der Katze

Angst kann bei der Katze durch viele Faktoren ausgelöst werden. Oft ist der Grund nicht mehr feststellbar, aber die Auswirkungen sind erkennbar. Wenn die Katze vor Geräuschen Angst hat, kann man davon ausgehen, dass sie damit einmal schlechte Erfahrungen gemacht hat. Um Angstverhalten zu beeinflussen, können desensibilisierende Maßnahmen sinnvoll eingesetzt werden.

Bei Problemen, die durch Geräusche entstehen, versucht man die Katze an diese Geräusche zu gewöhnen, indem man sie von einer Geräusche-CD abspielt. Zu Beginn sollte man dies so leise vornehmen, dass es für uns kaum hörbar ist. Katzen haben ein sehr viel besseres Gehör als wir, und sie wird es trotzdem hören können.

Das Abspielen dieser Geräusche (beispielsweise Regen, Wind, Gewitter oder Feuerwerk) wird dann mit Dingen verbunden, die für die Katze angenehm sind. Ein Spiel, das sie sehr mag, eine Leckerei, für die sie alles tun würde … solche Dinge bieten sich dafür an. So lernt die Katze, dass die bisher angstauslösenden Geräusche mit angenehmen Dingen verbunden sind. Auch bei diesen Angstproblemen können homöopathische Mittel versuchsweise eingesetzt werden. Ganz allmählich kann man die Lautstärke der Geräusche dann erhöhen, ohne dass die Katze sich darüber aufregen wird.

Ist die Katze sehr ängstlich in ihrem Zuhause, kann es daran liegen, dass sie sich geruchlich nicht sicher fühlt. Gerüche sind für Katzen immens wichtig, um sie dreht sich alles in ihrem Leben. Nur in einem Revier, das komplett nach ihr ganz persönlich riecht, wird sie sich angstfrei bewegen können. Dazu benötigen Katzen eine Vielzahl von Kratzmöglichkeiten, da sie beim Kratzen mit ihren Duftdrüsen, die an den Pfoten sitzen, Pheromone ausscheidet. Diese Pheromone setzt sie überall dort ab, wo es für sie strategisch wichtig ist, meist an Ein- und Ausgängen, da dort viele fremde Gerüche entstehen, die in ihr Revier eindringen könnten, an Fenstern und Durchgängen von einem Zimmer zum nächsten Zimmer. Katzen können diese Pheromone zwar auch mit den Duftdrüsen absetzen, die am Kinn und an den Maulwinkeln sitzen, aber diese scheinen nicht die Stärke zu besitzen wie die aus den Pfotendrüsen. Da die Kratzmarkierungen nicht sehr weit in den Raum hineinreichen, benötigen Katzen viele Kratzstellen, um sich sicher und wohl zu fühlen. Nur wenn diese Vorgaben erfüllt sind, kann sich die Katze entspannen und angstfrei in ihrem Zuhause leben. Und nur wenn alle diese Vorgaben erfüllt sind, macht es Sinn, eine homöopathische Behandlung zu versuchen, sofern die Ängste weiterhin bestehen bleiben. Es muss immer erst der natürliche Lebensraum so gut wie möglich nachgestellt werden, damit man erkennen kann, ob die Ängste damit bereits verschwinden oder ob es doch tiefere Wurzeln für die Angst gibt.

Casper zieht sich immer mehr zurück

Bei meinem Hausbesuch wusste ich schon vorab, dass ich Casper wohl nicht zu Gesicht bekommen würde. Die Besitzerin von Casper teilte mir schon am Telefon mit, dass er sich vor Angst nicht zeigen würde.

Vor diesem Besuch hatte es allerdings eine Zeit gegeben, in der Casper ein relativ zugänglicher Kater gewesen war. Er hatte selten Probleme mit fremden Menschen oder Geräuschen. Erst nach einem Schreckerlebnis zu Silvester veränderte er sich dramatisch. Es war sein erstes Silvester, und man konnte vorab nicht ahnen, wie es ihm dabei gehen würde. Leider hatte er mit dem Knallen der Feuerwerkskörper arge Probleme und wusste vor Panik überhaupt nicht, wohin er flüchten sollte. Völlig verängstigt saß er später in einer Ecke, hinter einem Stapel Zeitungen. Für ihn war das wohl der einzige Ort, der ihm genügend Schutz bot.

Da wir das schlimme Erlebnis nicht rückgängig machen konnten, verabreichte ihm seine Besitzerin noch am gleichen Abend Aconitum C 30 und wiederholte diese Gabe an den folgenden zwei Tagen je einmal. Zusätzlich bekam er neue, zusätzliche Kratzmöglichkeiten, die er dringend benötigte, um sein Lebensumfeld mit seinem Geruch markieren zu können. Da er vor Angst einige Räume gar nicht mehr betrat, stellte die Besitzerin erst einmal alle Kratzstellen in seiner Nähe auf. Er nahm die Stellen nur zu gerne noch am gleichen Tag an. Nachdem er alle Kratzgelegenheiten bekratzt hatte, verteilte die Besitzerin die Kratzpappen und Kratzbretter an für ihn strategisch wichtigen Punkten in der Wohnung. Dort, wo es in andere Räume ging, wo fremde Gerüche in die Wohnung eindringen konnten (Haustür, Fenster, Balkontür), und in der Nähe von elektrischen Geräten, da diese beim Einschalten einen

anderen Geruch verströmen, als wenn sie kalt sind. Casper nahm alles sehr gut an, und das Aconitum schien ihm gut zu helfen, denn er wurde von Tag zu Tag wieder aufgeschlossener. Als ich nach vier Wochen einen Nachbesuch tätigte, konnte ich Casper zwar nur aus einiger Entfernung sehen, aber immerhin sah ich ihn.
Um das nächste Silvester schon im Vorfeld abzumildern, empfahl ich ihr, sich Borax zu besorgen und ihm das Mittel schon einige Tage vorher zu verabreichen. Auch das half ihm sehr; das nächste Silvesterfest verlief für ihn wesentlich entspannter.

Angst vor dem Alleinsein

Bei Katzen gibt es diesen Zustand ebenso wie bei Hunden. Meistens denkt der Mensch, dass Katzen eher ortsbezogen sind, und das ist auch durchaus richtig, aber die Bindung an ihren Menschen ist der Katze manchmal genauso wichtig. Das Revier gibt ihr die Geborgenheit, die sie braucht, um sich wohl zu fühlen; ihren Menschen braucht sie, weil sie ihn als Muttterersatz ansieht. Diese Bindung kann manchmal so stark sein, dass die Katze Verlustängste hat, die sie dann mit vermehrtem Vokalisieren kundtut. Es ist bei Katzen schwieriger als bei Hunden, diesen Zustand abzustellen. Hier hilft nur, der Katze mehr Selbstvertrauen zu vermitteln und das Geschrei so gut wie möglich zu ignorieren. Selbstvertrauen kann man ihr in Form von vielen kleinen Erfolgserlebnissen vermitteln. Dazu bietet sich das Clickertraining an, das vielen Katzen genauso viel Freude bereitet wie Hunden. Katzen können genauso Pfötchen geben und Sitz machen lernen wie Hunde. Viele Katzenbesitzer sind sehr erstaunt, wie schnell sie es lernen. Homöopathische Mittel können der Katze oft sehr gut dabei helfen, das Alleinsein besser zu verkraften (siehe Repertorium).

Purzel dreht durch, wenn er alleine bleiben soll

Purzel war ein wunderschöner, stattlicher schwarz-weißer Kater, aber er hatte ein riesiges Problem: Er hing zu sehr an seinem Frauchen und konnte es nicht ertragen, wenn er von ihr verlassen wurde. Diese Verlassensängste findet man nicht nur bei Hunden, sondern auch bei Katzen – zwar nicht so häufig und oft nicht so ausgeprägt wie bei Hunden, aber es gibt sie.

Da Purzel nicht nur psychisch darunter litt, sondern auch die ganze Zeit miaute und damit die Nachbarn störte, musste etwas geschehen. Er zeigte sich insgesamt zwar ziemlich dominant, aber das erwies sich bei genauem Hinschauen alles als heiße Luft. Auf fremde Menschen reagierte er recht ängstlich, und vor Männern hatte er ebenfalls Angst. Da die Besitzerin nicht genau wusste, was er erlebt hatte, bevor er zu ihr kam, konnten wir diese Ängste nicht lokalisieren, aber sie passten gut in das Arzneimittel Nux vomica. Das Mittel zeigt eine sehr starke Bindung an die Mutter, die hier durch den Menschen ersetzt wird, und Purzel zeigte genau diese Züge gegenüber seiner Besitzerin. Er hatte sie voll als Mutterersatz anerkannt. Nachdem er Nux vomica C 30 drei Tage lang erhalten hatte, war sich seine Besitzerin noch nicht schlüssig, ob es half. So gab sie es ihm nach Rücksprache mit mir noch einige Tage weiter, und siehe da, er konnte es in der zweiten Woche immer besser ertragen, alleine zu bleiben. Er bekam das Mittel immer wieder nach einigen Wochen, wenn sein Frauchen merkte, dass er wieder übermäßig anhänglich wurde. Nach einigen Monaten konnte sie die Gaben des Mittels immer mehr reduzieren, da Purzel sich immer mehr stabilisierte. Heute geht es Purzel auch gut, wenn er das Mittel nicht bekommt, und er erträgt es immer noch, alleine zu sein, ohne das Haus zusammenzuschreien.

Aggressionen unter Katzen

Häufige Verhaltensprobleme entstehen, wenn zwei oder mehrere Katzen im Haushalt sich nicht gut oder überhaupt nicht verstehen. Ständige körperliche Übergriffe durch die überlegene Katze sorgen dafür, dass die unterlegene Katze sich in ihrem Revier nicht mehr wohl fühlt und sich immer mehr zurückzieht. Sie steht unter Dauerstress, der sich wiederum in Unsauberkeit oder starkem Angstverhalten äußern kann. Um solche Probleme zu entspannen, ist es wichtig, die dominante Katze im Verhalten zu regulieren und die unterlegene Katze zu unterstützen. Da die Katzen durch diese Probleme miteinander kaum oder wenig Kontakt zueinander haben, ist auch hier der Geruch wieder im Spiel. Zwei Katzen, die sich unfreiwillig ein Revier teilen müssen, werden immer versuchen, dieses Revier für sich zu erobern und die andere Katze zu vertreiben. Es gibt also viel für den Menschen zu tun, um diese angespannte Lage zu entschärfen.
Geruchsaustausch unter den Katzen ist auch hier das Wichtigste, um den gemeinsamen Stallgeruch aufrechtzuerhalten. Lässt man das außer Acht, wird die Wohnung immer mehr nur nach einer Katze riechen, und die zweite Katze wird ständig versuchen, diesem Geruch auszuweichen, indem sie sich zurückzieht in ein Gebiet, das nur nach ihr riecht. Ge-

ben Sie der unterlegenen Katze die Möglichkeit, ohne die Anwesenheit der dominanten Katze alle Zimmer der Wohnung wieder für sich zu erobern, indem sie die Kratzstellen markiert. Zu Beginn wird sie es vielleicht nicht lange in den Räumen aushalten, die nur noch nach der anderen Katze riechen. Bleiben Sie also nur einige Minuten mit ihr in den Räumen und erlösen Sie sie dann wieder. Am nächsten Tag wird sie es vielleicht schon etwas länger aushalten können, und in der Woche darauf wird sie sich wie selbstverständlich in den Räumen bewegen. Diese Zeit benötigt die ängstlichere Katze, um sich wieder einzugewöhnen.

Der nächste Schritt sind gemeinsame Fütterungen der beiden Kontrahenten. Beim Fressen kommen meist keine Aggressionen auf, wenn das Futter interessant genug ist. Zudem binden Tiere bei ihren negativen oder positiven Erlebnissen alles mit ein, was rundherum geschieht. Erlebt die Katze etwas Gutes (hier das tolle Futter) und die andere Katze ist dabei immer anwesend, wird sie automatisch die andere Katze im Laufe der Zeit als angenehm empfinden, da sie ihre Anwesenheit mit dem leckeren Futter verbindet. Die Fütterung sollte zu Beginn so weit entfernt voneinander geschehen, wie es nötig ist, damit beide Katzen entspannt miteinander fressen können, ohne an einen Angriff zu denken.

Der Mensch bleibt als Sichtschutz dazwischen stehen oder sitzen, um einen eventuellen Dominanzübergriff durch Anstarren zu unterbrechen.

Sollte eine Fütterung in dieser Form nicht möglich sein, weil man sich unsicher ist, ob man alles richtig macht, dann kann man ein Gitter in eine Tür einbauen, das den Katzen und dem Menschen Sicherheit vermittelt und einem Angriff vorbeugt. Die Fütterung wird dann in der Nähe des Gitters vorgenommen, bis die Katzen die Nähe des Artgenossen Katze wieder ertragen können.

Der Katzenbesitzer kann aber ebenso regulierend eingreifen, wenn die Situation noch nicht derart eskaliert ist, dass die Katzen getrennt werden müssen. Jede noch so kleine Unart der dominanten Katze kann und sollte unterbrochen werden, damit die unterlegene Katze wieder mehr Sicherheit gewinnt. Direktes Anstarren wird unterbrochen, indem der Mensch sich dazwischenstellt oder dazwischensetzt, eventuell auch die Hand zwischen die Augen der Katzen hält. Immer vorausgesetzt, man kennt seine Katzen so gut, dass keine Verletzungsgefahr für den Menschen besteht. Sonst wählen Sie besser eine Decke oder ein Kissen zum Dazwischenhalten. Schon diese Unterbrechung kann der unterlegenen Katze mehr Sicherheit geben, weil sie merkt, dass ihr Mensch sich einschaltet.

Achten Sie aber darauf, dass die dominante Katze Ihren Eingriff in die Situation nicht als zusätzliche Aufmerksamkeit Ihrerseits ansieht und die unterlegene Katze deswegen extra ärgert. Deswegen sprechen Sie die Katze dabei nicht an und schauen Sie sie auch nicht an. Die unterlegene Katze dürfen Sie allerdings gerne ansprechen und streicheln, um ihr mehr Selbstsicherheit zu vermitteln. Die dominante Katze darf ruhig erleben, dass sie mit ihrem Verhalten nur mehr Aufmerksamkeit für die unterlegene Katze auslöst.

Gerade aggressives Verhalten unter Katzen ist durch den Menschen nicht leicht zu beeinflussen, und es ist immer bes-

ser, einen Tierpsychologen einzuschalten, um die Vorgehensweise einzustudieren und weitere Maßnahmen zu besprechen. Denn falsches Verhalten vom Menschen kann in diesen Situationen genau das Verhalten fördern, das man eigentlich abstellen möchte.
Homöopathische Mittel können bei Aggressionen natürlich ebenfalls unterstützend für beide Parteien eingesetzt werden, um Ängste und Aggressionen zu mildern.

Louis kann seinen Katzenkumpel nicht mehr leiden

Für die Besitzerin war es Dramatik pur. Die beiden Kater hatten von klein an bei ihr gelebt und sich nie ernsthaft gestritten, bis zu dem Tag, an dem Louis versehentlich aus dem Haus entwischt war. Nach einer langen und aufregenden Einfangaktion hatte sie ihn endlich wieder ins Haus bringen können. Kaum war er im Haus angekommen, wurde er von seinem Kumpel angegriffen. Seine kurze Abwesenheit hatte die gesamte Situation zwischen den beiden Katern verändert. Sobald sie sich einander näherten, ging das Gefauche und Geschrei los. Nach einigen Tagen beruhigte sich der Kumpel von Louis wieder, nur Louis hatte den Angriff nicht vergessen und wollte ihm nicht mehr trauen.
Da wir hier eine Schrecksituation hatten, versuchte ich es zunächst mit Aconitum, doch nach einer Woche zeigte sich, dass dies nicht das Mittel der Wahl für Louis war: Er reagierte überhaupt nicht darauf. Bei ihm war die Lage anders, er hatte Angst vor einer bereits aufgetretenen Situation, die wieder entstehen konnte. Das bezog ich in die Auswahl mit ein. Er bekam vier Tage lang Gelsemium und siehe da, er konnte seine Angst endlich besiegen. Nebenher erklärte ich seiner Besitzerin noch, was sie tun

konnte, damit die zwei sich nach der Entfremdung wieder besser leiden konnten. Sie bekam den Auftrag, dafür zu sorgen, dass für die Kater ein sogenannter Stallgeruch entstand. Beide sollten den gleichen Duft tragen. Dazu musste sie an den Duftdrüsen der Katzen, die am Kinn und in den Maulwinkeln sitzen, entlangstreichen und das Pheromon vom einen auf den anderen Kater, jeweils in sein Genick übertragen. Da die Duftstoffe von Katzen fetthaltig sind, bleiben sie an der Hand haften und ebenso auch auf dem Fell des Katers, wenn man darüberstreicht. So gewappnet, tauschte die Besitzerin täglich einige Male die Gerüche unter den Katzen, und schon nach einer Woche lagen beide wieder entspannt nebeneinander auf dem Sofa. Das war auch das eigentlich auslösende Problem gewesen: Bei seinem Ausflug ins Freie musste Louis mit dem Geruch eines anderen Tieres zusammengeraten sein und hatte diesen Geruch mit nach Hause gebracht. Für seinen Kumpel roch er plötzlich fremd, und deshalb wurde er behandelt wie eine fremde Katze. Nachdem das homöopathische Mittel ihm Entspannung verschafft hatte und die Gerüche wieder passten, war zwischen den beiden Katern wieder alles in Ordnung und das Frauchen sehr, sehr glücklich. Denn sie hätte nicht gewusst, von welchem der beiden Kater sie sich trennen sollte, wenn es nicht besser geworden wäre.

Pica oder Fressen von ungeeigneten Dingen

Es gibt Katzen, die Wolle, Plastik oder andere ungeeignete Dinge fressen. Um diese Unart abzustellen, sollte man unbedingt die Ernährung der Katze verändern. Oft fehlt es ihr an Ballaststoffen oder anderen nötigen Dingen in der Nahrung,

weshalb sie versucht, sich diese aus ihrem Umfeld zu holen. Ist die Ernährung angepasst und das Futter artgerecht und das Fressen von ungeeigneten Dingen hört trotzdem nicht auf, kann es auch daran liegen, dass die Katze schon ein- oder mehrmals gesteigerte Aufmerksamkeit durch ihren Menschen bekam, wenn sie etwas Falsches gefressen hatte. Nun versucht sie vielleicht die Zuwendung wieder zu erhalten, indem sie immer wieder an diesen Sachen nagt. Um diese Unart abzustellen, sollte man der Katze die sonst attraktiven Dinge unangenehm machen. Dazu können diese Dinge direkt angeboten werden und mit Senf bestrichen oder mit Pfefferspray besprüht werden, um sie daran zu hindern, sie aufzufressen.
Auch fehlende Beschäftigung kann das veränderte Fressverhalten auslösen und sollte deswegen mit in das Programm aufgenommen werden.
Homöopathisch können diverse Mittel eingesetzt werden, die im Repertorium nach dem Verlangen geordnet sind.
Das Benagen von Kabeln oder Gummi hat oft ein Eigenleben, denn in einigen Futtermitteln gibt es einen Zusatzstoff, der angeblich zur Haltbarmachung von Gummi eingesetzt wird. Die Katze kann nun diesen Geruch nicht von ihrer Nahrung trennen, da er darin ebenfalls enthalten ist, und verwechselt Kabel mit Futter.

Nutzung des Nachbargartens als Katzenklo

Viele Anfragen betreffen das Problem des Freigängers, der den Nachbargarten als Katzenklo missbraucht, wodurch es häufig Stress unter den Menschen gibt. Sicher möchte nicht jeder, der einen Garten besitzt, beim Graben ständig auf Katzenkot treffen, und man möchte das Problem auch abstellen, weiß aber oft nicht, wie. Ich rate in solchen Fällen immer dazu, der Katze das Katzenklo im Haus so anzubieten, dass sie lieber hereinkommt, um sich zu erleichtern, und nicht in den Nachbargarten geht. Die wichtigen Aspekte dazu finden Sie in den Anweisungen zur Behebung von Unsauberkeit der Katze. Die meisten Katzen erleichtern sich lieber in einer ihnen vertrauten Umgebung mit der Gewissheit, nicht angegriffen zu werden. Sind die Voraussetzungen dazu gegeben, werden sie das Katzenklo benutzen und den Nachbargarten weitgehend in Ruhe lassen. Zudem finde ich es sehr wichtig, dass man die Ausscheidungen der Katze unter Kontrolle hat, um beurteilen zu können, ob sie vielleicht eine Blasenentzündung hat oder an Durchfall leidet, und schnell reagieren zu können, wenn sie nicht gesund erscheint.

Probleme durch Alterserscheinungen der Katze

Durch das Alter können Verhaltensprobleme auftreten, die für den Menschen schwierig zu durchschauen sind. Neben Demenz treten häufig Unsauberkeitsprobleme oder verstärktes Vokalisieren auf. Sauberkeitsprobleme kann man versuchen einzudämmen, indem man der Katze mehrere Katzentoiletten anbietet, die sie in jeder Situation finden kann. Sie könnte vergessen haben, wo das Katzenklo steht, oder sie schafft den vielleicht zu langen Weg nicht mehr und erleichtert sich deswegen an anderen Stellen. Auch das Anbieten von anderen Materialien im Katzenklo kann die Benutzung wieder fördern. Sollte das Hinzustellen von weiteren Klos nicht ausreichen, kann man ein oder mehrere Klos mit Erde oder Torf füllen, um sie dazu zu veranlassen, das Klo wieder anzunehmen. Sie hatte vielleicht einmal Schmerzen auf dem Katzenklo, was man bei einer alten Katze immer mit bedenken muss, und meidet deswegen das Klo. Bietet man nun neue Klos an, die an anderen Stellen stehen, verliert sie diese Angst wieder.

Häufig werden Katzen im Alter auch ängstlicher, als sie zuvor waren, und sie brauchen mehr Sicherheit in ihrem Leben (siehe »Angstverhalten«). Verstärktes Vokalisieren tritt häufig aus Angst auf. Gerade alte Katzen werden in der Nacht häufig wach und haben Probleme mit dem Blutdruck, der in der Nacht absinkt. Dadurch friert die Katze, und ihr ist unwohl, und sie ruft nach ihrem Menschen. Homöopathie kann ihr bei diesem Problem helfen. Es mag auch sein, dass ihr Gehör nachgelassen hat, wodurch sie vermehrt schreit. Deshalb sollte die Katze immer wieder zwischendurch wissen, dass Sie anwesend sind. Gehen Sie einfach mal zu ihr hin und streicheln sie kurz. Meist reicht ihr diese kurze Zuwendung, um gar keine Angst zu bekommen.

Löffel schreit in der Nacht

Löffel war eine achtzehnjährige Katze, die ihre Menschen nachts fast in den Wahnsinn trieb. Keine Nacht kamen sie mehr zum Durchschlafen. Die Besitzerin war recht demotiviert, als sie Kontakt zu mir aufnahm. Da Löffel das Vokalisieren nur in der Nacht zeigte, konnte ich davon ausgehen, dass sie Blutdruckschwankungen hatte, und empfahl der Besitzerin neben dem Ignorieren des Ge-

schreis, auch Carbo vegetabilis und im Anschluss Veratrum album, jeweils in der Potenz C 30, einzusetzen. Sie sollte Löffel kurz einmal sagen, dass alles in Ordnung sei, bevor sie das weitere Miauen ignorierte. Auf diese Weise konnte die Katze ihre Ängste verlieren. Sie sollte wissen, dass man sie gehört hatte, aber sie sollte deswegen keine vermehrte Zuwendung erhalten, damit sie nicht auf die Idee kam, um Zuwendung zu betteln, wenn ihr langweilig war.
Carbo vegetabilis stabilisierte ihren Blutdruck aber schon sehr gut, und in der ersten Nacht nach der Gabe des Mittels schlief sie das erste Mal wieder bis morgens um 5 Uhr durch. Davor waren die Nächte meist schon gegen 3 Uhr zu Ende.
Mit dieser Uhrzeit ließ es sich leben, meinte die Besitzerin, und war glücklich, ihre Katze so noch ein paar Jahre bei sich behalten zu können. Löffel starb im Alter von knapp zwanzig Jahren und zeigte nur ganz zum Schluss wieder abgeschwächt das beschriebene Verhalten.

Die äußere Erscheinung als erster Hinweis auf den Konstitutionstyp

Homöopathische Mittel zeigen sich im Aussehen und Verhalten oft einheitlich. So ist die Katze des Calcium-carbonicum-Typs meist kräftig und träge, ebenso wie Graphites, Lycopodium und Sulfur, wobei Sulfur meist helles Fell hat. Weitere Typen mit hellem Fell sind Calcium carbonicum, Belladonna, Graphites, Hyoscyamus, Petroleum, Platinum und auch einige Phosphorus-Katzen. Phosphorus-Typen sind aber auch häufig schwarzhaarig und dabei aktiv und schlank. Katzen mit braunem Fell passen zu den homöopa-

thischen Mitteln Aconitum, Ignatia, Jodum, Causticum, Nux vomica, Petroleum, Platinum und Sepia. Die aktiven und schlanken Tiere passen gut zu den Mitteln Alumina, Arsenicum album, Ferrum phosphoricum, Natrium muriaticum und Pulsatilla.
Ist man sich unsicher in der Auswahl eines Mittels, kann die Fellfarbe oder der Körperbau hilfreich sein, um das richtige Mittel zu finden.

Mittelbeschreibungen – Verhaltensprobleme

In Anschluss folgen ausführliche Beschreibungen von homöopathischen Mitteln, die bei bestimmten Verhaltensproblemen eingesetzt werden können.
Die Beschreibungen beschränken sich nicht nur auf Verhaltensprobleme – da auch Krankheitssymptome oft mit bedacht werden müssen, um das richtige homöopathische Mittel für die Katze zu finden, werden auch diese angesprochen. Nur das vollständige Arzneimittelbild, das zum Patienten passt, kann ihm als Konstitutionsmittel helfen, auch Verhaltensprobleme abzulegen. Ein gut gewähltes Konstitutionsmittel kann alle Unstimmigkeiten bei der Katze, egal ob es eine akute oder chronische Krankheit oder eine Verhaltensstörung betrifft, wieder in die richtigen Bahnen lenken.
Die Mittel sind in alphabetischer Reihenfolge angegeben. In der Symptomeliste finden Sie die Wegweiser zu den Mitteln, wie z. B. Eifersucht oder Panik bei Gewitter, ebenso im Stichwortregister am Ende des Buches.

Acidum phosphoricum

Das Mittel fungiert als homöopathisches Stärkungsmittel und kommt bei Impotenz mit Erschöpfung zum Tragen. Diese Katzen haben oft Probleme mit dem Verlassenwerden.
Acidum phosphoricum C 30: 1 x täglich 1 Gabe, 1–2 Wochen lang.

Aconitum

Der leicht erregbare Katzentyp, der unruhig und sehr schreckhaft ist und sehr empfindlich auf Geräusche und Lichteinwirkungen reagiert, benötigt Aconitum. »Heftig« und »plötzlich« sind Wegweiser für das Mittel. Verhaltensprobleme treten häufig durch Schreck- oder Schockerlebnisse auf (siehe auch Opium). Ständige Angst kann durchaus auch Herzprobleme auslösen, beispielsweise nach einem heftigen Schreck. Aconitum kann deshalb auch versuchsweise bei Gewitterangst eingesetzt werden.
Die Schleimhäute der Katze sind bei Erkrankungen gerötet; das Mittel wird bei plötzlich auftretendem Fieber eingesetzt, wenn die Katze nicht an den Pfoten schwitzt.
Verschlechterungen treten bei der Katze durch kalten Wind, Krach und in der Nacht auf sowie durch Schreckerlebnisse. Besserung tritt bei Ruhe und in frischer Luft ein.
Aconitum C 30: 1 x täglich 1 Gabe, 2–3 Wochen lang, danach nach Bedarf.

Agaricus

Heftiges Hautjucken, wobei das Fell und die Haut tadellos erscheinen, und Berührungsempfindlichkeit am Rücken, die

sofortiges Kratzen auslöst, weisen auf das Mittel hin. Die Katzen sind vom Typ her sehr neugierig und suchen ständig nach Aufmerksamkeit von ihrem Besitzer. Die Geschlechtsreife tritt verspätet ein, und es kann zu Nervenstörungen kommen, die mit Zuckungen einhergehen. Zincum metallicum zeigt dieses Nervenzucken ebenfalls. Das Mittel lässt sich aber abgrenzen, weil das Zucken bei Agaricus im Schlaf aufhört.
Agaricus C 30: 1 x täglich 1 Gabe, 2–3 Wochen lang, danach nach Bedarf.

Agnus castus

Die Katze erscheint müde und ist häufig fast depressiv. Das Mittel senkt den Geschlechtstrieb oder steigert ihn beim Kater. Es wirkt somit ausgleichend auf die Katze. Bei der Katze kann es zu Zyklusstörungen kommen mit zu langen Intervallen zwischen der Rolligkeit. Auch hier kann das Mittel alles wieder auf ein normales Maß bringen. Verschlechterung tritt auf bei Kälte, Nässe und Erregung. Besserung tritt bei Wärme ein.
Agnus castus C 30: 1 x täglich 1 Gabe, 2–3 Wochen lang, danach nach Bedarf.

Aloe socotrina

Die eher träge Katze, die auch zur Reizbarkeit neigt und dabei sogar ängstlich erscheint und gerne ohne Grund zuschlägt, wenn ihr etwas nicht passt, benötigt Aloe. Wenn dann noch der ständige Rückzug in eine abgelegene Ecke hinzukommt und es zu Problemen im Verdauungstrakt

kommt (Durchfall, Rumoren im Bauch, Schmerzen beim Kotdrang) und ein schleppendes Gangbild auftritt, sollte es das richtige Mittel für die Katze sein.
Verschlechterungen treten morgens, bei heißem Wetter, nach dem Fressen oder Saufen auf. Besserung tritt bei frischer und kalter Luft und nach dem Klogang oder nach dem Abgang von Blähungen auf.
Aloe C 30: 1 x täglich 1 Gabe, 2–3 Wochen lang, danach nach Bedarf.

Alumina

Die meist schon ältere Katze zeigt sich mit struppigem Fell. Die Haut ist trocken, und die Katze kann recht mager sein. Trockenheit ist hier ohnehin ein wichtiges Symptom. Die Krankheiten bei der Katze entwickeln sich langsam und sind meist chronischer Art. Man findet bei diesen Katzen rissige Krallen, einen trockenen oder rissigen Nasenspiegel. Die Maulwinkel können eingerissen sein, eben weil die Schleimhaut trocken ist. Es kommt zu Bauchschmerzen mit Kolik und Krämpfen und zu Hautjucken. Verschlechterung tritt im Winter auf, weil trockene Kälte ihr besonders schadet. Sie kratzt sich bei Juckreiz, bis sie blutet, und die Wunden heilen nur schlecht wieder ab. Ihre Ängstlichkeit entsteht meist erst durch längere Zeiten der Krankheit. Wärme verschlimmert allerdings ebenso die Symptome, obwohl ihr die Wärme gutzutun scheint, da sie ständig friert. Besserung der Symptome tritt im Sommer auf, wenn sich feuchte Wärme bildet. Deshalb sollte man in Wärmequellennähe immer eine Schüssel Wasser aufstellen, um diesen Effekt nachzustellen.

Alumina C 30: 1x täglich 1 Gabe, 2–3 Wochen lang, danach nach Bedarf.

Antimonium crudum

Die Katze ist äußerst launisch, streitsüchtig und kann regelrecht aggressiv gegen Menschen und andere Tiere sein. Sie ist eigensinnig und hat häufig mit Magen-Darm-Problemen zu kämpfen. Oft reicht es schon aus, sie nur anzuschauen, um einen Angriff auszulösen. Das Verhalten kann allerdings oft auch durch Angst entstehen, die durch einen Schreck ausgelöst wurde. Katzen, die diesem Arzneimitteltyp entsprechen, fressen fast alles, auch nicht für Katzen gedachte Nahrung, wodurch sie häufig Durchfall oder Erbrechen bekommen. Die Krallen können zu Nagelbettentzündungen neigen, und Hautverdickungen treten gerne auf. Auch Herz und Kreislauf können angegriffen sein, wodurch es zu Blutdruckproblemen kommen kann. Das Blut zeigt manchmal auch Abweichungen der Eosinophile und Leukozyten im Blutbild.

Verschlechterung tritt nach ungeeigneter oder zu kalter Futteraufnahme auf oder durch Wärme, Sonnenwärme, durch Ansehen, Berührung oder Schreck. Besserung tritt in Ruhe, an der frischen Luft und feuchter Wärme auf.

Antimonium crudum C 30: 1x täglich 1 Gabe, 2–3 Wochen lang, danach nach Bedarf.

Argentum nitricum

Die meist zarte, schlanke und mit sehr feinem Haar ausgestattete Katze ist unruhig und nervös, immer ängstlich und auf der Hut (wie ein scheues Reh). Die Katze befürchtet ständig, dass ihr etwas zustoßen könnte, obwohl kein Grund dafür ersichtlich ist. Sehr bezeichnend sind bei diesen Katzen auch die Angst vor Höhe (Treppen, Bäume, Schränke und Tierarzttisch) und ihre Geräuschangst. Ebenso hat sie unsagbare Angst in ihrer Transportbox. Sie steht ständig in Erwartungsspannung und meidet darum manchmal lieber die Gesellschaft ihrer Menschen. Dieser ständige Alarmzustand kann zu nervösem Durchfall führen, der durch die Angst ausgelöst wird (siehe auch Gelsemium, hier tritt der Durchfall nach angstauslösenden Erlebnissen auf). Epilepsie ist eine häufige Erkrankung dieser Katzen. Der Anfall tritt dann meist in der Nacht auf. Angekündigt werden die Anfälle oft schon Tage vorher durch verstärkt auftretende Angst. Das Mittel wird auch als Nervenmittel deklariert. Die Argentum-nitricum-Katze hat oft ebenso Probleme mit Augenentzündungen oder Nierenleiden und zeigt eine große Abneigung gegen die Tierarztpraxis (wie Silicea, Gelsemium und Lycopodium) die sie wegen ihrer Erkrankung leider häufig aufsuchen muss. Ein anderes Thema ist Langeweile, die ihr ebenso zu schaffen macht und zu Verhaltensstörungen führen kann. *Argentum nitricum C 30: 1x täglich 1 Gabe, 2–3 Wochen lang, danach nach Bedarf.*

Apis

Eifersucht ist das Symptom, das zur Auswahl dieses Mittels führen kann. Jede Zuwendung ihres Besitzers anderen Sozialpartnern gegenüber, ob Mensch oder Katze, ist ihr zuwider. Nervosität, Reizbarkeit und Unruhe sind weitere Anzeichen

für Apis. Katzen, die Apis benötigen, haben häufig auch Probleme mit den Nieren, mit den Augen, der Haut oder dem Herzen. Das Mittel wirkt sich positiv auf Wasseransammlungen (Ödeme) im Körper aus, wenn es zur Katze passt. Die Katze ist trotz Schwäche immer wieder auf der Suche nach einem anderen kühlen Platz, an dem sie sich zur Ruhe legen kann, wenn sie krank ist. Verschlechterungen der Symptome treten bei Wärme, bei Berührung oder am Nachmittag auf. Die Beschwerden entstehen meist zuerst auf der rechten Seite. Besserung tritt bei kühler Luft, kühlen Liegeplätzen oder im Freien auf.
Apis C 30: 1 x täglich 1 Gabe, 2–3 Wochen lang, danach nach Bedarf.

Arnica

Verhaltensprobleme treten meist nach einer Verletzung (Autounfall, Operation oder Selbstverstümmelung) auf; dann erscheint die Katze hochgradig aggressiv. Die körperliche Erschöpfung bereitet der Katze starke Probleme. Die Erlebnisse können durchaus auch schon längere Zeit zurückliegen. Berührungen sind ihr durch dieses Erlebnis meist ein Graus. Katzen, die nach einer Verletzung abnormes Verhalten zeigen (z. B. Verstecken an dunklen Orten), sollten immer einige Tage Arnica bekommen; meist tut es ihnen sehr gut.
Verschlechterungen treten durch Kälte, Berührung und in der Nacht auf. Besserung tritt bei leichter Bewegung, Ruhe und Lageveränderungen ein.
Arnica C 30: 1 x täglich 1 Gabe, 2–3 Wochen lang, danach nach Bedarf.

Arsenicum album

Die ängstliche, unruhige und nervöse Katze ist meist sehr schlank oder sogar richtig mager. Die Katzen sehen sehr oft älter aus, als sie wirklich sind, und halten sich sehr sauber (im Gegensatz zu Sulfur). Sie wirken oft sehr zierlich und leiden unter Schwäche, wenn sie krank sind, weil sie eine sehr geringe Widerstandskraft gegen Krankheiten besitzen. Allerdings kann die gesunde Arsenicum-album-Katze auch sehr eigensinnig und selbständig sein; als Einzelgänger mag sie oft keine anderen Katzen im Haushalt, weil sie zur Eifersucht neigen kann. Sie ist ängstlich gegenüber Geräuschen und gegen plötzlichen Lichteinfall, der sie zu Panikanfällen veranlasst. Hat sie keine Möglichkeit zum Rückzug, kann diese Angst auch in Aggressionen umschlagen, so dass sie sich durch Schläge mit den Pfoten wehrt. Es kann ebenso Angst in der Dunkelheit auftreten wie bei Stramonium. Auch vor dem Verlassenwerden haben diese Katzen Angst und teilen dies lautstark mit. Sie wechseln ständig die Liegeplätze und scheinen mit keinem wirklich zufrieden zu sein. Sehr auffällig ist auch das ständige Putzen, das schon fast exzessiv betrieben wird. Die Katze verlangt diese Sauberkeit auch von ihrer Umgebung und zeigt es, wenn ihr etwas zuwider ist. Wird das Katzenklo nicht regelmäßig gesäubert, reagiert sie gerne auch mit dem Meiden des Katzenklos. Die Futterschüssel sollte penibel gesäubert werden, da sie sonst das Futter ablehnen könnte. Der absolut einzuhaltende Tagesablauf ist für sie ein sehr wichtiger Aspekt in ihrem Leben. Treten hier nur geringe Abweichungen auf, kann es im Anschluss zu Verhaltensproblemen führen. Sie mag einfach keine unliebsamen

Überraschungen. Rituale sollten eingehalten werden; feste Fütterungszeiten sind ihr ebenso wichtig, damit sie sich sicher fühlen kann.

Die Katzen lieben Wärme über alles und legen sich gerne direkt an den Ofen oder auf die Heizung, wobei die Pfoten der Katze sich trotzdem kühl anfühlen. Sie kann in der Nacht zwischen 1 und 2 Uhr unruhig werden und die Nähe ihres Menschen suchen. Meist kann hier ein Nachtlicht, wie man es im Kinderzimmer benutzt, Abhilfe schaffen. Erkrankungen treten oft im Verdauungstrakt auf. Stinkender Durchfall, der den After wund macht, Kotdrang sogar nach dem Absatz von Kot, und im Magen warm gewordenes Futter können für sie zum Problem werden. Sie trinkt trotz großem Durst nur kleine Mengen Wasser und verlangt nach kaltem Wasser, das sie wieder erbricht, weil sie es eigentlich nicht verträgt. Arsenicum album wird auch bei Nierenerkrankungen (Nephritis) gegeben. Erkrankungen der Haut mit starkem Juckreiz und unterschiedlichen Hautausschlägen (wobei das Fell trotzdem gepflegt erscheint) und die Bildung von weißen Schuppen mit haarlosen Stellen können auftreten. Auffällig ist auch das vorzeitige Ergrauen der Katze, das sie älter aussehen lässt. Hat die Katze Hauterkrankungen, lässt sie sich ungern anfassen, und auch wenn sie die Nähe ihres Menschen sucht, möchte sie oft nicht angefasst werden. Den Katzenkorb mag sie nicht sonderlich, erträgt ihn aber, wie auch die Behandlung beim Tierarzt. Trotzdem muss der Tierarzt vorsichtig mit der Katze umgehen, da sie durch ihre erhöhte Schmerzempfindlichkeit sehr sensibel reagieren kann.

Verschlechterung tritt bei Kälte, Nässe, Trinken von kaltem Wasser, nach Mitternacht zwischen 0 und 3 Uhr und nach der Futteraufnahme auf. Besserung tritt beim Trinken in kleinen Schlucken und in der Wärme auf.
Arsenicum album C 30: 1 x täglich 1 Gabe, 2–3 Wochen lang, danach nach Bedarf.

Asa foetida

Bei scheinträchtigen Katzen ist dieses Mittel anzeigt, wenn Milchproduktion besteht. Die Katze ist sehr unruhig und läuft den ganzen Tag hin und her. Berührungen mag sie in dieser Zeit überhaupt nicht. Besserung gibt es für die Katze bei Bewegung in der frischen Luft und bei Ablenkung. Auch chronische Entzündungen und Geschwürbildung stehen in diesem Arzneimittelbild ganz vorne. Chronische Analdrüsenentzündungen, oft mit eitrigem und stinkendem Inhalt, kommen häufig vor (siehe auch Calcium sulfuricum).
Asa foetida C 30: 1 x täglich 1 Gabe, 2–3 Wochen lang, danach nach Bedarf.

Aurum muriaticum natronatum

Die Katze hat oft Probleme im Bewegungsapparat und kann sich deswegen nicht richtig entspannen. Ständige Schmerzen (Lendenwirbelsäule, Rheuma oder Gelenkschmerzen) verleiden ihr das entspannte Liegen auf der Couch neben Herrchen oder Frauchen. Oft springt sie wie von der Tarantel gestochen plötzlich auf und flüchtet wegen des Schmerzes, den sie nicht zuordnen kann: Katzen begreifen leider nicht, dass der Schmerz aus ihrem eigenen Körper kommt, sondern

denken dann, dass die Couch oder der Mensch ihnen diesen Schmerz zugefügt hat. Sie mag besonders gerne Salziges oder süße Sachen, die ihr aber nicht gut bekommen. Außerdem leidet sie oft unter Hautproblemen (Ausschlag rund um die Augen, Ekzeme oder Haarausfall) und ist anfällig für Schnupfen. Die Reaktionen der Katze schwanken zwischen zu ruhig und zu überzogen in Situationen, die der Erwartung nicht entsprechen. Anderen Sozialpartnern gegenüber kann Machogehabe auftreten, das aber wiederum durch Unsicherheit entsteht. Das führt oft dazu, dass die Katze sich im Sozialverbund mit anderen Katzen unterordnet, gegenüber ihrem Menschen dafür aber diktatorisch reagiert. Sie kann leicht beleidigt sein, wenn sie nicht verstanden wird, und sich dann völlig zurückziehen. Man könnte dann meinen, sie sei depressiv veranlagt, was sich aber legt, sobald sie das bekommt, was sie möchte. Verschlimmerung tritt bei kaltem Wetter, aus Trotz durch Kränkung, im Winter und nachts auf. Besserung tritt bei Wärme, durch Bewegung und Aufregung ein.
Aurum muriaticum natronatum C 30: 1x täglich 1 Gabe, 2–3 Wochen lang, danach nach Bedarf.

Barium carbonicum

Die alte Katze benötigt dieses Mittel ebenso wie die ganz junge Katze. Es ist ein Mittel, das bei Demenz (siehe auch Stramonium) der alten Katze ebenso eingesetzt wird wie bei dem Jungtier, das einen kräftigen Körperbau aufweist, aber insgesamt eher zu klein geraten ist und somit einen Rückstand in der Entwicklung aufweist. Die Katze ist unsicher und ein we-

nig unbeholfen und sehr ruhig. Katzen, die diesem Typ entsprechen, spielen kaum und ziehen sich gerne zurück. Bei älteren Tieren tritt diese Langsamkeit und Passivität wieder auf. Die alte Katze findet ihre Katzentoilette nicht mehr und erscheint senil oder depressiv. Sie läuft gegen Möbelstücke, die schon immer an der gleichen Stelle standen, und steht manchmal mit abwesendem Blick einfach nur da oder vor ihrem Futternapf und vergisst das Fressen dabei. Die Vergesslichkeit ist ein starkes Symptom dieses Mittels. Trennungsangst tritt im Alter auf, und die Katze mag häufig nicht mehr nach draußen gehen. Erkältungskrankheiten treten vermehrt auf (siehe auch Calcium carbonicum), und ältere Katzen leiden zunehmend unter Schwerhörigkeit. Es kann zu Herzerkrankungen kommen, und die Verdauung ist gestört, was sich in plötzlich abgehenden Kotballen äußert. Der Gang der Katze erscheint zittrig, und es kann zu kalten Füßen kommen. Eine Verschlimmerung tritt bei feuchter Kälte, bei Zimmerwärme, bei Zugluft und in Anwesenheit von Menschen und anderen Sozialpartnern auf. Besserung tritt beim Alleinsein und beim Liegen unter einer warmen Decke ein.
Barium carbonicum C 30: 1x täglich 1 Gabe, 2–3 Wochen lang, danach nach Bedarf.

Belladonna

Die Katze ist sehr schreckhaft und kann dabei reizbar bis stark erregt erscheinen. Die Erregung fällt dann oft sehr heftig aus. Das Verhalten kann sich im Laufe des Tages so stark steigern, dass die Katze selbst ihren Menschen nicht mehr erkennt und diesen angreift (Wut ohne ersichtlichen Grund

zeigt auch Stramonium). Die Belladonna-Katze hat auch Angst vor Gewitter und in der Dunkelheit. Sie leidet ebenso unter unruhigem Schlaf, aus dem sie hochschreckt, als hätte sie schlecht geträumt. Katzen, die zum Belladonna-Typ passen, haben häufig auch Probleme mit dem Schwanzjagen und verletzen sich selbst dabei.
Belladonna wird bei plötzlichem Fieber (wenn Aconitum nicht geholfen hat) ohne Durst eingesetzt. Es kann hilfreich bei Erkrankungen der Verdauungsorgane sein, wenn das Futter nicht angenommen wird oder wieder erbrochen wird oder Bauchschmerzen im Oberbauch bestehen. Bei Arthritis kann Belladonna ebenso versucht werden, wenn die Gelenke geschwollen und heiß sind. Verschlimmerung tritt ein bei Berührung, durch Geräusche oder Lichteinwirkung und zwischen 15 und 3 Uhr. Besserung tritt ein bei Ruhe und leichtem Zudecken.
Belladonna C 30, D 30: 1 x täglich 1 Gabe, 2–3 Wochen lang, danach nach Bedarf.

Borax

Die Katze reagiert ängstlich auf plötzliche, laute und knallende Geräusch wie z. B. zu Silvester. Borax kann aber auch bei der Reisekrankheit hilfreich eingesetzt werden, wenn die Übelkeit bei Bewegungen auftritt, die abwärtsgerichtet sind (Fahrt durch hügeliges Land).
Borax D 6: 3 x täglich 1 Gabe, 1–3 Wochen lang. Vor Silvester oder einer Autofahrt sollte man bereits eine Woche vorher mit der Eingabe beginnen.

Bryonia
Die weiße Zaunrübe passt zu allgemein heftigem Verhalten. Die Katze erscheint äußerst reizbar mit einer starken Berührungsempfindlichkeit, und wenn sie große Schmerzen hat, möchte sie alleine sein und zieht sich zurück. An diesem Platz bleibt sie bewegungslos liegen, um nur keine Schmerzen auszulösen. Sie kann sehr heftige Abwehrreaktionen zeigen, wenn es ihr nicht gutgeht und sie ihre Ruhe haben möchte.
Bryonia-Typen haben oft Atemwegserkrankungen mit hartem und schmerzhaftem Husten. Erkältet sich die Katze, neigt sie dazu, dass die Erkältung nach innen geht. Bryonia beugt auch entzündlichen Verklebungen der Atemwege vor. Das Verdauungssystem zeigt bei diesen Katzen oft Erbrechen nach dem Fressen oder Verstopfungsprobleme mit sehr trockenem Stuhl, der in großen Klumpen abgeht. Der Bewegungsapparat ist auch häufig angegriffen. Die Katze hat Probleme mit Arthritis oder entzündeten, roten Gelenken, die anschwellen. An der Wirbelsäule können Verhärtungen der Rückenmuskulatur auftreten, die bei Berührung sehr schmerzhaft sind. Verschlechterung tritt auf bei Aufregung mit Ärger, bei Bewegung (Därme oder Magen, es kann dann zu Erbrechen kommen), nach der Fütterung oder in warmen Räumen, wenn die Katze an Husten leidet. Besserung tritt im Ruhen auf oder wenn die Schleimproduktion in Gang kommt, ebenso beim Liegen auf der schmerzhaften Seite.
Bryonia C 30: 1 x täglich 1 Gabe, 2–3 Wochen lang, danach nach Bedarf.

Calcium carbonicum

Eines der großen Konstitutionsmittel findet man in der Austernschale. Vom Konstitutionstyp passen die großen Rassen eher in das Bild von Calcium carbonicum, oder es sind besonders große und kräftige Tiere, egal welcher Rasse. Das Mittel passt zur ganz jungen Katze ebenso wie zur alten Katze. Die Katze erscheint eher schwerfällig und lässt sich mitten im Laufen einfach fallen, wo sie gerade geht und steht. Junge Katzen, zu denen dieses Mittel passt, sind die wahren Wonneproppen unter ihren Geschwistern, die mit dem dicken, kugelrunden Bauch, die trotzdem immer Hunger haben. Da der Körper viel Wasser und Fett speichert, wirken sie auch im fortgeschrittenen Alter aufgedunsen, und ihr wabbeliger Bauch hängt teilweise bis auf den Boden. Die Calcium-carbonicum-Katze ist gutmütig und geduldig (auch beim Tierarzt). Sie mag keine übermäßige Bewegung, weshalb sie sich auch gerne zurückzieht, um ihre Ruhe zu haben. Allerdings gehört sie auch zu den Schmusekatzen, die stundenlang kuscheln können. Da sie sich kaum wehrt, einfach weil es ihr zu anstrengend ist, ist sie für Kinder ein großartiger Spielkamerad. Sie lässt sich gerne herumtragen und alles mit sich machen, solange sie dabei auch ein Schläfchen halten kann. Veränderte Tagesabläufe oder neue Dinge im Katzenrevier (etwa ein neues Kratzbrett) sind ihr hingegen ein Graus. Sie mag es, wenn alles an seinem Platz bleibt und sich nichts ändert. Bei Veränderungen (Umzug), die sich nicht vermeiden lassen, reagiert sie oft beleidigt und kann lange schmollen. Die Katze ist mit einem Wohnungsleben vollauf zufrieden. Streiten in der Nachbarschaft oder im Revier umherstreifen zu müssen, wäre ihr viel zu anstrengend. Als ruhender Pol in einer Katzengemeinschaft sorgt sie oft dafür, dass die anderen Katzen sich an ihr orientieren und damit Ruhe im Rudel einkehrt. Sie zeigt auch noch lange Zeit den Milchtritt beim Schmusen und ist als erwachsene Katze eigentlich selten krank. Hat sie allerdings eine Wunde, kann diese noch so kleine Stelle leicht eitern.

Am Bewegungsapparat kann es manchmal zu verzögertem Wachstum kommen, die Knochen weisen Entwicklungsstörungen auf. Sie mag gerne kaltes Futter und zeigt eine Abneigung gegen normale Kuhmilch. Joghurt und Quark werden hingegen gerne angenommen und vertragen. Da bei dieser Katze alles etwas verlangsamt ist, kann auch ein Tag ohne Stuhlgang auftreten, der der Katze aber keine Probleme bereitet.

Es gibt auch den normalgewichtigen Katzentyp bei diesem Mittel, der aber meist vom Katzenbesitzer auf Diät gesetzt wurde. Eine Neigung zur Gewichtszunahme besteht auch bei diesem Typ. Chronische Augenentzündungen und Ödeme oder Hautkrankheiten können verstärkt auftreten.

Verschlimmerung tritt bei Kälte, Bewegung, Anstrengung, Nässe, morgens oder bei Vollmond auf. Besserung tritt bei Trockenheit und Liegen auf der kranken Seite ein.

Calcium carbonicum C 30: 1x täglich 1 Gabe, 2–3 Wochen lang, danach nach Bedarf.

Calcium phosphoricum

Das Erscheinungsbild der Katze ist eher schlank und feingliedrig; im Gegensatz zu Calcium carbonicum weist sie nicht die dicken Gelenke und schwachen Bänder auf. Sie ist

aber auch nicht so zierlich und schwächlich wie Silicea, sondern liegt genau zwischen diesen beiden Mitteln. Sie schießt schnell in die Höhe, wodurch im Knochenaufbau Probleme entstehen können und es zu Knochenschmerzen kommt. Meist entsprechen die gewöhnlichen Hauskatzen diesem Typ. Sie sind sehr aufmerksam, passen sich leicht an, sind intelligent und immer für einen Spaß zu haben. Schlechte Laune wird man bei ihnen nur selten erleben, aber sie können auch störrisch sein. Die Katze dieses Typs ist immer in Spiellaune und lässt sich auch gerne mal von den Kindern im Puppenwagen herumfahren. Sie ist im Wesen sehr unkompliziert, neigt aber zur Übertreibung, wodurch sie sich in unschöne Situationen hineinmanövriert (auf dem Baum von der Feuerwehr gerettet).
Bei Gewitter ist sie ängstlich. Eigentlich alle Futtersorten werden angenommen. Auch nicht so geeignetes Futter ist für diese Katze kein Problem, sie verträgt fast alles wie ein Müllschlucker, wobei sie eine Vorliebe für Salzstangen entwickeln kann. Hierdurch kann es allerdings Hormonstörungen oder Erkrankungen der Haut geben, die mit Juckreiz einhergehen. Nur mit einer geeigneten Ernährung kann man die Zähne der Katze lange erhalten, da sie leider zu Karies und verfrühtem Zahnausfall neigt. Jungtiere leiden darunter, die Muttermilch zu erbrechen, oder sie bekommen davon Durchfall. Der Appetit kann wechselhaft und die Katze futterneidisch sein, ohne dabei gierig das Futter hinunterzuschlingen. Viele Calcium-phosphoricum-Katzen rutschen im Erwachsenenalter in das Arzneimittelbild von Phosphorus, welches noch lebhafter ist.

Verschlechterung tritt bei Nässe, Wetterwechsel, Kälte, Anstrengung, im Zahnwechsel oder beim Zahnen auf. Besserung tritt beim Fressen, bei Wärme und Ruhe ein.
Calcium phosphoricum C 30: 1 x täglich 1 Gabe, 2–3 Wochen lang, danach nach Bedarf.

Carbo vegetabilis

Durch lange und schwere Krankheit ist die Katze sehr geschwächt. Dabei kommt Blutverlust oder Austrocknung zum Tragen. Der Katze ist trotz Wärmequelle und warmer Decke kalt, und sie zittert, weil sie an Untertemperatur leidet. Die Katze kann durch Ödeme oder viele Medikamente aufgequollen wirken, aber auch nur noch aus Haut und Knochen bestehen. Die Beschwerden entwickeln sich eigentlich schleichend über einen längeren Zeitraum, trotzdem kann das Mittel bei einem Kollaps Wunder wirken, wenn es nach einer schwächenden Krankheit, einer Operation oder einem Schockerlebnis eingesetzt wird. Die Katze versucht mit offenem Maul nach Luft zu ringen, die Augen liegen tief in den Augenhöhlen. Es kann passieren, dass ihr der Kot passiv aus dem After läuft und sie es nicht mehr auf die Katzentoilette schafft. Ein wichtiges Symptom sind auch Blähungen, die diese Katze plagen. Der Bauch kann dabei aufgetrieben und schmerzhaft sein. Die abgehenden Winde sind äußerst übelriechend, erleichtern der Katze aber ihren Zustand. Die Schleimhäute sehen blau verfärbt aus, weil die Zirkulation des Blutes beeinflusst ist und der Flüssigkeitsverlust bei einer Dehydration dazu beiträgt. Die Katze möchte nicht allein gelassen werden und kann in der Dunkelheit große Angst

haben (siehe auch Stramonium). Sie fährt erschrocken aus dem Schlaf hoch, was im Zusammenhang mit ihrem tiefen und festen Schlaf stehen kann. Der Zustand hat mit dem früheren Konstitutionsmittelbild der Katze nicht viel zu tun. Sie ist so schwach, dass sie alles über sich ergehen lässt. Sie hat weder Durst noch Hunger und verweigert alles.
Carbo vegetabilis D 6: 3 x täglich 1 Gabe, 2–3 Wochen lang, danach nach Bedarf.

Unsere Katze stirbt …

Am späten Abend erhielt ich einen Anruf von einer Katzenbesitzerin. Sie war völlig aufgelöst und bat mich darum, doch noch einen Hausbesuch zu machen, obwohl es schon so spät sei. Im Anschluss erzählte sie mir, dass sie mit ihrer Katze wegen ständigen Durchfalls bei ihrem Tierarzt gewesen sei und dass die Katze dort behandelt worden sei. Nachdem sie wieder zu Hause waren, zog sich Molly sofort zurück und wirkte völlig apathisch. Da die Besitzerin befürchtete, dass die Katze sterben könnte, hatte sie sich entschlossen, bei mir anzurufen.
Molly war ein schon älteres Mädchen, das immer noch in seinem Körbchen saß, als ich eine halbe Stunde später eintraf. Mir fiel sofort das absolut apathische Verhalten der Katze auf. Sie reagierte nicht auf meine Anwesenheit und mochte weder trinken noch fressen. Ich entschied, es mit Carbo vegetabilis zu versuchen. Das Mittel wurde ihr in ein wenig Wasser aufgelöst direkt ins Maul gegeben. Nun hieß es warten. Da die Besitzerin noch weiteren Katzen ein Zuhause geschenkt hatte und diese ebenfalls Probleme zeigten, setzten wir uns hin und besprachen die Situation. In diesem Moment stand Molly plötzlich auf und ging zum Fressnapf, den ihr

Mensch sofort füllte. Sie futterte eine große Portion und trank danach auch noch einige Schlucke Wasser. Danach zog sie sich nicht mehr in das Körbchen zurück, sondern gesellte sich zu uns.
Die Katzenbesitzerin war überglücklich, und ich vermutete, dass das Schockerlebnis beim Tierarzt und die Medikamente den Zustand ausgelöst haben könnten. Jedenfalls hatte Molly seitdem nie wieder Probleme dieser Art.

Causticum

Hier steht uns eine kräftige, muskulöse Katze gegenüber, die nicht übergewichtig ist. Meist sind es Katzen mit dunklem Fell, die dieses Mittel benötigen. Sie verschläft gerne den ganzen Tag und wird erst am Abend munter. Auf der Suche nach viel Körperkontakt und Zuwendung kann sie recht aufdringlich werden und mag eigentlich keine Konkurrenten im Haus. Diese Eifersucht (siehe auch Lachesis) kann durchaus zu Aggression und Reizbarkeit führen, wenn sie sich zurückgesetzt fühlt. Ihr melancholisches Wesen lässt sie in ihren Bewegungen recht behäbig erscheinen.
Causticum hat im gesunden Zustand ein normales Selbstvertrauen, kann aber im Krankheitsfall durchaus mit Angst vor dem Alleinsein oder vor der Dunkelheit reagieren. Sie mag es deshalb überhaupt nicht, in der Nacht in einem Zimmer weggesperrt zu sein, sondern liebt es, bei ihrem Menschen zu liegen und Schutz bei ihm zu finden. Versucht man aber, ihr etwas aufzudrängen, kann die Katze ihrem Besitzer gegenüber heftig reagieren und sich gegen ihn wehren, so dass die Fetzen fliegen. Im Krankheitsfall ist sie trotz ihrer Schmerzen ständig auf der Suche nach einem anderen Liege-

platz. Leider zählt gerade Krebs zu den Krankheiten, die diese Katze häufig in ihrer Veranlagung trägt. Durchnässung bekommt ihr überhaupt nicht. Hierdurch bekommt sie leicht Atemwegserkrankungen oder Harnwegsprobleme. Selbst der Bewegungsapparat kann dadurch angegriffen werden und Rheuma, Gelenkerkrankungen oder Arthritis auslösen. Die Schleimhäute, die Haut und das Fell sind meist sehr trocken (siehe auch Natrium muriaticum), was zu Rissen an Maul, After und Nase führen kann. Dadurch entstehen Entzündungen und manchmal auch Juckreiz an den Körperöffnungen. Trockenes Wetter verschlimmert die Beschwerden, egal zu welcher Jahreszeit. Ihr Appetit kann ebenfalls wegweisend auf dieses Mittel sein, wenn sie mit Heißhunger an den Napf geht und sich im gleichen Moment angewidert umdreht und richtigen Ekel vor dem Futter zeigt. Dies kann durch Schmerzen in der Kaumuskulatur ausgelöst werden. Rohe Nahrung verträgt diese Katze nur schlecht und erbricht das Futter wieder. Der unstillbare Durst der Causticum-Katze ist auf kaltes Wasser gerichtet. Verschlechterung tritt durch Nässe auf, zwischen 3 und 5 Uhr, durch trockenes Wetter und Zugluft; Besserung durch Wärme, feuchtes Wetter und leichte Bewegung.
Causticum C 30: 1x täglich 1 Gabe, 2–3 Wochen lang, danach nach Bedarf.

Chamomilla

Katzen, die diesem Typ entsprechen, stehen gerne im Vordergrund. Sie möchten alle Aufmerksamkeit für sich haben, und entspricht man dem nicht, können sie böse werden und sogar angreifen. Die Katze tut Dinge, die sie eigentlich nicht darf, und man hat den Eindruck, dass sie es genau weiß. Die Forderung nach Zuwendung kann überhandnehmen. Man kann diese Katze mit einem verwöhnten, unzufriedenen, reizbaren Kind vergleichen, das immer mehr und mehr verlangt und doch nie zufriedenzustellen ist. Überempfindlichkeit besteht gegen Schmerzen durch die Überreizung des gesamten Nervensystems. Häufig kann dieses Mittel Ruhe in eine Katzengruppe bringen, die durch ständige Streitigkeiten belastet ist. Das Mittel wirkt bevorzugt auf der linken Seite der Katze und hilft der jungen Katze in der Zahnungsphase, wenn Entzündungen im Maul- und Zahnfleischbereich bestehen. Sie wird in dieser Zeit mit Appetitlosigkeit reagieren und ihr Futter verschmähen. Versucht man die kleine Katze zu trösten, erntet man Aggressionen dafür (siehe auch Natrium muriaticum). Bestehen unter mehreren Katzen Probleme, kann die Chamomilla-Katze auch mit Markierverhalten (siehe auch Ignatia) reagieren, das bevorzugt auftritt, wenn sie eifersüchtig ist oder sich vernachlässigt fühlt. Ihr Durst ist immer groß und auf kaltes Wasser ausgerichtet; hat sich das Wasser an der Heizung oder in der Sonne erwärmt, wird sie dies lautstark kundtun.

Verschlimmerung tritt ein durch Zugluft, im Freien, bei Kälte, bei Ärger, in der Nacht und am Abend sowie durch Aufregung oder Anstrengung. Besserung tritt ein bei Wärme, leichter Bewegung und feuchtem bzw. warmem Wetter.

Chamomilla C 30: 1 x täglich 1 Gabe, 2–3 Wochen lang, danach nach Bedarf.

Coffea

Geistig und körperlich ist die Coffea-Katze unermüdlich; sie schläft im Gegensatz zu ihren Artgenossen nur wenig und möchte ständig spielen. Durch ihr ungestümes Verhalten kann schon einmal etwas im Haushalt zu Bruch gehen.
Coffea C 30: 1x täglich 1 Gabe, 2–3 Wochen lang, danach nach Bedarf.

Cuprum metallicum

Krämpfe sind charakteristisch für dieses Mittel. Sie treten immer in den Eingeweiden, den Atemwegen, im Magen oder in den Gliedmaßen (mit Epilepsie) auf.
Cuprum metallicum D 12: 2x täglich 1 Gabe, 2–3 Wochen lang.

Gelsemium

Die Katze, auf die dieses Mittel passt, hat wie Argentum nitricum Angst vor bestimmten Ereignissen, es besteht allerdings der Unterschied, dass Gelsemium nicht vor, sondern erst nach einem Ereignis Probleme bekommt (Durchfall, Angst oder Epilepsie nach Aufregung). Die Gelsemium-Katze ist nicht so nervös und hektisch wie Argentum nitricum. Außerdem kann Gelsemium bei zu starkem Geschlechtstrieb eingesetzt werden. Die Katze mag im Krankheitsfall nicht fressen oder trinken, und Verschlechterung tritt bei ihr durch Aufregung, Angst oder Ärger auf oder durch Hitze durch die Sonne. Besserung tritt ein an der frischen Luft, bei ständiger Bewegung und wenn sie reichlich Urin abgesetzt hat.
Gelsemium C 30: 1x täglich 1 Gabe, 2–3 Wochen lang, danach nach Bedarf.

Graphites

Häufig treten bei diesem Arzneimitteltyp Trägheit und apathisches Verhalten auf, was einen an den Kater Garfield denken lässt. Die Katze ist sehr gefräßig und neigt neben Übergewicht auch zur Verstopfung und zu einer gewissen Steifheit und Lustlosigkeit. Dann können Depressionen die Katze plagen, und sie mag nicht spielen, was wiederum zu schlechter Laune oder Feindseligkeit gegenüber dem Besitzer führen kann. Ihre Stumpfsinnigkeit lässt schnell vermuten, dass die Katze etwas dumm ist, was aber nicht zutrifft. Sie haushaltet nur sehr bedacht mit ihren Reserven. Die Graphites-Katze hat kein Problem mit dem Alleinsein, im Gegenteil, wenn ihr Mensch nicht im Haus ist, hat sie mehr Ruhe und kann ungestört ihren Lieblingshobbys nachgehen: Schlafen und Fressen. Durch die chronische Verstopfung versucht der Körper, die Giftstoffe über die Haut zu entsorgen, was dazu führt, dass die Katze an chronischen, nässenden oder trockenen Ekzemen leidet. Dies betrifft häufig den Bereich der Ohren, des Afters, des Kopfes und den Bauch. Das spezielle Symptom dabei ist die Absonderung eines honigartigen und gelben Sekrets. Spröde Krallen, die leicht brechen, und eventuell Bindehautentzündungen können ebenso auftreten. Die Zähne sind häufig auch betroffen und können frühzeitig ausfallen. Durst hat diese Katze nur übermäßig am frühen Morgen und am Vormittag. Hautkrankheiten treten mit symmetrischer Kahlheit auf, wobei die Haut sich schwarz verfärben kann und sich verdickt. Es können sich Pickel bilden, die hart und trocken sind und Juckreiz auslösen.

Verschlimmerung tritt ein bei Wärme, am Morgen und

Abend, in der Nacht und nach dem Schlaf. Besserung tritt ein bei Bewegung an frischer Luft und durch das Fressen.
Graphites C 30: 1 x täglich 1 Gabe, 2–3 Wochen lang, danach nach Bedarf.

Hyoscyamus

Hyoscyamus weist viele Ähnlichkeiten mit Stramonium auf. Angst vor dem Verlust der gewohnten Umgebung und einer Bezugsperson treten bei beiden Mitteln auf. Durch Unsicherheit kann Anspannung auftreten, und auch Eifersucht passt zu dieser Katze (siehe Lachesis). Die Katze hat eine Abneigung gegen das Alleinsein und kann vor Angst oder Aufregung auch ihren Liegeplatz einnässen (siehe auch Stramonium). Die Schreckhaftigkeit ist gesteigert und kann sich durch Muskelzuckungen entlang des Rückens zeigen, selbst wenn die Katze ruhig liegen bleibt (siehe auch Ignatia). Stereotypes Verhalten wie ständiges Belecken des Bauches oder Benagen einer Körperstelle kann auftreten. Insgesamt erscheint diese Katze sehr unruhig, ängstlich und misstrauisch. Kastrierte und unkastrierte Kater bzw. Katzen können aus Eifersucht markieren. Diese Eifersucht kann sich gegen andere Katzen oder auch Menschen im Haushalt richten. Es wird dabei nicht heimlich markiert, sondern offensichtlich und demonstrativ (siehe Natrium chloratum), damit der Mensch es auch ja mitbekommt.

Die Katze kann unter Lichtempfindlichkeit (wie Stramonium oder Belladonna) leiden und sitzt dann irgendwo mit riesig geweiteten Pupillen und starrem Blick herum, ohne etwas direkt anzuschauen. Probleme entstehen oft nach einer über-

standenen Krankheit. Krankheiten treten häufig im Bereich der Harn- und Geschlechtsorgane auf. Die Kontrolle über die Blase kann verloren gegangen sein, und Harn geht unbewusst ab, oder es gibt Blasenkrämpfe. Verschlechterung tritt bei Erregung durch Angst oder Eifersucht auf, durch Kälte, in der Nacht, nach dem Fressen, nach einem Schreck oder nach Berührung. Besser geht es der Katze in der Wärme.
Hyoscyamus C 30: 1x täglich 1 Gabe, 2–3 Wochen lang, danach nach Bedarf.

Ignatia

Die meisten Katzen, die diesem Mittel entsprechen, sind weiblich, und viele sind bei den edlen Rassen zu finden. Die Sinne dieser Katze sind überempfindlich, und ihre Launenhaftigkeit und Unberechenbarkeit lassen diesen Typ einfach erkennen. Sie kann mitten in einer Kuscheleinheit plötzlich wegspringen oder sogar zuschlagen. Diese Wechselhaftigkeit ist ihr Markenzeichen. Sie kann gut alleine bleiben und ist eigentlich eine freundliche und scheinbar ruhige Katze, die ein wenig schüchtern erscheint. Nur ihre Hysterie beeinträchtigt sie, weil fast alle Erkrankungen durch psychische Belastung entstehen. Ursachen für ihr Verhalten können Kummer, Heimweh oder Ärger sein, den sie nicht ausleben konnte, aber auch Strafe verträgt sie nicht gut. Ignatia ist deshalb auch ein hervorragendes Mittel gegen Heimweh.
Durch ihr wechselhaftes Verhalten entsteht oft nervöser Durchfall oder Husten, und die Krankheit tritt oft jeden Tag zur gleichen Uhrzeit auf. Ignatia ist zwar anhänglich, aber nicht unterwürfig und spielt im gesunden Zustand für ihr Le-

ben gern. Trost mag sie überhaupt nicht und reagiert darauf mit Rückzug. Da sie sich nicht gerne berühren lässt, ist sie nicht unbedingt die Schmusekatze. Trotzdem ist sie gerne in der Nähe ihres Menschen und verfolgt ihn auch gerne im Haus. Muss er sie allerdings wegen einer Reise einmal längere Zeit allein lassen, kann sie das nicht ertragen und leidet darunter ganz furchtbar. Laute Geräusche sind für sie oft ein Problem; sie gerät so in Panik, dass sie sich nur schwer wieder beruhigt. Durch solch einen Schreck kann sie durchaus zur Unsauberkeit neigen, weil sie unsicher geworden ist. Allerdings ist dies nicht demonstrativ wie bei der Platinum-Katze. Sie versucht dadurch, Hilfe von ihrem Menschen zu bekommen und auf sich aufmerksam zu machen. Wegen ihrer Sensibilität reichen oft schon minimale Veränderungen in der Wohnung, um Unsauberkeit auszulösen. Selbst neue Menschen oder Tiere können dieses Verhalten auslösen. Wenn die Katze Junge hat, muss der Besitzer darauf achten, dass sie keine Störungen erlebt, damit sie sich nicht aufregt und die Milch dadurch versiegt. Im Sommer trinkt sie relativ wenig, in der kalten Jahreszeit dafür umso mehr. Durch dieses Problem kann es zu Nierenerkrankungen kommen, weshalb es wichtig ist, das Wasserangebot zu erhöhen, indem man viele Näpfe aufstellt und das Futter mit Flüssigkeit versetzt. Kleine Verletzungen lösen Wehklagen bei der Katze aus; Kummer und abrupte Futterumstellungen lösen Verdauungsstörungen aus. In der Regel besteht eine Neigung, das Futter zu erbrechen. Auch eine Überempfindlichkeit der Sinne löst mitunter Atemnot aus. Das Mittel kommt auch bei epileptischen Anfällen zum Einsatz. Verschlimmerung tritt

durch Trost, im Freien, morgens und durch Berührung oder äußere Wärme auf. Besserung kommt durch Bewegung, Futteraufnahme und Alleinsein.
Ignatia C 30: 1 x täglich 1 Gabe, 2–3 Wochen lang, danach nach Bedarf.

Jodum

Bei Jodum gibt es zwei Formen. Die erste ist sehr schlank und mager, dabei ängstlich, unruhig und in ständiger Bewegung. Die Katze erträgt es nicht, im warmen Zimmer zu sein. Sie hat ständig Hunger und nimmt trotzdem nicht zu. Durchfall und Erbrechen treten gehäuft bei diesem Typ auf.
Die Überfunktion der Schilddrüse tritt dabei besonders in den Vordergrund, vor allen anderen Krankheitsbildern. Es zeigt sich hyperaktives Verhalten, und geschwollene Lymphknoten treten ebenfalls auf. Wegen ihres sehr agilen Verhaltens sollte diese Katze Freigang haben, da sie im Haus dazu neigt, unerträglich zu sein. Sie wird nie irgendwo in der Sonne herumliegen oder sich an die Heizung kuscheln, da sie lieber kühle Stellen aufsucht. Wetterwechsel sind ebenfalls ein Problem für sie, da sie unter extremer Wetterfühligkeit leidet. Da sie sich ständig bewegen muss, ist sie kein allzu guter Jäger, da ihr die Geduld dazu fehlt, vor einem Mauseloch zu sitzen. Die für diesen Typ übliche Hast führt auch dazu, dass das Geschäft gelegentlich nicht im Katzenklo landet, da sie während des Vorgangs schon wieder vom Katzenklo springt. Auch das Zuscharren der Hinterlassenschaft wird entweder gar nicht vorgenommen, oder wenn sie die Zeit dazu hat, verteilt sie durch ihre Hektik die Streu meterweit im Raum. Die Jodum-Katze

von diesem Typ ist zwar allgemein ängstlich und schreckhaft, hat aber nicht wirklich Angst vor Lärm, Gewitter oder Feuerwerksgeräuschen. Im Allgemeinen nervt diese Katze nicht nur ihre Menschen, sondern auch ihre Artgenossen und kann dadurch schon einmal eine übergezogen bekommen. Eigentlich ist sie keine Katze, die sich aktiv in Raufereien begibt, aber dieses Problem verwickelt sie häufig in solche Situationen. Katzen dieses Typs können nichts in Ruhe erledigen.

Die zweite Form ist dick und wirkt aufgeschwemmt, neigt zu Ödemen. Außerdem besteht eine Neigung zu Hauterkrankungen, und die Bronchien sind beeinträchtig. Hier findet sich genau das Gegenteil zum ersten Typ, sie ist krankhaft apathisch. Selbst junge Katzen dieses zweiten Typs bewegen sich nur zu den notwendigen Dingen (Gang aufs Katzenklo) und leiden dadurch sehr unter Bewegungsmangel und Verstopfung. Die Katze sucht die Wärme, meidet aber die Sonne, wobei nasskaltes Wetter bei ihr Probleme im Bewegungsapparat hervorrufen kann. Eine Unterfunktion der Schilddrüse tritt bei Katzen zwar eher selten auf, wenn sie aber entsteht, ist diese Katze dafür prädestiniert. Wichtig ist beim ersten Auftreten der Symptome (Trägheit, Übergewicht und Abneigung gegen Bewegung) sofort eine Therapie einzuleiten, da die Selbstheilungskräfte oft nicht mehr aktiviert werden können. Der traurige und apathische Eindruck, den die Katze oft macht, kann trotzdem in einen nervösen Typ umschlagen. Wenn sie aus Angst in Situationen gerät, die sie zur Flucht veranlassen sollten, zittert die Katze nur stark und rennt nicht weg.

Verschlechterung tritt morgens auf, bei nasser Kälte und in der Sonnenwärme, aber auch bei dem Versuch der Ruhigstel-

lung oder wenn man versucht, den zweiten Typ zu sehr zur Aktivität zu bewegen.
Jodum C 30: 1x täglich 1 Gabe, 2–3 Wochen lang, danach nach Bedarf.

Kalium carbonicum

Dieses Mittel passt eher zu der alten und dicken Katze mit dünnen Beinen, die müde wirkt und sich schnell aufregt. Sie leidet unter Geräuschempfindlichkeit und mag keine Berührung. Schmerzen kann sie nur schlecht aushalten; diese zeigen sich oft ganz plötzlich von einem Moment zum anderen. Sie ist zwar schwach, kann aber auch stur wirken und zeigt einen Mangel an Lebenskraft. Ein weiteres Symptom ist Angst vor der Dunkelheit (siehe auch Stramonium), und sie mag weder Zugluft noch Musik, bei der sie auch schon einmal das Zimmer verlässt. Feste Rituale sind für sie sehr wichtig, weil sie sehr ängstlich ist und Regelmäßigkeit benötigt, um Sicherheit zu erlangen. Kalium carbonicum ist ein Mittel für Herz und Kreislauf und wird auch bei Schwäche im Rücken oder im Bewegungsapparat eingesetzt. Verschlechterung bei Geräuschen (auch bei Musik), Dunkelheit, Berührung und Schmerzen. Besserung tritt ein bei Ruhe und Einhaltung der Rituale.
Kalium carbonicum C 30: 1x täglich 1 Gabe, 2–3 Wochen lang, danach nach Bedarf.

Lachesis

Die Katze dieses Typs ist leicht erregbar; das markanteste Zeichen ist ihre extreme Eifersucht. Es kann durchaus vorkommen, dass sie ihren Menschen angreift, wenn er sich um ein anderes Tier kümmert. Zudem weist sie eine starke Berührungsempfindlichkeit auf und lässt sich nur unter Protest auf den Arm nehmen (siehe auch Staphisagria). Meist wird dadurch Abwehrverhalten ausgelöst, und sie schlägt ohne Vorwarnung zu. Selbst Streicheln wird von dieser Katze nur kurz gestattet; beendet man die Streicheleinheit nicht, bekommt man dies sofort zu spüren. Lachesis-Katzen werden oft als »falsch« bezeichnet, aber eigentlich setzen sie nur ihre Schnelligkeit und Beweglichkeit ein und verhalten sich listig, um vermeintliche Gefahren abzuwehren. Mitunter kann es dazu kommen, dass die Katze bei einer unerwarteten Handbewegung eine Abwehrreaktion zeigt, obwohl man ihr gar nichts tun wollte. Sie lauert auch gerne in einem Hinterhalt und fällt ihren Menschen an, einfach weil sie den Überraschungseffekt so sehr liebt. Eine Entscheidung zu treffen fällt ihr manchmal schwer, was anstrengend sein kann, wenn sie in der Nacht ständig raus und rein möchte. Fühlt sie sich gut, kann sie eine sehr liebenswerte Katze sein. Hat sie allerdings Probleme, verfällt sie geradezu in Mordlust. Sie macht gerne Jagd auf lebende oder tote Dinge – da werden schon mal die Socken oder andere Wäschestücke verschleppt. Die Ursachen für ihre Beschwerden liegen häufig in einer Unterdrückung (z. B. eine Spritze gegen die Rolligkeit) oder einer zu strengen Erziehung, die ihr nichts erlaubt. Da sie sehr berührungsempfindlich ist, verträgt sie kein Halsband und lässt auch Untersuchungen nur mit starkem Abwehrverhalten über sich ergehen. Erkrankungen treten bei dieser Katze häufig am Herzen, an den Eierstöcken (Zysten) oder an den Hoden durch eine

Entzündung auf. Die Bindehaut kann gerötet sein; Symptome von Katzenschnupfen können mit Niesen auftreten. Verschlechterung tritt nach dem Schlafen, am Morgen und bei Wärme auf. Besserung tritt bei Bewegung und an der frischen Luft auf.
Lachesis C 30: 1 x täglich 1 Gabe, 2–3 Wochen lang, danach nach Bedarf.

Lycopodium
Schlank bis mager ist die Lycopodium-Katze, und sie zeigt gerne ein launisches Verhalten, bei dem sie sich in ihre Ecke verzieht, wenn etwas nicht nach ihrem Willen geht. Dieses reizbare Verhalten verschafft der Katze immer wieder die gleichen Beschwerden: Verdauungsprobleme, Hautprobleme mit Juckreiz, Bindehautentzündung, Leberstau, Drüsenentzündungen, Nierensteine und Nierengrieß oder Harnsteine, die sich in der Harnröhre verklemmen können. Diese Harnsteine werden gerade für Kater zum Problem, weil sie dann kein Wasser mehr absetzen können. Das Verhalten der Katze schwankt immer wieder zwischen Feigheit und Aggression, wobei sie versucht, den stärkeren Gegner zu beschwichtigen. Schwächere Gegner werden dagegen gerne gemobbt. Ein weiteres Körpermerkmal ist der oft aufgetriebene Bauch der Katze in Verbindung mit auffallend dünnen Beinen. Weitere Probleme hat die Katze oft mit Katzenschnupfen, der sich mit eitrigen und gelblich grünen Absonderungen zeigt. Artgenossen duldet die Katze oft nur missmutig und zieht sich dann auf den höchsten Punkt ihres Kratzbaumes zurück. Wagt die andere Katze es trotzdem, sich ihr zu nähern, wer-

den ihr die Pfoten um die Ohren fliegen. Sie ist sehr darauf bedacht, alte Gewohnheiten einhalten zu können, und wird diese trotzig durchsetzen. Versucht man ein altes Möbelstück auszutauschen, wird man einen Kampf mit der Katze austragen müssen, um es entsorgen zu können. Sie wird das neue Möbelstück meiden oder im schlimmsten Fall sogar markieren, weil sie so sensibel und ängstlich ist. Oft überspielt sie mit ihrem Machogehabe nur diese Angst, die sich z. B. auch auf Geräusche (starker Wind) beziehen kann. Da sie Angst vor allem Neuen hat, sind fremde Menschen für sie oft ein Problem, auch wenn sie gerne im Mittelpunkt steht. Allein bleiben ist ebenso nicht ihre Stärke; hier geht es ihr besonders um die Person, die sie immer füttert oder bürstet. Sie lässt sich allerdings auch nicht gerne anfassen oder bei einer Erkrankung abtasten, deshalb sollte man besonders am Nachmittag gegen 16 Uhr keinen Tierarzttermin für sie vereinbaren. Zu dieser Zeit besteht für die Katze eine Verschlimmerung ihres Leidens. Sie ist bei der Fütterung sehr wählerisch und mag nur wenige Futtersorten. Auf der anderen Seite muss es immer wieder frisches, neues Futter sein. Das mag auch an ihrer Konstitution liegen, die oft Probleme mit der Magen-Darm-Motorik mit sich bringt. Es kann dazu kommen, dass der Kot im Laufe des Tages immer dünner wird und in Durchfall übergeht, ebenso können Aufregung und Futterwechsel Koliken hervorrufen. Die Katze wirkt meist älter, da sie schnell ergraut.

Einige, wirklich wenige Katzen dieses Arzneimittelbildes sind jedoch gute Fresser. Trotzdem bleiben diese Katzen mager und leiden selten unter Übergewicht.

Verschlechterung tritt zwischen 16 und 19 Uhr ein, da der Stoffwechsel zu dieser Zeit auf dem Höhepunkt arbeitet. Kaltes Wasser oder Futter, Nässe, zu viel Futter, Hitze, Wetterwechsel und Ruhe bekommen ihr ebenfalls nicht gut. Besserung tritt ein bei leichter Bewegung oder an der frischen Luft. *Lycopodium C 30: 1 x täglich 1 Gabe, 2–3 Wochen lang, danach nach Bedarf.*

Kater Louis hat Probleme beim Harnabsetzen

Genau am Nachmittag des Heiligen Abends erreichte mich der Anruf einer Katzenbesitzerin, die völlig panisch wirkte. Ich kannte die Dame bereits von einigen Hausbesuchen bei ihren Katzen. Sie war mit ihrem Kater bereits in der Klinik gewesen, wo ihm ein krampflösendes Mittel gespritzt worden war. Außerdem hatte man ihr Medikamente mitgegeben, weil ihr Kater Probleme mit dem Harnabsetzen hatte. Nun, genau am Heiligen Abend, konnte sie in der Klinik niemanden erreichen, und das Katerchen quälte sich herum, weil es alle paar Minuten versuchte, aufs Katzenklo zu gehen, und kein Urin dabei herauskam.

Da ich den Kater bereits kannte, wusste ich, dass er vom Verhalten her sehr gut in das Bild von Lycopodium passte. Er benahm sich gerne dominant, war aber auch sehr ängstlich, wenn es darum ging, seine Position gegen die Chef-Katze im Haus durchzusetzen. Dann machte er lieber einen Rückzieher. Die anderen Katzen im Haushalt, die schwächer waren, mobbte er dagegen sehr gerne. Da dieses Mittel auch Harnsteinprobleme im Arzneimittelbild hat, passte es eigentlich »wie die Faust aufs Auge«. Ich riet der Besitzerin also dazu, ihm Lycopodium zu geben, das sie im Haus hatte. Wenn das nicht half, sollte sie nach einer halben Stunde

Berberis verabreichen und mich unbedingt nach einer Stunde zurückrufen. Der Anruf kam, allerdings bereits nach zehn Minuten. Sie hatte Louis das Mittel verabreicht, und nach knappen zehn Minuten hatte er einen Stein ausgepieselt. Danach hatte er sich erleichtert auf seinen Platz gelegt und war sofort eingeschlafen. Die Besitzerin war mehr als froh, dass das homöopathische Mittel ihm Erleichterung verschafft hatte. Die Optionen der Klinik sahen nämlich wenig rosig aus: Dort hatte man ihr bereits gesagt, wenn keine Besserung eintreten würde, müsste man dem Kater den Penis amputieren, da er immer wieder Probleme damit hatte …

Murex purpureus

Dieses Mittel wird als Akutmittel bei übertriebenem Geschlechtstrieb der Katze eingesetzt. Es ist allerdings besser, ein passendes Konstitutionsmittel für die Katze zu finden.

Murex purpureus C 30: 1 x täglich 1 Gabe, 2–3 Wochen lang, danach nach Bedarf.

Natrium chloratum bzw. muriaticum

Diese Mittel gleichen sich fast genau und passen gut auf die Herren der Schöpfung. Kater, die diesem Arzeimittelbild entsprechen, sind oft sehr eigenwillig und verhalten sich aggressiv gegenüber ihren Artgenossen. Äußerlich wirkt diese Katze oft ungepflegt; der Besitzer kann sie noch so viel bürsten, sie wird immer irgendwie schmuddelig wirken. Es gibt zwei Typen dieses homöopathischen Mittels: Die Katze des ersten Typs wirkt ausgemergelt, hat stumpfes Fell und trockene Haut mit sprödem Fell. Die Schleimhäute dieser Katze sind viel zu trocken, was ihr auch gesundheitliche Probleme bereitet. Der zweite Typ hat fettige Haut mit stumpfem Fell und wirkt nur durch Wasseransammlungen im Körper übergewichtig, ist aber eigentlich nur aufgeschwemmt von diesen Ödemen. Sie hat oft tränende Augen (Überreste von einem Katzenschnupfen), und aus ihrem Maul tropft der Speichel. Auch eine laufende Nase kann ihr Probleme bereiten. Die Unberechenbarkeit dieser Katze kann dazu führen, dass sie die Hand, die sie füttert, schon mal beißt. Durch ständige Unzufriedenheit und Kummer kommt es zu vielen Erkrankungen. Sie ist eher der unabhängige Typ, der sich nur wenigen Menschen anschließt. Fast alle physischen und psychischen Krankheiten entstehen durch ein tiefsitzendes Trauma: Sie kommt möglicherweise mit dem Verlust einer Bezugsperson oder eines Tieres, mit dem sie lange zusammenlebte, nicht klar und entwickelt dann Krankheiten. Oder der Umzug in eine neue Umgebung kann für sie ein traumatisches Erlebnis darstellen. Sie verändert sich nach diesem Erlebnis völlig in ihrem Wesen. Entweder versinkt sie in einer Depression und wird zu einer nervösen, traurigen Katze, oder sie wird leicht reizbar und aggressiv. Sie kann sich nur schlecht an ein neues Umfeld anpassen und ist eine der Katzen, die sich in einem Katzenklo mit Haube wohler fühlen als in einem offenen Katzenklo. Unsauberkeit entsteht bei dieser Katze oft, wenn das Katzenklo an einem zu stark frequentierten Ort steht und sie einfach keine Ruhe für ihr Geschäft findet. Eine neue Katze im Haushalt bereitet ihr Probleme, und sie versucht sie durch immer wieder auftretende Kämpfe aus dem Haus zu jagen. Sie legt sich allerdings nicht mit Gegnern an, die stärker sind als sie.

Beim Tierarzt wird man Mühe haben, sie aus dem Katzen-

korb zu holen, denn sie wehrt sich mit allem, was ihr zur Verfügung steht. Selbst ihr Mensch kann sie nicht beruhigen, wenn eine Behandlung beim Tierarzt ansteht, und ihr Frust wird sich auch gegen ihn richten. Da diese Katze Salz sehr mag, stürzt sie sich auf alles, was salzig schmeckt. Das Gewicht bereitet ihr selten Probleme, selbst wenn sie viel frisst. Nur durch die bereits erwähnten Wassereinlagerungen kommt es dazu, dass sie übergewichtig aussieht. Reine Dosenfutterfütterung mit minderwertigem Futter bereitet dieser Katze oft Probleme; fette Nahrung verträgt sie ebenfalls schlecht. Auch Milchprodukte bekommen ihr meist nicht sehr gut: Sie lösen Durchfall aus. Da sie ständig durstig ist, sollte man ihr viele Wassernäpfe anbieten. Trinkt sie brackiges Wasser (z. B. aus Blumentopfuntersetzern oder aus Pfützen) kann dies wieder zu Durchfall führen. Erkrankungen werden durch Stress ausgelöst und zeigen sich häufig an der Haut. Es bilden sich dann Allergien oder juckende Pusteln und Bläschen, die eine wässrige bis gelbliche Flüssigkeit absondern. Verschlechterung tritt auf bei Stress, Ärger, Aufregung, Kälte und Hitze, in der Sonne, vormittags zwischen 9 und 11 Uhr, durch Eifersucht und Trost oder bei Berührung. Besserung tritt ein bei Ruhe, im Freien oder nach Verzicht auf eine Mahlzeit.
Natrium muriaticum oder chloratum C 30: 1 x täglich 1 Gabe, 2–3 Wochen lang, danach nach Bedarf.

Nux vomica

Die Brechnuss ist eine sehr bekannte Arznei in der Homöopathie und wird sehr vielseitig eingesetzt. Überempfindlichkeit auf alle äußeren Reize (Geräusche, Licht und Berührungen) stehen hier ebenso im Vordergrund wie Reaktionen auf die Umwelt, die durch die allgemein eher geringe Belastbarkeit dieser Katze hervorgerufen werden. Nux vomica ist ein Mittel für Kater (Ignatia eher für Katzen) mit einem typischerweise sehr starken Dominanzgehabe. Oft sind sie richtige Haustyrannen, die versuchen, mit viel Geschrei ihren Willen durchzusetzen. Gelingt dies nicht, können sie durchaus auch mit Unsauberkeit (Kot und Harn) reagieren. Veränderungen verträgt diese Katze nur schlecht, weshalb sie ein berechenbares Umfeld benötigt. Der Körperbau dieser Katze ist schlank oder muskulös. Sie stromert gern herum; viele der im Tierheim gelandeten Streuner gehören zu diesem Typus. Sie ist verfressen, wodurch es zu Beschwerden im Magen-Darm-Trakt kommt. Sie bekommt Blähungen, Durchfall oder Verstopfung und neigt auch zum Erbrechen bei der geringsten Futterumstellung. Das Erbrechen ist sehr erschöpfend, weil sie dabei heftig würgen muss. Meist kommt es erst ein bis zwei Stunden nach der Futteraufnahme zu Problemen. Da sie auch zu einer chronischen Magenschleimhautentzündung neigt, sollte man alles, was auch nur ansatzweise nach Futter aussieht, verstecken; sonst wird sie versuchen, heranzukommen, und es wird ihr bestimmt nicht bekommen. Auswirkungen einer medikamentösen Behandlung können ebenfalls Beschwerden auslösen. Darum wird dieses Mittel auch gerne nach Operationen und Arzneimittelgaben eingesetzt, um eventuell aufgenommene schädliche Substanzen auszuleiten. Da sie sich ständig kratzt, befürchtet der Besitzer oft einen Befall mit Flöhen; dabei ist es meist nur ein

nervöser Juckreiz, der die Katze plagt. Trockener Reizhusten kann ebenfalls bei ihr auftreten.
Wie die Natrium-chloratum-Katze benötigt die Nux-vomica-Katze einen abgeschiedenen Platz für ihr Katzenklo, um sich in Ruhe erleichtern zu können. Stellt man ihr diese Lage nicht zur Verfügung, wird sie sich selbst einen ruhigen Platz dafür aussuchen, und das bedeutet tägliches Putzen. Zu Übergewicht neigt diese Katze nicht, egal, wie viel sie frisst, und das kann durchaus viel sein, weil sie einen ausgeprägten Bewegungsdrang besitzt. Wutanfälle, die durch äußere Reize ausgelöst werden können, richten sich besonders gegen Mensch und Tier in ihrer unmittelbaren Umgebung, als wären diese schuld an der Misere. Selbst vertraute Personen erkennt sie in diesem Zustand nicht mehr. Verschlechterungen treten ein bei Futterwechsel, nach dem Fressen, am Morgen, durch Ärger und Wut oder Stress, durch Bewegungsmangel oder kaltes Wetter. Besserung tritt ein durch Wärme, nach dem Schlafen und am Abend.
Nux vomica C 30: 1 x täglich 1 Gabe, 2–3 Wochen lang, danach nach Bedarf.

Origanum majorana

Dieses Mittel wird standardmäßig bei hypersexuellem Verhalten des Katers eingesetzt; es lässt sich gut mit Platinum kombinieren. Besser ist es natürlich auch hier wieder, nach dem passenden Mittel für den Kater zu forschen.
Origanum majorana C 30: 1 x täglich 1 Gabe, 2–3 Wochen lang, danach nach Bedarf.

Opium
Das Mittel sollte bewusst vorsichtig ausgewählt werden und nur dann zum Einsatz kommen, wenn es auch wirklich zu den Symptomen der Katze passt. Es ist wie Aconitum ein Mittel, das bei Schockerlebnissen eingesetzt wird. Die Katze hat in diesem Zustand sehr große Angst; der Schock sitzt meist tief und kann Tage bis Wochen bestehen bleiben. Schon durch ein Geräusch oder durch einen Geruch können wieder neue Angstanfälle ausgelöst werden. Der Besitzer meint dann, dass das Tier völlig überzogen bis hysterisch reagiert, und kann den Auslöser kaum nachvollziehen. Die Schmerzempfindlichkeit bei der Katze ist herabgesetzt, und sie kann ihre Angst durch Zwangsbewegungen oder durch apathisches Verhalten zeigen. Die Opium-Katze ist häufig auch verstopft, wobei der Darm gelähmt sein kann. Dadurch kommt es zu heftigen Bauchschmerzen mit einem brettharten Bauch und starken Blähungen. Es besteht kein Kotdrang, und wenn Kot abgeht, ist dieser hart und knollig und die Farbe ist dunkel. Auch nach einer Narkose können Verhaltensabweichungen auftreten, die man mit Opium behandeln kann. Verhaltensveränderungen erkennt man auch an den Pupillen: Entweder sind sie geweitet und reagieren nicht mehr auf Lichteinfluss, oder sie sind dauerhaft verengt.
Verschlimmerung tritt ein nach oder während des Schlafs, bei Unterdrückungen der Ausscheidungen, bei Gefühlserregungen (Schock, Schreck) und bei Wärme. Besserung tritt ein bei ständiger Bewegung, an der frischen Luft und bei Abkühlung.
Opium C 30: 1 x täglich 1 Gabe, 2–3 Wochen lang, danach nach Bedarf.

Phosphorus

Diese Katze kann ganz schön anstrengend sein, da sie sehr verspielt, temperamentvoll, sportlich und agil ist. Sie benötigt jemanden, der ihren Spieltrieb ständig befriedigt. Für Kinder ist sie ein unermüdlicher Spielgefährte. Sie hat eine äußerst elegante Erscheinung, ist schlank und hat feines, weiches und seidiges, glänzendes Fell. Häufig gehören Siam-Katzen zu diesem Konstitutionstyp. Fremde Menschen sind ihr manchmal ein Greuel, manche mag sie sofort, bei anderen lässt sie sich nicht einmal blicken. Zu ihren Menschen hat sie jedoch eine innige Verbindung, so eng, dass sie sofort spürt, wenn etwas nicht in Ordnung ist. Auf eine gedrückte oder gereizte Stimmung der Menschen reagiert sie häufig mit Durchfall. Da sie gerne im Mittelpunkt steht, kann es zu Problemen kommen, wenn Familienzuwachs ins Haus steht, weil sie befürchtet, dass sie das Feld räumen muss. An ein neugeborenes Baby der Familie gewöhnt sie sich in der Regel schnell, aber ein Artgenosse, der einzieht, hat in der ersten Zeit kein leichtes Los. Sie hat immer Angst, die andere Katze könnte mehr Zuwendung, mehr Leckerlis, mehr Spielsachen bekommen als sie selbst, und wird eindringlich darauf achten, dass dem nicht so ist. Allerdings wird es bei eventuellen Raufereien keine schlimmen Verletzungen geben. Schnell hat sie auch wieder vergessen, worum es eigentlich ging, und wird sich wieder normal benehmen. Lebt bereits eine Katze im Haus, ist diese ihr bester Spielkumpel, und es gibt in der Regel keine Probleme. Phosphorus-Katzen sollten rechtzeitig kastriert werden, da sie früh geschlechtsreif werden. Oft hat diese Katze Probleme mit ihrer Schreckhaftigkeit und

Ängstlichkeit. Vor allem Gewitter bereiten ihr Probleme, was sie schon einige Stunden vor dem Herannahen durch den veränderten Luftdruck oder die elektrische Aufladung spürt. Sie lässt sich dann nicht mehr gerne anfassen, was sonst überhaupt nicht der Fall ist, und sie reagiert völlig verstört mit Verkriechen und Zittern. Geräusche jeder Art sind oft ein Problem für diese Katze, manchmal reicht schon das Knistern einer Tüte, um Angst bei ihr auszulösen. Laute Geräusche wie durch Schüsse oder von Feuerwerk lösen durch ihre Unvorhersehbarkeit ebenfalls Angstanfälle aus. Vor lauter Angst kann es dann durchaus schon einmal zu plötzlichem Harnabsatz kommen. Sie wird sich dann an einem ruhigen Ort verstecken und ist auch Stunden danach nicht dazu zu bringen, diesen zu verlassen. Auch das Alleinsein ist nicht unbedingt ihr Ding. Solange sie hinauskann, ist es nicht so tragisch, ist sie aber alleine in der Wohnung eingesperrt, wird sie die Nachbarschaft zusammenschreien oder die Wohnung total verwüsten. Weiterhin werden in solchen Situationen Harn und Kot abgesetzt.

Phosphorus-Katzen sind auf dem Weg zum Tierarztbesuch recht ruhig, allerdings zittern sie häufig am ganzen Körper und versuchen zu entwischen, wenn sie dann auf dem Tisch sitzen. Beim Fressen kommt es gehäuft zu Problemen; wenn sie nur einmal am Tag einen vollen Napf hingestellt bekommt, frisst sie alles auf einen Sitz auf, würgt das Futter aber nach kurzer Zeit wieder hervor. Besser ist es, ihr mehrmals täglich kleinere Portionen hinzustellen oder ständigen Zugang zu Futter zu gewähren. Wenn sie die Möglichkeit dazu hat, frisst sie vorzugsweise in der Nacht. Manchmal treten Scheinschwangerschaften bei diesem Typ auf (auch Ignatia neigt dazu), worauf sie mit Aggressionen reagiert. Sonst ist sie eine liebe und anlehnungsbedürftige Katze (wie Pulsatilla), die um einiges nervöser ist als die Calcium-phosphoricum-Katze.

Verschlimmerung tritt auf bei Wetterwechsel, vor Gewitter oder Unwetter, durch Aufregung, durch warmes Futter, durch Berührung bei Angst, durch Kälte oder frische Luft und durch Überanstrengung. Besserung tritt ein beim Fressen von kaltem Futter, Ruhe und Trinken von kaltem Wasser (das allerdings oft wieder erbrochen wird).

Phosphorus C 30: 1x täglich 1 Gabe, 2–3 Wochen lang, danach nach Bedarf.

Platinum

Die Katze, die diesem Arzneimittel entspricht, ist eine wahre Diva und eine Katze, die weiß, dass sie schön ist. Deshalb passt das Mittel überwiegend zu den weiblichen Katzen. Sie wirkt unnahbar, stolz, anmutig und thront auf ihrem Platz, selbst wenn fremde Menschen das Haus betreten. Sie bleibt betont gelassen in solchen Situationen und positioniert sich extra an Plätzen, an denen sie zur Geltung kommt. Die Kater dieses Mittels sind meist unter den großen und kräftigen Tieren zu finden. Diese Kater sind träge, und ihre Stimmung kann durchaus in Aggression umschlagen, wenn der Anreiz dafür gegeben ist. Muss dieser Kater sein Revier verteidigen, wird er mit Gebrüll über den Eindringling herfallen und danach nach Hause schleichen, um wieder in seine gewohnte Trägheit zu verfallen.

Meist haben Platinum-Katzen Probleme mit der Stubenreinheit, weil sie ausgelöst durch Eifersucht demonstrativ Harn absetzen. Es geht hier nicht darum, dass der Katze versehentlich oder ausnahmsweise mal ein Missgeschick passiert, sondern dass sie bewusst und aus Imponiergehabe zum Angriff übergeht. Kann diese Katze nach draußen gehen, werden viele Probleme sich in Luft auflösen, weil sie dadurch viel entspannter sein wird. Da sie extrem erregbar ist (siehe auch Hyoscyamus), kann sie sehr anhänglich oder sehr gereizt erscheinen. Ihre Gereiztheit richtet sich aber nicht gegen ihren Menschen, sondern eher gegen Artgenossen. Es besteht meist ein Wechsel zwischen Heißhunger und Appetitlosigkeit bei dieser Katze. Häufig leidet sie unter Verstopfung, die dann schmerzhafte Koliken auslösen kann. Gerade dann hat sie Hunger und verlangt nach Futter. Die Überreiztheit der Platinum-Katze sollte man nicht mit der von Ignatia verwechseln, was eigentlich auch nicht möglich ist, wenn man das arrogante und dominante Wesen der Platinum-Katze beachtet. Verschlimmerung tritt ein bei Stress, bei Entzug des Futters und am Abend. Besserung tritt ein bei Freigang, in der Kälte und beim Alleinsein.

Platinum C 30: 1 x täglich 1 Gabe, 2–3 Wochen lang, danach nach Bedarf.

Pulsatilla

Dies ist ebenso wie Ignatia, Platinum und Sepia eher ein Mittel für weibliche Katzen. Die Pulsatilla-Katze ist die absolute Schmusekatze, ein freundliches, anhängliches und gutmütiges Wesen, das aber auch versucht, tyrannisch seinen Willen durchzusetzen. Diesen verpackt sie aber in so viel Charme, dass ihr Mensch dies selten bemerkt. Sie jammert auch schon mal nach Zuwendung (wie Chamomilla), ist aber sonst sehr gehorsam. Hat ihr Mensch keine Zeit für sie, versucht sie durchaus auch von fremden Menschen Aufmerksamkeit zu bekommen, was ihr gefährlich werden kann, wenn sie deswegen eingefangen wird. Sie kann leichte Züge von eifersüchtigem Verhalten zeigen, das sich aber darauf beschränkt, sich einfach dazwischenzudrängeln, wenn Frauchen oder Herrchen gerade mit anderen Dingen beschäftigt ist oder sich angeregt unterhält. Kater des Pulsatilla-Typs sind eher selten. Sie sind ebenfalls sehr freundlich, zeigen aber mehr Unsicherheit als die weiblichen Tiere und leiden unter Trennungsangst, ebenso wie die weiblichen Tiere. Dies kann durchaus zu feuchten Unfällen führen, die aus Unsicherheit während des Alleinseins auftreten. Sie sind sehr abhängig von einer ausgeglichenen Umgebung, in der nicht gestritten oder geschimpft wird. Dementsprechend verträgt diese Katze keine Strafe. Sie ist meist von molliger und runder Statur, auch wenn sie nicht sehr viel frisst, da ihr Stoffwechsel eher träge ist. Ihr Fell ist sehr fein. Ältere Katzen benehmen sich oft sehr mütterlich und spielen auch gerne stundenlang mit Kindern. Selbst wenn sie von ihnen am Schwanz gezogen werden, halten sie dies ohne Widerspruch aus. Die Pulsatilla-Katze verschläft gern den ganzen Tag und wird erst am Abend munter. Solange sie genug Aufmerksamkeit und Streicheleinheiten bekommt, sind andere Katzen für sie kein Problem, es muss nur genug für sie übrig bleiben.

Da sie häufig unter Hormonschwankungen leidet, kommt es

zu Hautkrankheiten und Störungen im Fellwachstum bei diesem Katzentyp. Sie ist auch sehr anfällig für chronischen Katzenschnupfen, und oft gibt es Anzeichen einer Scheinschwangerschaft, bei der sie Milch bildet und ein Nest baut, in das sie alle möglichen Dinge verschleppt, die sie bemuttern kann. In dieser Zeit wird sie noch anhänglicher, als sie das sonst schon ist. Sollte sich gerade zu diesem Zeitpunkt eine Notsituation ergeben, ist sie eine gute Amme. Pulsatilla-Katzen sind wunderbare Mütter, die sich sehr liebevoll um ihre Jungen kümmern und Milch im Überfluss bilden, so dass keines ihrer Jungen hungern muss.

Die Pulsatilla-Katze ist oft sehr wählerisch beim Futter und zeigt eine Unverträglichkeit von Fett. Das Futter sollte weder zu warm noch zu kalt gereicht werden, damit sie es verträgt, ansonsten wird es später wieder erbrochen. Sie ist allerdings auch sehr anfällig dafür, schnell fett zu werden, weshalb man in gesunden Zeiten unbedingt auf die Portionen achtgeben sollte. Da sie einen empfindlichen Magen-Darm-Trakt hat, ist es ohnehin besser, sie auf Diät zu setzen, damit sie keine Probleme in diesem Bereich bekommt. Sie neigt zur Nierenschwäche und sollte deswegen möglichst nicht mit Trockenfutter gefüttert werden, da sie meist zu wenig trinkt. Gerade im Alter muss man dann versuchen, ihr die nötige Menge an Flüssigkeit über das Futter zukommen zu lassen.

Verschlechterung tritt ein bei Ruhe, durch Wärme, vor Mitternacht, nach dem Fressen, am Abend oder morgens, beim Fressen von fettigem Futter oder in geschlossenen Räumen. Besserung tritt ein an der frischen Luft und bei kühlen Temperaturen oder beim Trinken. Auch mäßige Bewegung oder

liebevolle Zuwendung und kühles Futter bessern ihren Zustand.
Pulsatilla C 30: 1 x täglich 1 Gabe, 2–3 Wochen lang, danach nach Bedarf.

Rhododendron

Dieser Typ hat Angst vor Gewitter und Sturm; schon einige Zeit vorher spürt die Katze, wenn ein Unwetter naht. Durch die Aufladung der Luft kann sie spüren, wenn es so weit ist. Auch Wetterfühligkeit kann durch Unwetter auftreten, und Gelenkschmerzen können sich dadurch verstärken.
Rhododendron D 6: 3 x täglich 1 Gabe, 1–3 Wochen lang.

Rhus toxicodendron

Katzen, die dieses Mittel benötigen, sind sehr unruhig; sie wandern viel umher, und kein Platz ist gut genug, um dort liegen zu bleiben. Man hat oft das Gefühl, diese Katze wäre traurig, was aber wohl durch ihre Krankheit ausgelöst wird, wenn sie an Juckreiz oder Schmerzen des Bewegungsapparates leidet. Sie kann im Gegensatz zu Arsenicum album, Phosphorus oder Pulsatilla gut alleine bleiben, sucht sogar die Einsamkeit, indem sie sich lieber in einem anderen Raum zur Ruhe legt und nicht ins Bett ihres Menschen krabbelt. Manchmal kann sie aber in der Nacht Angst überkommen (andere Mittel mit diesem Symptom sind Arsenicum album, Jodum, Pulsatilla und Sulfur), was sie wieder mit Herumwandern anzeigt. Sie hat oft Beschwerden durch Überanstrengung oder weil ihr zu kalt geworden ist. Diese Beschwerden können im Bewegungsapparat auftreten und mit Lahmheit einhergehen. In der Regel laufen sich Rhus-toxicodendron-Katzen nach einer gewissen Zeit wieder ein, wenn sie Gelenkbeschwerden haben. Gelenkentzündungen treten meist auf, wenn die Katze sich verkühlt hat oder zu nass geworden ist. Das Gelenk ist dann geschwollen und warm, aber nicht heiß. Oft vertritt sich die Katze auch einfach nur und überdehnt sich dabei die Bänder, weil sie zu losen Gelenken und Bändern neigt. Die Haut weist häufig nässende Ekzeme auf, die stark jucken können und sich nicht bessern, weil gekratzt wird oder die Stellen beleckt werden. Fieber kann bei Hauterkrankungen zusätzlich auftreten, vor allem bei einer Erkältung. Zeigt die Katze Symptome eines Schnupfens, werden meist auch Niesanfälle auftreten, und es kommt zur Absonderung von dickem, gelbem Eiter, der schlecht riecht. Auch diese Erkrankung tritt meist nach Durchnässung oder Liegen im Kalten auf.

Verschlimmerung tritt auf durch Kälte, Überanstrengung, Bewegung (am Anfang), kaltes Wasser, Zugluft und Dehnung der Bänder. Besserung tritt ein bei leichter Bewegung, Wärme, bei Veränderung der Lage und bei trockenem Wetter.

Rhus toxicodendron C 30: 1x täglich 1 Gabe, 2–3 Wochen lang, danach nach Bedarf.

Sepia

Auch hier haben wir wieder ein Mittel für die Damen der Katzenwelt. Die Sepia-Katze hat meist dunkles Fell, und es sind die älteren Katzendamen, die dieses Mittel benötigen. Sie ist nicht die schönste Katze: Weil die Proportionen des Körperbaus nicht sonderlich gut zueinanderpassen, schaut sie recht unharmonisch aus. Ihr Selbstbewusstsein ist entweder stark ausgeprägt, oder sie neigt zu leichten Depressionen, die sie durch reizbares Verhalten oder Rückzug anzeigt. Dadurch wirkt sie recht eigenbrötlerisch, und dieses Verhalten kann den Beginn einer Erkrankung anzeigen. Indem sie sich absondert und Kontakt zu ihrem Menschen meidet oder aggressives Verhalten zeigt, das allerdings nicht mit Angriffen verbunden ist, deuten sich oft hormonelle Probleme bei der alten Katze an. Diese Katze mag es ebenso wenig wie Lachesis, ein Halsband umgebunden zu bekommen; sie wird sich massiv dagegen wehren. Ihre Artgenossen dominiert sie gerne: Wenn sie zum schlanken Konstitutionstyp gehört, kann sie bei solchen Auseinandersetzungen recht aggressiv auftreten. Man findet diesen Typ oft unter Katzen, die kein festes Zuhause haben und sich gerne absondern. Gehört sie zur abgemagerten und eher depressiven Sorte und benimmt sie sich sehr schreckhaft, dann wurde sie wahrscheinlich spät oder gar nicht kastriert, was sie im Laufe der Jahre ausgelaugt hat. Durch Hormonschwankungen kommt es zu Haut- und Fellstörungen, bei denen das Fell symmetrisch im Rückenbereich ausfällt. Die Katze wirkt oft struppig, sogar schmuddelig und sehr ungepflegt. Juckende und nässende Ekzeme führen zu ständigem Kratzen, wodurch sich diese Stellen entzünden. Dadurch bilden sich Krusten und Schorf, die sie wiederum versucht herunterzukratzen. In der Nacht verschlimmert sich der Juckreiz zunehmend; man kann mit einer solchen Katze nicht das Nachtlager teilen, weil man nicht zur Ruhe kommt.

Sehr häufig kommt es bei der Sepia-Katze zu einer Gebärmut-

terentzündung, die leider meist erst entdeckt wird wenn sie bereits chronisch geworden ist. Die Verdauungsorgane sind ebenfalls in Mitleidenschaft gezogen, und Übelkeit, ja sogar Brechreiz beim Anblick oder Geruch von Futter kann auftreten. Fisch mag die Sepia-Katze nicht, sie kann überhaupt sehr wählerisch in Bezug auf ihr Futter sein. Durch Milch oder zu viel Fett im Futter bekommt sie Hautprobleme, darum sollte man der Katze keine Milch anbieten und eher zu mageren Futtersorten greifen. Die fettige Haut weist oft Pigmentstörungen auf, und im Alter können dunkle Warzen mit glatter Oberfläche auftreten. Ein häufiges Symptom bei diesem Typ ist das Hängegesäuge; das Absenken des Uterus kann zu Schmerzen führen, auf die sie sehr unleidlich reagiert. Auch diese Katze neigt zur Scheinschwangerschaft, bei der Aggressionen auftreten können. Sepia-Katzen sind keine netten Mütter, und sie benehmen sich auch Menschenkindern gegenüber nicht viel besser. Es kann vorkommen, dass die Katze ihren Nachwuchs verweigert oder ihn sogar töten will. Kleinkinder sollte man mit einer solchen Katze nicht alleine lassen und ihnen genau erklären, warum sie die Katze besser in Ruhe lassen sollten. Sie ist nicht so mütterlich wie Pulsatilla, sondern genau das Gegenteil von diesem Mittel.
Da sie es nicht gerne mag, angefasst zu werden, sind auch Tierarztbesuche ein echtes Problem für sie, und schon das Einsperren in den Transportkorb löst bei ihr heftiges Abwehrverhalten aus. Beim Tierarzt sollte man unbedingt Handschuhe anziehen, wenn es nicht zu schweren Verletzungen kommen soll. Eifersüchtig ist die Sepia-Katze überhaupt nicht; es ist ihr egal, ob man sich um eine andere Katze

im Haushalt kümmert, sie wird dies einfach übersehen. Sepia wird wegen des dominanten und aggressiven Verhaltens auch als »weibliches Nux vomica« bezeichnet.
Verschlimmerung tritt ein bei Kälte, durch die Geburt, bei Wärme, nach Schlaf oder Bewegung.
Sepia C 30: 1x täglich 1 Gabe, 2–3 Wochen lang, danach nach Bedarf.

Silicea

Hierbei handelt es sich überwiegend um die eher zart wirkende, schwächliche, unterernährte Katze, die allerdings einen großen Kopf haben kann und ein wenig zurückgeblieben wirkt. Sie ist die kleinste im Wurf, hat oft keine guten Überlebenschancen und bekommt nie genug Milch ab, weil die Geschwister sie wegdrängeln. Silicea ist ein Mittel für Katzenwelpen (wie Calcium carbonicum und Calcium phosphoricum), das bei diesen kleinen, zerbrechlichen Kätzchen sehr gut wirkt und ihnen das Leben retten kann. Handaufzuchten oder Kätzchen, die viel zu früh von ihrer Mutter getrennt wurden, kann Silicea oft helfen, zu einer normalen Katze heranzuwachsen. Typisch ist auch das Erbrechen der Muttermilch, wodurch sie viel zu wenige Nährstoffe aufnehmen kann und unterversorgt ist. Durch diesen Nahrungsmangel wird sie immer mehr abnehmen, aber mit Silicea kann sie diesen Zustand überwinden. Die erwachsene Katze ist in den meisten Fällen im Wachstum zurückgeblieben, viel zu klein für ihr Alter und wird früh grau. In den meisten Fällen besteht eine Bindegewebsschwäche, die ihr einen Hängebauch verpasst, der schlaff herunterhängt. Silicea ist fast immer mit hellem Fell ausgestattet und vom Temperament her ängstlich bis nervös und sehr nachgiebig im Verhalten. Neben dem Bindegewebe hat diese Katze auch Probleme mit den Bändern und Sehnen, die schwach und unelastisch sind. Sie neigt zu Ekzemen und zu schlechten Krallen, die splittern, abreißen oder abbrechen, wenn sie diese einsetzt. Das Krallenbett kann sich dadurch entzünden und vereitern, was zu schmerzhaften Verletzungen führen kann. Die Haut dieser Katze ist schuppig, was darauf hinweist, dass sie eine sehr trockene Haut besitzt, die auch schnell rissig wird. Deshalb lässt sie sich nur ungerne streicheln und weicht Berührungen oft aus, da sie ihr Schmerzen bereiten. Die Heiltendenz von Verletzungen ist schlecht, und es bilden sich selbst bei kleinsten Verletzungen Abszesse, die immer wieder aufbrechen und neu vereitern. Diese Neigung zu Abszessen besteht ebenso an der Milchleiste. Der Bewegungsapparat weist einen schwachen Rücken auf, und die Knochen sind spröde, wodurch sich die Wachstumsstörungen erst entwickeln und es zu Knochenbrüchen kommen kann. Durch das schwache Immunsystem ist diese Katze häufig stärker verwurmt als andere Katzen, und sie sollte dementsprechend öfter entwurmt werden. Da sie ständig Hunger hat, ist es besser, ihr öfter kleinere Portionen anzubieten, weil sie sonst auch unverdauliche Dinge fressen könnte, um ihren Hunger zu stillen. Hat sie weichen Kot, kann der Absatz ihr Schwierigkeiten bereiten, weil er immer wieder in den Anus zurückschlüpft, deshalb ist der Kotabsatz für sie sehr anstrengend. Sie neigt zu Durchfall, der faulig stinkt, und die Lebergegend ist meist druckempfindlich, weshalb sie sich nicht gerne hochheben lässt.

Die Sinnesorgane weisen ebenfalls Erkrankungen auf. Bindehautentzündung, Entzündungen der Tränenkanäle, des Lides oder der Hornhaut können auftreten, und die Ohren weisen häufig stinkenden Ausfluss oder hohe Geräuschempfindlichkeit oder sogar Schwerhörigkeit bzw. Taubheit auf.
Gewitter (wegen des Wetterwechsels), Neumond oder Vollmond bereiten ihr Probleme, da sich dabei alle Symptome, egal welcher Art, bei ihr verschlechtern. Sie mag bei Wind oder im Winter nicht nach draußen gehen, weil sie schnell friert. Geht sie doch mal für einen Rundgang hinaus, verlangt sie kurz darauf wieder Einlass, um sich wieder aufzuwärmen. Sie besitzt eine recht ausgeprägte Geräuschempfindlichkeit, vor allem gegenüber unbekannten und lauten Geräuschen. Wird sie davon überrascht, springt sie hektisch in die Luft und flüchtet in ein Versteck, das sie lange Zeit nicht verlassen wird. Silicea-Katzen würden sich gerne in Luft auflösen, wenn sie in Bedrängnis geraten; sie benehmen sich, als hätten sie immer Angst, geschlagen zu werden, selbst wenn ihnen noch nie ein Haar gekrümmt wurde. Durch diese Angst sucht sich die Katze lieber abgeschiedene Plätze, wo sie den Tag in Ruhe verschlafen kann. Sie schlüpft auch gerne unter die Bettdecke, weil sie die Wärme und den Schutz sehr genießt. Die Dunkelheit ist ihr Verbündeter, und in der Ruhe der Nacht fühlt sie sich geborgen und sicher. Durch ihr Bedürfnis nach Ruhe ist ein kinderreicher Haushalt nicht gerade der richtige Ort für sie. Sie würde ständig unter Stress stehen, wenn sie nicht zur Ruhe kommt.
Im Mehrkatzenhaushalt ist sie meist der Prügelknabe der anderen Katzen, gegen die sie sich nicht durchsetzen kann. Sie

ist dann sehr auf die Unterstützung ihres Menschen angewiesen, um in der Gruppe bestehen zu können. Beim Tierarzt ist sie wegen ihrer ausgeprägten Schmerzempfindlichkeit kein guter Patient. Sie schreit ihre Angst heraus und wird zitternd alles über sich ergehen lassen. Jeder Besuch in der Praxis bedeutet argen Stress für diese Katze, und man sollte ihr danach die Möglichkeit geben, sich zu erholen. Silicea ist ein sehr heikler Fresser, der bei Futterverweigerung schnell abnimmt, weshalb man ihren Vorlieben nachgeben sollte. Durstig ist diese Katze eigentlich immer, und es sollten genug Wassernäpfe für sie bereitstehen.
Verschlimmerung tritt ein bei Aufregung, Kälte, Geräuschen, Neumond, Vollmond, Wetterwechsel, Zugluft oder plötzlich einfallendem Licht. Besserung tritt auf bei Wärme, Massage, Streicheln (wenn keine Hautprobleme bestehen).
Silicea C 30: 1 x täglich 1 Gabe, 2–3 Wochen lang, danach nach Bedarf.

Staphisagria

Staphisagria steht Nux vomica sehr nahe und weist eine erhöhte Reizbarkeit auf. Es ist ein sehr starkes Mittel gegen Gemütsverstimmungen, die durch Verdrängung entstehen können. Diese Katze besitzt ein dünnes Nervenkostüm und ist eher still. Sie regt sich schnell auf und kann dann aggressiv reagieren, aber auch mit Niedergeschlagenheit und Verzweiflung antworten. Wenn sie in diesem Zustand ist, möchte sie in Ruhe gelassen werden. Auch wenn sie sehr eifersüchtig ist, schluckt sie ihren Ärger hinunter, um den Frust später zu entladen, frisst dann aber auch Unmengen von Futter und

stopft sich regelrecht voll damit. Dies führt häufig dazu, dass sie aus Frust an sich herumnagt oder -leckt, wodurch der Bauch und die Flanken kahl werden. Sie ist auch keine Katze, die sich gerne streicheln lässt. Überlässt man allerdings ihr die Wahl, kommt sie, um sich vorsichtig Streicheleinheiten abzuholen. Sie leidet unter starker Berührungsempfindlichkeit und starkem Juckreiz aus Nervosität, der Juckreiz tritt ständig an anderen Stellen auf. Hautausschläge können mit nässenden und stinkenden Absonderungen einhergehen. Diese treten meist am Hinterkopf oder an den Augenlidern auf. Das Mittel wird aber auch nach Operationen eingesetzt, damit die Schnitte der Wunde besser verheilen. Nach Bauchoperationen können extreme Schmerzen auftreten, weil eine Neigung zur Verklebung der inneren Organe besteht. Staphisagria wird dies beheben können. Gerstenkörner treten bei Staphisagria-Katzen häufig auf, und trockene, juckende Augen können ihr ebenfalls Probleme bereiten. Staphisagria ist aber ebenso ein gutes Mittel bei Erkrankungen der Zähne. Sie werden kurz nach dem Durchbruch locker oder schwarz und sind sehr schmerzempfindlich. Das Zahnfleisch ist entzündet und neigt zu Blutungen.
Verschlimmerung tritt ein bei Ärger, Enttäuschung, nach 3 Uhr, Berührung der kranken Körperteile, bei Kummer, Beleidigung und Kälte. Besserung tritt ein bei Wärme, im Liegen und bei Bewegung im Freien.
Staphisagria C 30: 1 x täglich 1 Gabe, 2–3 Wochen lang, danach nach Bedarf.

Stramonium

In der Nacht sind die Gemütssymptome der Stramonium-Katze am heftigsten. Sie hat Angst im Dunkeln und kann zu dieser Zeit auch nicht gut alleine bleiben. Der Angstzustand kann so stark sein, dass sie ihre Umgebung nicht mehr richtig wahrnimmt und sich in ihr Verhalten voller Panik hineinsteigert. Sie hält es auch nicht gut in engen Räumen aus (Katzenkorb) und versteckt sich deshalb nie in Höhlen, sondern sucht immer Orte auf, von denen sie schnell flüchten kann. Auslöser für ihre Angst sind meist Geräusche, ein Schock- oder Schreckerlebnis, aber auch plötzlich auftretendes grelles Licht oder spiegelnde Gegenstände. Sperrt man sie in ihren Katzenkorb, um sie zum Tierarzt zu transportieren, kann es dazu führen, dass sie sich selbst verletzt bei dem Versuch zu entkommen, wobei sie durch die verminderte Schmerzempfindlichkeit keine Schmerzlaute von sich gibt. Durch ihre Panik nimmt sie die Verletzung überhaupt nicht wahr. Die Katze bindet sich stark an eine Bezugsperson oder ein anderes Tier und hat Angst, diese zu verlieren. Neue Situationen und Dinge mag sie nicht und kann den Verlust einer vertrauten Person oder Umgebung nicht ertragen. Alte Katzen, die unter Hörverlust, Abbau der Intelligenz oder verschlechtertem Sehvermögen leiden, können ebenso in das Stramonium-Verhalten verfallen, weil sie nicht mehr alles mitbekommen. Vor Angst kann die Katze auch Kot oder Harn absetzen, lässt aber im Gegensatz zu Hyoscyamus den Transportkorb sauber. Bei Katzen, die Freigang haben, kann es passieren, dass sie nicht mehr in den Garten gehen möchten, wenn dort eine fremde Katze auftaucht. Da sie in der

Dunkelheit sowieso schon ängstlich sind, können sie den zusätzlichen Stress nicht ertragen. Katzen, die ständig unter Stress stehen, können anfangen, sich selbst zu benagen und zu verletzen (siehe auch Nux vomica, Staphisagria, Hyoscyamus oder Ignatia). Da das zentrale Nervensystem der Katze in diesen Fällen ohnehin schon angegriffen ist, kann sie auch zu epileptischen Anfällen neigen, die mit einer vorübergehenden Erblindung einhergehen. Verschlimmerung tritt ein bei Dunkelheit, beim Alleinsein, bei glitzernden oder spiegelnden Gegenständen, bei Geräuschen oder Schreckerlebnissen. Besserung tritt ein bei Gesellschaft, Wärme und hellem Licht.
Stramonium C 30: 1 x täglich 1 Gabe, 2–3 Wochen lang, danach nach Bedarf.

Sulfur

Die Sulfur-Katze ist von kräftiger oder schlanker Statur und selbstbewusst bzw. ungeduldig bis störrisch. Man findet aber auch die freundlichen Typen bei diesem Arzneimittel. Sie kann durchaus ein wenig zur Hyperaktivität neigen und liebt es, sich im Freien aufzuhalten. Sie hat überhaupt keine Probleme damit, auch durch Pfützen oder Matsch zu stapfen, und da sie sich ohnehin nicht oft putzt, ist es ihr egal, ob sie schmuddelig aussieht. Durch ihren Schmuddellook riecht sie leider auch nicht sehr gut und ist ein richtig kleiner Stinker. Der Geruch tritt leider nicht nur auf, weil sie sich nicht sonderlich pflegt, sondern auch wegen einer Stoffwechselstörung, die durch falsche Fütterung auftritt, oder durch eine schulmedizinische Behandlung, die Symptome wie Hauterkrankungen nur unterdrückt. Gelegentlich treten Probleme aber auch durch eine Wurmkur oder durch eine Futterunverträglichkeit auf.

Andere Katzen im Haus mag die Sulfur-Katze überhaupt nicht. Sie benimmt sich recht dominant und wird versuchen, anderen Katzen den Rang streitig zu machen. Dadurch kann es zu heftigen Kämpfen im Rudel kommen. Sind die Fronten allerdings einmal geklärt und die anderen Katzen nehmen die Sulfur-Katze als ranghöher an, wird sich die Lage schnell wieder beruhigen. Da sie ausgesprochen geräuschempfindlich ist, kann schon ein lautes Geräusch dazu führen, dass sie explodiert und ihre Wut an einer anderen Katze auslässt. Ihr leicht aufbrausendes Gemüt kann somit immer wieder zu Unstimmigkeiten im Rudel führen. Die meiste Zeit wird sie aber die anderen Katzen ignorieren und so tun, als wären sie nicht vorhanden, da sie ein Einzelgänger ist. Ihr fallen aber auch oft die unmöglichsten Dinge ein, um Aufmerksamkeit zu erregen. Im einen Moment benimmt sie sich, als könnte sie kein Wässerchen trüben, und im nächsten springt sie in ein fremdes Auto und fährt mit den Leuten mit, ohne sich zu melden.

Die Sulfur-Katze leidet häufig unter Erkrankungen der Gelenke, der Haut, der Leber oder hat viele Probleme mit dem Magen oder Darm. Das Fell und die Haut sind fettig oder sehr trocken, eventuell auch mit Schuppenbildung, können sich aber auch klebrig anfassen und einen schmierigen Film aufweisen. Das Fell verfilzt dementsprechend sehr schnell, und die Katze sieht immer ein wenig struppig aus. Zudem leidet die Sulfur-Katze auch oft unter starkem Haarausfall, weshalb Sulfur auch im Fellwechsel von Katzen eingesetzt wird, die dem Typ ansonsten nicht unbedingt entsprechen. Die Katzen überstehen den Fellwechsel mit Sulfur meist schneller und problemloser, besonders wenn die Unterwolle nicht ausgehen will.

Die Katze sucht sich lieber kalte Plätze zum Ruhen aus und hat mit Heizungs- oder Ofenwärme nichts am Hut. Schon das unterscheidet sie von vielen anderen homöopathischen Mitteln. Die innere Hitze lässt sie immer wieder nach Abkühlung suchen. Sie strahlt auch vermehrt Hitze ab, und man könnte schon manchmal denken, dass sie an Fieber leidet. Allerdings sind ihre Beine und Pfoten dabei kühl, und somit besteht kein Grund zur Sorge. Sulfur deckt viele Krankheitsbereiche ab und kann bei vielen Erkrankungen eingesetzt werden, jedoch sind die Hauterkrankungen meist vorrangig zu betrachten. Ob bei Verstopfung, die mit Durchfall abwechseln kann, bei Blähungen oder wenn der Kot im Laufe des Tages immer dünner wird, sollte Sulfur eingesetzt werden. Haut und Schleimhäute weisen Rötung und Hitze auf. Es besteht starker Juckreiz und eine Neigung zur Allergie durch Flohbisse. Sie neigt sogar ein wenig zu vermehrtem Parasitenbefall, sowohl innerlich wie äußerlich. Darum sollte man ständig verwurmte oder verflohte Katzen mit Sulfur behandeln, auch wenn sie nicht komplett dem Arzneimittelbild entsprechen. Ekzeme mit Pusteln und starker Erwärmung können auftreten, wodurch die Katze das Bürsten total ablehnt, einfach weil es ihr sehr unangenehm ist. Die Hautbeschwerden treten meist periodisch auf, und gerade wenn man denkt, nun ist die Krankheit überstanden, tritt sie wieder in Erscheinung. Es besteht eine Neigung zu schlecht heilenden und eiternden Wunden. Die

Sulfur-Katze leidet unter Atemwegsproblemen (Asthma bronchiale, Atemnot oder chronischem Schnupfen), unter Abmagerung, weil ihr der Appetit abhandengekommen ist, oder unter ständigem Heißhunger, ist aber nach wenigen Bissen bereits wieder satt. Die Katze verträgt keine Milch und mag keine Eier oder Geflügelfleisch. Das Zahnfleisch bereitet ihr Probleme, wodurch sie auch oft nicht gut frisst, weil es schwammig oder mit Eiterherden überzogen ist. Es kann zu Sodbrennen, Übelkeit durch eine Gastritis oder Koliken kommen. Die Leber kann in Mitleidenschaft gezogen sein (darum zur Entgiftung Sulfur einsetzen!), und der Bewegungsapparat bereitet ihr Muskelkrämpfe oder einen berührungsempfindlichen Rücken. Gelenkschwellungen und ein steifer Gang weisen ebenfalls auf Sulfur hin. Der Harn kann wundmachend sein, und es kann Harninkontinenz bestehen. An den Genitalien der Katze kommt es vermehrt zu Juckreiz durch wundmachenden Ausfluss, und Kater leiden manchmal unter vermehrtem Geschlechtstrieb.
Sulfur ist mehr ein Mittel für chronische Zustände und ein wichtiges Entgiftungsmittel in der Homöopathie.
Verschlimmerung tritt ein bei kaltem oder nassem Wetter, am frühen Morgen oder gegen 11 Uhr. Besserung tritt ein bei trockenem und warmem Wetter, allerdings nicht bei Hitze.
Sulfur C 30: 1x täglich 1 Gabe, 2–3 Wochen lang, danach nach Bedarf.

Tarantula

Katzen, die zu diesem Arzneimittelbild passen, sind reizbar und mögen es nicht, von fremden Menschen angefasst zu werden. Sie können schlecht alleine bleiben und fressen manchmal unbekömmliche Dinge, beispielsweise Sand. Die Katze neigt zu nervösem Husten, den sie aber vergisst, wenn sie aufgeregt ist.

Tarantula C 30: 1 x täglich 1 Gabe, 2–3 Wochen lang, danach nach Bedarf.

Thuja

Katzen, die diesem Arzneimittel entsprechen, haben meist dunkles Fell, manchmal haben sie auch helles Fell, sind aber dann unter dem Fell dunkel pigmentiert. Die Katze ist im Verhalten sehr gutmütig und unauffällig, bisweilen gibt es im Krankheitsfall ungeduldige bis mürrische Exemplare unter ihnen. Diese reagieren dann unleidlich auf Veränderungen in ihrem Umfeld oder Tagesablauf. Die Katze ist entweder schlank oder sogar richtig mager oder leidet unter Übergewicht. Sie kann aber auch nur aufgeschwemmt wirken, ohne wirklich an Übergewicht zu leiden. Die dicke Thuja-Katze hat recht magere Beine, was einen starken Kontrast zu ihrem sonstigen Äußeren bildet. Die kranke und dadurch ungeduldige Katze mag keine Mitbewohner, und findet sie diese bereits vor, versucht sie die Rangordnung zu ihren Gunsten zu kippen. Die gesunde Thuja-Katze hat mit Artgenossen oder auch anderen Hausbewohnern wie Hamster oder Vögeln keine Probleme und schließt auch gerne artfremde Freundschaften. Bekannten Besuchern begegnet sie aufgeschlossen, nur fremde Menschen mag sie nicht und reagiert ängstlich ihnen gegenüber. Da sie das Haus nur ungern verlässt, kann es dazu kommen, dass sie in der Nacht unruhig herumwan-

dert und ihre Menschen dadurch keinen Schlaf finden können. Wenn sie krank ist, kann sie sich gegenüber Mensch und Tier unbeherrscht bis reizbar oder sogar sehr ängstlich benehmen. Sie wirkt dann launisch und wechselt ihren Gemütszustand ständig, was aber auf ihre Krankheit zurückzuführen ist. Es kann sein, dass sie nach Futter bettelt, und dann nur kurz daran schnuppert, wenn man es ihr hinstellt. Oder sie bemüht sich um Streicheleinheiten, faucht dann aber, sobald man sie streichelt, oder entzieht sich der Berührung, indem sie das Weite sucht. Sie kann in diesem Zustand zu Depressionen neigen, völlig apathisch werden und anscheinend niemanden mehr wahrnehmen.
Hautprobleme findet man besonders im Bereich der Vulva oder am Anus. Die Haut kann an den veränderten Stellen schwarz pigmentiert sein, und stellenweise tritt dies auch auf der übrigen Haut auf. Warzenbildung tritt sehr ausgeprägt auf, in allen Formen, klein, groß, breit, flach, glatt oder rissig und so weiter. Es können blumenkohlartige Verhärtungen oder Verhornungen auftreten, die leicht bluten. Eine Neigung zur Verstopfung besteht bei dieser Katze ebenfalls, die sich dann mit knolligem hartem Kot zeigt. Es kann aber auch heftiger morgendlicher Durchfall bestehen, oder die Konsistenz wechselt. Bei Magen-Darm-Erkrankungen zeigt sie mitunter Übelkeit oder hat Blähungen, manchmal tritt auch eine Magenschleimhautentzündung auf. Sie neigt zu chronischen Beschwerden am Zahnfleisch und im Maul (Gingivitis oder Stomatitis) und Wucherungen mit geschwollenem Zahnfleisch und vermehrtem, zähem Speichelfluss. Zu allen Erkrankungen kann es durch Impffolgen kommen, deshalb

sollte man diesen Katzen nach einer Impfung unbedingt Thuja verabreichen. Von diesen Folgen können die Atemwege mit chronischer Bronchitis oder Asthma bronchiale ebenso betroffen sein. Chronischer Schnupfen oder chronische Bindehautentzündung, chronische Ohrentzündungen mit Wucherungen im Gehörgang können dadurch auftreten. Rheuma und Gelenks- oder Muskelschmerzen sind bei dieser Katze ebenfalls möglich.
Verschlimmerung tritt auf bei Nässe und Kälte, bei Wetterwechsel, bei Ruhe oder vor und bei Gewitter oder Unwetter sowie zwischen 16 und 4 Uhr. Besserung tritt ein bei Wärme, durch trockenes Wetter, wenn Sekrete fließen und durch Bewegung, wenn der Bewegungsapparat in Ordnung ist.
Thuja C 30: 1x täglich 1 Gabe, 2–3 Wochen lang, danach nach Bedarf.

Veratrum album

Die Katze zeigt häufig stereotype Eigenschaften oder Zwangshandlungen. Sie ist immer in Bewegung und reagiert mit Gereiztheit, wenn sie nicht im Mittelpunkt steht. Sie ist teils sehr feige oder ängstlich, kann aber aus Eifersucht plötzlich zu Beißattacken neigen, die dann von schrillem Geschrei begleitet werden. Es gibt Katzen, die in Depressionen verfallen und sich gerne auf dem Arm herumtragen lassen. Meistens sind sie aber hyperaktiv und stellen alles auf den Kopf. Diese Katze weist oft Autoaggressionsanfälle auf, bei denen sie ihre Haut und das Fell so stark bearbeitet, dass tiefe Wunden entstehen, ähnlich Staphisagria, die sich die Flanken kahl leckt. Es macht keinen Sinn, diese Katze zu bestrafen, da sie trotz ihrer Ängstlichkeit davon völlig unbeeindruckt bleibt. Veratrum album hilft hervorragend bei Schwächeanfällen mit Schüttelfrost und kann bei heftigem Erbrechen von reichlich Schleim eingesetzt werden, auch wenn die Katze nicht ganz dem Arzneimittelbild entspricht. Die Katze leidet häufig an reichlichem und erschöpfendem Durchfall, der nicht stinkt und von heftigen Bauchschmerzen begleitet wird. Bei Schockzuständen und allen lebensbedrohlichen Infektionen kann man Veratrum album einsetzen.

Verschlimmerung tritt auf bei Kälte, kaltem Wasser, Berührung, Aufregung oder Anstrengung. Besserung tritt auf bei Wärme, Ruhe, warmem Wasser. Da das Mittel nur kurze Zeit wirkt, sollte es bei bedrohlichen Zuständen mehrmals in Abständen von ein bis zwei Stunden gegeben werden.

Veratrum album C 30: mehrmals täglich 1 Gabe, einige Tage lang, danach nach Bedarf.

Zincum metallicum

Die Katze ist ängstlich und dabei nervös und schreckhaft. Sie zittert und zuckt im Schlaf mit den Gliedern. Bei Epilepsie ist Zincum ein wichtiges Mittel. Auch Übelkeit und heftiges Erbrechen passen in das Arzneimittelbild dieser Katze. Verschlimmerung tritt ein nach dem Fressen, bei Ruhe und am Abend. Besserung tritt ein im Freien, bei Bewegung und während des Fressens.

Zincum metallicum D 12: 2x täglich 1 Gabe, 2–3 Wochen lang.

Haut und Haare

Die Haut gilt als größtes Entgiftungsorgan des Körpers. Bestehen innere Erkrankungen, die z. B. durch Medikamente nicht geheilt, sondern unterdrückt werden, wird die Haut als Ventil für den Stoffwechsel arbeiten. Hautprobleme treten durch Beschwerden an Haut und Haarkleid auf, indem Juckreiz, Pickel, Krusten, nässende Ekzeme oder Entzündungen, Hautverdickungen, Kahlheit, Schuppen, stumpfes oder trockenes Fell, stinkende Haut und Warzen entstehen.
Bei einer homöopathischen Behandlung von Hauterkrankungen ist es deshalb sehr wichtig, auch die Grunderkrankung zu behandeln. Kann die genaue Ursache nicht geklärt werden, dann muss über die Symptome eine Auswahl des Mittels erfolgen.

Behandlungsmöglichkeiten bei Hautproblemen

Bei Hautproblemen gibt es mehrere Ansatzmöglichkeiten, um der Katze zu helfen. Dazu zählen Kortison, Antibiotika bei starken Hautläsionen und die Desensibilisierung.
Antibiotika sind meist nötig, wenn es bei aufgekratzten Hautflächen zu schweren Entzündungen oder gar Vereiterungen gekommen ist. Nur mit ihrer Hilfe kann die Infektion

eingedämmt und beendet werden. Antibiotika werden auch eingesetzt, um festzustellen, ob ein Bakterium die Hauterkrankung hervorgerufen hat. Der Nachteil wie bei allen unterdrückenden Behandlungen ist, dass der Auslöser dadurch nicht unbedingt behoben wird und es immer wieder zu Rückfällen kommen kann.

Wurde bei einem Allergietest festgestellt, dass eine Überempfindlichkeit gegen einen bestimmten Stoff besteht (z. B. Hausstaub), kann eine Desensibilisierung Erleichterung verschaffen. Diese Kuren sind teuer und zeitraubend, und die Erfolgsquoten sind nicht sehr hoch. Zudem setzen sie die Katze unter Stress, da ständige Tierarztbesuche bei Katzen meist nicht sehr beliebt sind. Stress kann wiederum als Auslöser fungieren und sollte gering gehalten werden.

Eine Kortisonbehandlung ist oft der letzte Ausweg, wenn der Juckreiz die Katze fast in den Wahnsinn treibt. Eine lästige Nebenwirkung von Kortison ist aber leider oft die starke Zunahme des Appetits, und selbst wenn die Futtermenge reduziert wird, werden die Katzen doch fettleibig. Dies ist später schwer zu korrigieren. Zusätzlich kann es zu Gelenkerkrankungen kommen, wenn das Übergewicht zu stark wird. Das Durstgefühl ist gesteigert und kann bei alten Tieren zu Unsauberkeit führen, weil sie den Harn nicht mehr halten können. Außerdem kommt es durch das Kortison zu einer Unterdrückung der eigentlichen Erkrankung, und der Körper sucht sich häufig einen anderen Ausweg. So könnte es zu Erkrankungen von lebenswichtigen Organen führen, wenn die Hauterkrankung zu lange unterdrückt wird. Zudem wird häufig behauptet, dass Kortison die Wirkung von Naturheilmitteln unterdrückt. Meine eigenen Erfahrungen zeigen allerdings, dass das richtige Mittel auch unter Kortison Wirkung zeigt.

Das richtige homöopathische Mittel bei Hauterkrankungen

Anhand von Hautsymptomen lässt sich meist kein konkretes homöopathisches Mittel auswählen, da die Arzneimittelbilder sich sehr ähneln können. Zusätzliche Symptome, auch von früheren Erkrankungen, sind dann hilfreich, um das richtige Mittel zu finden. Hochwertige Symptome sind also wichtig, und dazu kann das Kapitel »Homöopathische Konstitutionstypen« sehr hilfreich eingesetzt werden, da bei einigen Arzneimittelbildern relativ typische Hautbeschwerden auftreten.

Es gibt auch Erkrankungen, die eng mit Hauterkrankungen im Zusammenhang stehen, aber doch nicht unbedingt in dieses Kapitel gehören. Das sind Ohrenentzündungen und Analbeutelentzündungen. Entzündungen der äußeren Gehörgänge stehen häufig im Zusammenhang mit Hauterkrankungen; werden diese behandelt, verschwinden meist auch die Gehörgangsentzündungen. Eine Analbeutelentzündung ist für die Katze sehr unangenehm und schmerzhaft. Die Entzündung ruft Symptome wie ständiges Lecken am After, Beißen und mit dem Hintern über den Boden rutschen (Schlittenfahren) hervor. Dazu kann es zu weiteren Entzündungen im Afterbereich kommen, da die umliegende Haut ebenfalls gereizt wird.

Repertorium für Ausschlag, Juckreiz und Schuppenbildung

Diese Gesamtübersicht beschreibt die homöopathischen Mittel, die bei *Hauterkrankungen* in Betracht gezogen werden können. Genauere Anweisungen finden Sie in den Beschreibungen der nachfolgenden homöopathischen Mittel.

Symptome	Indikationen	Medikamente
Akne	allgemein	Arnica, Calcium jodatum, Hepar sulfuris, Kalium jodatum, Sulfur jodatum
	auf Narben	Arnica
	zwischen den Zehen	Ignatia, Selenium metallicum
Allergien	allgemein	Cardiospermum
	mit Schwellungen	Apis
Analbeutelentzündung		Causticum, Calcium sulfuricum
Blasen	durch Verbrennungen	Cantharis, Urtica urens
Brandige Haut		Arsenicum album, Phosphorus, Sulfur
Entwässerung		Berberis, Cantharis, Lycopodium, Solidago virgaurea
Erfrierungen	siehe unten: »Verbrennungen«	
Furunkel		Echinacea angustifolia, Hepar sulfuris, Kalium bromatum, Sulfur jodatum, Viola tricolor
Haarbruch		Lycopodium

Symptome	Indikationen	Medikamente
Haarverlust	übermäßiger	Sulfur, Thallium aceticum
Hautprobleme	am Übergang von Haut und Schleimhaut	Acidum nitricum, Petroleum
	am Rücken, vom Schwanz bis zum Hinterkopf	Agarius
	bessern sich bei Kälte	Apis, Arsenicum album, Carbo vegetabilis, Dolichos pruriens, Fagoparum, Ledum, Mezereum, Sulfur
	bessern sich bei Wärme	Carbo animalis, Hepar sulfuris, Psorinum
	verschlimmern sich bei Kälte	Antimonium crudum, Carbo animalis, Causticum, Hepar sulfuris, Petroleum, Psorinum, Rhus toxicodendron
	verschlimmern sich bei Wärme	Antimonium crudum, Apis, Arsenicum album, Carbo vegetabilis, Dolichos pruriens, Fagopyrum, Kalium arsenicosum, Kreosotum, Ledum, Mezereum, Sulfur
Juckreiz	bei Nervosität	Nux vomica
	bei übermäßigem Geschlechtstrieb	Origanum
	bei Verbrennungen	Agarius
	mit fehlender Haut- oder Fellschädigung	Agarius
Kahlheit	mit Juckreiz	Graphites, Natrium muriaticum, Pulsatilla

Symptome	Indikationen	Medikamente
	symmetrisch	Apis, Lachesis, Graphites, Pulsatilla
	ohne Juckreiz, lokal, pigmentiert	Apis, Lachesis, Pulsatilla
Leckgranulom	allgemein	Arnica, Hyoscyamus, Hypericum, Ignatia
Narben	hart, schmerzhaft	Conium
	entzündet	Arnica, Graphites, Silicea
Schrunden		Acidum nitricum, Antimonium crudum, Graphites, Petroleum, Thuja
Schuppen		Kalium arsenicosum, Sulfur
Schwielen		Antimonium crudum
Sonne	Wärme wird nicht vertragen	Natrium muriaticum, Psorinum
Trockenes Fell	bei stark geröteter Haut	Sulfur
Verbrennungen	ersten Grades	Calendula, Urtica urens
	zweiten Grades, Blasen	Cantharis, Urtica urens
Warzen		Acidum nitricum, Causticum, Thuja
Wechselwirkungen	zwischen Hautbeschwerden und inneren Erkrankungen	Graphites, Mezereum, Sulfur, Tellurium, Urtica

Ursachen von Hautproblemen

Hautprobleme durch Ernährung

Da durch die Ernährung häufig Hautprobleme bei Katzen auftreten, ist es besonders wichtig, hier eine Ausschlussdiät zu beginnen. Dabei wird getestet, welche Fleischsorten oder Getreidearten eventuell Allergien auslösen könnten. Man reicht der Katze zuerst für einige Tage nur eine Fleischart (z. B. Huhn) und gibt höchstens eine Kohlenhydratquelle hinzu (möglichst Gemüse oder Reis). Wird diese Auswahl vertragen, kann man weitere Sorten hinzugeben. Reagiert die Katze auf eine der neuen Fleischsorten, lässt man diese wieder weg. Bei einer Besserung danach steht meist fest, dass die neue Fleischsorte eine Allergie ausgelöst hat; ebenso verfährt man dann mit weiteren Kohlenhydratquellen.
Ist es nicht möglich, der Katze selbstgekochte Nahrung anzubieten, sollte man zumindest auf Futtersorten ausweichen, die keine chemischen Zusatzstoffe enthalten und nur aus einer Fleischquelle hergestellt wurden.

Hautprobleme durch Stress

Neben der Ernährung können Stress, Angst, Kummer und Eifersucht dazu beitragen, Hautprobleme hervorzurufen. Durch psychische Probleme können Übersprungshandlungen hervorgerufen werden, bei denen Pfoten aufgebissen oder dauerbeleckt werden, bei denen der Bauch kahl geleckt wird und vieles mehr. Deswegen sollte man darauf achten, dass mehrere Katzen im Haushalt keine Probleme untereinander haben und die Katze nicht ständig irgendwelchen Stresssituationen ausgesetzt ist.

Fellprobleme durch Klimaveränderungen

Bei ständig veränderten Klimabedingungen im Haus im Gegensatz zu denen im Freien kann ein abnormaler Haarwechsel entstehen. Katzen, die sich viel draußen aufhalten, sollten deshalb im Haus ein Zimmer angeboten bekommen, das nicht überheizt wird.

Hautprobleme durch Parasiten

Parasiten sind ein großes Thema bei Hautproblemen. Durch Flohbefall und Flohbisse können Hautläsionen entstehen, die starken Juckreiz hervorrufen können. Um Flöhe zu beseitigen, muss immer das Umfeld der Katze mit behandelt werden, da Flöhe nur zu einem geringen Prozentsatz direkt auf dem Tier leben. Die restlichen Flöhe, ihre Eier und Larven leben in Ritzen rund um die Liege- und Schlafplätze der Katze. Permanentes Absaugen der Lagerstätten und der Einsatz eines Repellents – in Abwesenheit der Katze – sind daher unabdingbar. Die Katze sollte möglichst nicht mit Flohpuder eingestäubt werden, da sie diesen bei der Fellpflege herunterputzen und aufnehmen würde. Diese Behandlung und die des Umfeldes sollten einige Zeit fortgeführt werden, da die Eier und Larven auch ohne Nahrung lange Zeit überleben können. Flöhe können selbst gefroren überleben und zeigen bei Wärme eine gesteigerte Fortpflanzung und Beißaktivität.

Sie sind sehr schnell und haben für ihre Körpergröße eine gewaltige Sprungkraft, wodurch sie schwer zu fangen sind. Selbst auf der Katze können sie Versuche der Katze überleben, sie zu knacken oder zu zerbeißen, da sie sehr druckfest sind. Die kleinen Parasiten sind eine richtige Plage für Mensch und Tier, da Flöhe auch gerne mal auf Menschen springen und diese beißen.

Schon das sollte ein Grund sein, sie zu eliminieren. Die passenden Mittel dazu gibt es im Fachhandel oder beim Tierarzt. Um festzustellen, ob ein Flohbefall vorliegt, besorgt man sich einen Flohkamm und kämmt die Katze damit durch. Entweder erwischt man einen Floh, dann ist der Fall klar, oder man hat braune Krümel im Kamm, die man auf ein nasses weißes Tuch geben kann. Dort sollten sich die Krümel rot verfärben. Es handelt sich dann um eingetrocknetes Blut, das von den Flöhen ausgeschieden wurde. Hat man dieses Ergebnis, liegt auf jeden Fall ein Flohbefall vor, der behandelt werden muss.

Bei Flohbissen kann es auch zu allergischen Reaktionen bei der Katze kommen. Der Flohspeichel löst manchmal eine Überempfindlichkeit auf der Haut aus. Ein immer sauber gehaltener Liegeplatz, genug Beschäftigung und eine artgerechte Ernährung können dazu beitragen, den Zustand des Haarkleides zu verbessern und so die Empfindlichkeit gegen Flöhe zu senken.

Wurmbefall kann das Wirtstier schwächen und das Immunsystem schädigen, wodurch auch hier Hauterkrankungen auftreten können. Eine Wurmkur sollte die Katze von diesen ungeliebten Parasiten befreien. Es ist wichtig, dass alle im Haus lebenden Tiere, auch Hunde behandelt werden, wenn

Floh- oder Wurmbefall vorliegt, damit nicht eines der Tiere ein Träger bleibt und wieder alle anderen Tiere ansteckt oder mit neuen Flöhen versorgt.

Auftretende Hautbeschwerden sollten unbedingt vom Tierarzt abgeklärt werden, da neben Flöhen und Würmern auch Milben ein Auslöser sein können. Milben erkennt der Tierarzt durch eine Hautprobe, die unter dem Mikroskop untersucht wird. Häufig befallen Milben auch die Ohren und die umliegende Haut. Die Ausscheidungen der Milben sind im Ohr dann als rotbraunes Ohrenschmalz erkennbar. Auch hier benötigt man ein abtötendes Mittel vom Tierarzt, das einige Tage aufgetragen werden muss.

Sobald die warme Jahreszeit beginnt, steht noch ein weiterer Parasit auf dem Plan: die Zecke. Zeckenbisse können sich stark entzünden und Schwellungen hervorrufen, selbst wenn die Zecke bereits abgefallen ist. Das liegt an dem blutverdünnenden Mittel, das sie in die Wunde einbringt, damit das Blut fließt. Noch an der Katze befindliche Zecken sollten schnellstens entfernt werden, damit sie keine Krankheiten durch ihren Speichel übertragen können. Dazu wird die Zecke mit einer Zeckenzange oder notfalls mit den Fingernägeln vor dem Hinterteil gepackt und mit einem Ruck herausgezogen. Vorsichtiger Zug ist angebracht, damit der Kopf nicht im Fleisch steckenbleibt. Das Herausziehen sollte aber auch nicht zu lange dauern, damit die Zecke nicht aus Stress genau in diesem Moment vermehrt Speichel absondert. Die Stellen der Bisse kann man mit Aloe-vera-Gel dünn einreiben, damit die Hautirritation und die Schwellung zurückgehen. Das Gel kühlt und nimmt den Juckreiz sowie das Brennen.

Hautprobleme durch Pilzinfektionen

Pilzinfektionen sind mit dem bloßem Auge nicht erkennbar und müssen durch eine mikroskopische Untersuchung beim Tierarzt untersucht werden. Dazu wird eine Kultur mit den befallenen Haaren angelegt, oder ein Befall wird mit der sogenannten Woodschen Lampe festgestellt. Pilzinfektionen bringen häufig kahle Stellen im Fell, ohne für sehr starken Juckreiz zu sorgen. Die befallenen Stellen können krustig oder schuppig sein. Am Kopf, den Zehen nahe den Nagelbändchen oder an anderen Körperstellen kann manchmal sehr ausgeprägter Befall bestehen. Die Behandlung muss meist mit regulären Pilzmitteln erfolgen, kann aber homöopathisch unterstützt werden. Es sollte auf jeden Fall eine Behandlung durchgeführt werden, da die Pilzinfektion sich ausbreiten kann und nicht spontan abheilt.
Pilzinfektionen können sehr hartnäckig sein und benötigen manchmal mehrere Behandlungen hintereinander. Oft sind auch Kombinationen notwendig, denn viele Patienten konnten mit solch einer Kombination von pilzhemmenden Medikamenten (Antimykotika) und unterstützenden homöopathischen Mitteln doch noch geheilt werden.

Mittelbeschreibungen – Hauterkrankungen

Im Anschluss finden Sie die homöopathischen Mittel in alphabetischer Reihenfolge, die Sie bei Hautproblemen Ihrer Katze einsetzen können.

Acidum nitricum

Hauterkrankungen im Afterbereich, die häufig bluten oder schrundige Haut hervorbringen, sind für das Mittel charakteristisch. Auch leicht blutende Warzen an den Übergängen von Haut und Schleimhaut (z. B. am Maul, am After, an der Nase) treten bei dem Mittel in den Vordergrund (siehe auch Petroleum, welches eine geringere Blutungsneigung aufweist). Ebenso können leicht blutende Geschwüre im Afterbereich mit Acidum nitricum meist positiv beeinflusst werden. Es lässt sich gut mit den Warzenmitteln Thuja und Causticum kombinieren.

Acidum nitricum D 6: 3 x täglich 1 Gabe, 3–4 Wochen lang.

Agarius

Bei Agarius ist es meist unverständlich, warum die Katze überhaupt Probleme hat, da Haut und Fell keine Auffälligkeiten aufweisen. Geringfügige Berührungen können schon heftigen Juckreiz bei der Katze auslösen, den sie mit Kratzen, Beißen und Belecken zu stillen versucht. Vom Schwanz bis zum Nacken kann es zu ausgeprägter Empfindlichkeit kommen. Oft ist auch eine Allergie gegen Hausmilben ein Thema bei Katzen, die dieses Mittel benötigen.

Agarius zeigt manchmal recht auffällige typische Symptome wie späte Geschlechtsreife, Stehlen von Futter bei ansonsten normaler Fütterung und normalem Fressverhalten, große Neugier und hyperaktives Verhalten. Das Mittel ist auch bei Erfrierungen oder Verbrennungen angezeigt, wenn danach Kribbeln oder Juckreiz auftritt.

Agarius D 30: 1x täglich 1 Gabe, 1–2 Wochen lang, eventuell verlängern, wenn es wirkt.
Nach Erfrierungen oder Verbrennungen Agarius D 6: 3x täglich 1 Gabe, 2–3 Wochen lang.

Antimonium crudum

Verdickungen und Schwielen an der Haut oder heftig juckende Krusten auf kahlen Stellen deuten auf Antimonium crudum hin. Die Hautverdickungen oder Schwielen können an Sohlen, Kniegelenken oder Fersen auftreten. Verschlimmerungen treten bei extremen Temperaturen auf – das kann ebenso Frost wie Sonnenwärme sein. Hochwertige Symptome sollten die Auswahl zu diesem Mittel bestätigen. Das Mittel sollte zum Typ der Katze und zu ihren Grunderkrankungen passen.
Antimonium crudum D 6: 3x täglich 1 Gabe, 2–3 Wochen lang. Schwielen können begleitend auch mit Graphites-Salbe eingerieben werden. Passt das Mittel zum Typ der Katze, kann auch eine höhere Potenz (z.B. C 30) gewählt werden, die dann 1–2 Wochen lang nur 1x täglich gegeben werden sollte.

Apis

Die komplette Honigbiene wird bei der Herstellung des Mittels verarbeitet, und es wirkt bei akut auftretenden Schwellungen der Haut, meist als allergische Reaktion auf Bienen- oder Wespenstiche (Nesselsucht siehe auch Lachesis). Es wird aber auch bei Ödemen eingesetzt, die durch Wassereinlagerungen entstehen können. Katzen sind zwar sehr vorsichtig bei Bienen und Wespen; dennoch passiert es, dass sie gestochen werden. Die Stelle schwillt an, und es besteht Juckreiz, den man mit kühlen, nassen Auflagen lindern kann. Apis wirkt vermehrt auf der rechten Körperseite (Lachesis auf der linken Seite) und kann auch bei chronischer Kahlheit und Verfärbung der Haut eingesetzt werden. Ödeme bestehen dabei in der Regel nicht.

Apis D 6: bei frischen Stichen alle 10 Minuten 3 x hintereinander 1 Gabe, danach 3 x täglich 1 Gabe, 1 Woche lang.

Arnica montana

Aufgebissene, eventuell eitrige Hautstellen und Erschöpfung durch ständige Hautläsionen können durch Arnica unterstützt werden, wenn die Katze nicht mehr zur Ruhe kommt.

Arnica D 6: 3 x täglich 1 Gabe, 3 Wochen lang.

Arsenicum album

Bei diesem Mittel treten unklare Hautsymptome auf, die nur über eine Auswahl des Typmittels diagnostiziert werden können. Durch Juckreiz kann ständiges Belecken oder Kratzen auftreten. Hierdurch können sich Hautentzündungen bilden, die nässend und eitrig reagieren. Die Haut oder das Fell kann trocken und schuppig erscheinen, und durch Wärme, nach der die Katze verlangt, kann eine Verschlimmerung auftreten. Tritt bei der Katze anfallsartiges Kratzen durch Juckreiz nach Mitternacht auf, sollte dieses Mittel schnell helfen können.

Arsenicum album D 6: 3 x täglich 1 Gabe, 2–3 Wochen lang, oder C 30, wenn das Mittel zur Katze passt, 1 x täglich 1 Gabe, 2–3 Tage lang.

Berberis

Durch einen gestörten Stoffwechsel bilden sich Schlackenstoffe, die sich ihren Weg über die Haut suchen. Der Körper versucht sich so zu entgiften, was die Hautsymptome auslöst. Berberis ist ein gutes Leber- und Nierenpflegemittel, das auch entwässernd und blutreinigend wirkt. Dadurch können auch die Hautsymptome abklingen (siehe auch Kapitel »Harnableitende Wege«).

Berberis D 6: 3x täglich 1 Gabe, 2–3 Wochen lang.

Calcium carbonicum

Auch dieses Mittel sollte möglichst nur dann bei Hautsymptomen eingesetzt werden, wenn es zum Typ der Katze passt, da es von anderen Mitteln, die bei Hautproblemen eingesetzt werden können, sehr schwer abzugrenzen ist. Die hier angesprochenen Hauterkrankungen zeigen oft eine schlechte Tendenz zur Heilung, und es bestehen häufig verstopfte Talgdrüsen, die im schlimmsten Fall sogar operativ entfernt werden müssen (aber auch Silicea, Sulfur, Thuja oder Graphites zeigen dieses Symptom). Mittel wie Calcium jodatum, Kalium jodatum, Sulfur jodatum und Staphisagria sollte man nicht außer Acht lassen, wenn die Talgdrüsen ständig verstopfen.

Calcium carbonicum D 12: 2x täglich 1 Gabe, 2–3 Wochen lang, oder wenn das Arzneimittelbild passt auch C 30, 1x täglich 1 Gabe, 2–3 Tage lang.

Carbo animalis

Das Mittel zeigt ebenso eine vermehrte Talgproduktion, die Drüsen verstopfen dabei aber nicht, sondern es kommt zu

feuchter, fettiger Haut und zu chronischen Entzündungen der Haut. Bläuliche Geschwüre können auftreten, die sich bei Kälte noch verschlechtern können (Carbo vegetabilis zeigt Besserung bei Kälte) und sich durch Wärme bessern.
Carbo animalis D 12: 2x täglich 1 Gabe, 2–3 Wochen lang, eventuell muss die Potenz erhöht werden.

Carbo vegetabilis

Die Symptome sind wie bei Carbo animalis, nur dass eine Besserung der Symptome bei Kälte und eine Verschlechterung der Hautsymptome bei Wärme auftritt.
Carbo vegetabilis D 12: 2x täglich 1 Gabe, 2–3 Wochen lang.

Cardiospermum

Allergien sind für das Mittel wegweisend. Es kann nicht nur Hautsymptome lindern oder heilen, sondern auch Allergien der Schleimhäute positiv beeinflussen. Dazu zählen Heu- oder Stauballergien, die sich meist mit Niesanfällen und tränenden Augen bemerkbar machen.
Cardiospermum D 3: 3x täglich 1 Gabe 3 Wochen lang.

Causticum

Die Causticum-Katze ist kälteempfindlich, und ihre Hauterkrankungen sind meist trocken. Eine Verschlechterung tritt bei trockener Kälte auf; Besserung erfährt die Katze bei nassem Wetter. Harnabgang und Kotdrang können unwillkürlich auftreten. Oft gibt es auch an den Fersen und am Knie Schleimbeutelschwellungen, die keine Schmerzen verursachen. Auch bei Neigung zu Warzen (siehe auch Thuja und

Acidum nitricum) oder Juckreiz am After mit einer chronischen Entzündung der Analdrüsen mit zähem Inhalt benötigt die Katze dieses Mittel.
Causticum D 12: 2x täglich 1 Gabe, 2–3 Wochen lang.

Croton tiglium

Wenn im Bereich der Geschlechtsöffnung nässende Hautentzündungen auftreten, die durch einen eitrigen Ausfluss ausgelöst wurden, kann Croton tiglium helfen.
Croton tiglium D 6: 3x täglich 1 Gabe, 2–3 Wochen lang.

Dolichos pruriens

Wenn Juckreiz auftritt (mit oder ohne Ausschlag) und Kratzen den Juckreiz nicht lindern kann, wodurch die Katze sich blutig beißt und kratzt, kann dieses Mittel der Katze sehr guttun. Verschlimmerung entsteht durch Wärme, überwiegend in der Nacht. Oft ist Verstopfung der Auslöser für den Juckreiz. Ist die Verstopfung behoben, tritt der Juckreiz meist in den Hintergrund.
Dolichos pruriens D 6: 3x täglich 1 Gabe, 2–3 Wochen lang.

Fagopyrum

Sieht man den Hautausschlag bei der Katze, denkt man zunächst an Flohbefall, da dieser den Flohbissen sehr ähnelt. Kann man Flohbefall ausschließen, sollte man dieses Mittel einsetzen. Eine Verschlimmerung tritt bei Lichteinwirkung ein, der Juckreiz verstärkt sich am Nachmittag. Er tritt meist an den weniger behaarten Körperteilen auf, beispielsweise an den unteren Pfoten, am Maul, an den Augenlidern, den Gehör-

gängen und der Geschlechtsöffnung. Verschlimmerung tritt durch Wärme und Kratzen ein, manchmal auch durch Berührung. Besserung der Beschwerden erfährt die Katze durch Kälte oder Kühlung.
Fagopyrum D 6: 3 x täglich 1 Gabe, 2–3 Wochen lang.

Graphites
Bei diesen Katzen wird das Fell an den Problemstellen immer dünner. Meist bestehen auch Hormonstörungen, die zu Gewichtsproblemen und zu Juckreiz führen können. Schwarzfärbung und Verdickung der Haut kann auftreten, und Ekzeme sind vorwiegend nässend. Diese Ekzeme können Borken, Schrunden oder gelbbräunliche Ablagerungen (honigartig) bilden. Ekzeme treten vorwiegend rund um die Ohren, am Schwanzansatz, an Kopf und Hals und den Oberschenkeln auf. Das Gesäuge der Katze ist schlaff und hängt, als würde sie Junge säugen. Scheinträchtigkeit tritt hingegen nicht auf. Die Katzen sind häufig träge, manchmal sogar apathisch, und erscheinen freundlich, manchmal aber auch etwas plump und mürrisch. Die Katze friert schnell und kann mit Verstopfungen Probleme haben. Der Appetit ist extrem gut, wodurch die Gewichtsprobleme gefördert werden können. Die Heilung der Hautprobleme ist beim Graphites-Typ schlecht (siehe auch Calcium carbonicum), und sie breiten sich stetig weiter aus. Die Ohren sind häufig schmutzig und bilden honigartiges Ohrenschmalz. Hauterkrankungen können auch an Übergängen von der Haut zur Schleimhaut auftreten (Maul, Augen und After), diese sind dann meist trocken und schrundig (siehe auch Acidum nitricum, Antimonium crudum, Petroleum und Thu-

ja). Zu chronischen Hautentzündungen mit einer Verdickung der Haut und übelriechenden Absonderungen passen übrigens auch Carbo animalis, Carbo vegetabilis und Tellurium.
Graphites D 30: 1 x täglich 1 Gabe, 2–3 Wochen oder als Kur auch länger, je nach Bedarf.

Hepar sulfuris

Eitrige Hautentzündungen, wozu auch Eiterpusteln am Kinn oder Eiterpusteln zwischen den Zehen zählen, können mit Hepar sulfuris behandelt werden (auch an Kalium bromatum oder Sulfur jodatum ist hier zu denken). Verschlechterung erfährt die Katze bei Kälte, Besserung durch Wärme. Sie ist mitunter sehr empfindlich gegen Berührungen.
Hepar sulfuris D 12: 2 x täglich 1 Gabe, 3–4 Wochen lang.

Ignatia

Ignatia passt sehr häufig zu bunten Katzen, den Schildpatt- oder Glückskatzen, und ist überwiegend ein weibliches Mittel. Diese Katzen sind oft zickig ohne Ende, wobei das Verhalten oft durch Ängste ausgelöst wird. Durch psychischen Stress beginnen sie sich selbst zu belecken und zu beißen. Dadurch können sehr unangenehme Ekzeme entstehen. Durch Schrunden zwischen den Zehen oder das Knabbern an den Pfoten (Vorderbeine und an den Fersen) können Leckgranulome entstehen. Versucht man diese auf herkömmliche Weise zu behandeln, wird die Katze darauf meist nicht ansprechen, da die Psyche dabei nicht mitbehandelt wird. Mit Ignatia werden die Probleme verschwinden. Man kann diese Selbstverstümmelung mit dem Nägelkauen beim

Menschen vergleichen. Man sollte deswegen auch versuchen, das Umfeld der Katze auszugleichen, und bei Problemen mit anderen Katzen im Haushalt unbedingt Abhilfe schaffen, damit die Katze sich entspannen kann. Trotzdem sollte man auch die Behandlung gegen Flöhe nicht außer Acht lassen.
Ignatia D 30: 1 x täglich 1 Gabe, 3–4 Wochen lang, eventuell länger nach Bedarf.

Kalium arsenicosum

Sehr trockene und schuppende Haut, die eventuell auch Juckreiz in der Nacht aufweisen kann. Wärme verschlimmert die Beschwerden. Sollten auch andere Katzen im Haushalt diese Probleme aufweisen, muss unbedingt überprüft werden, ob Milben ausgeschlossen werden können.
Kalium arsenicosum D 6: 3 x täglich 1 Gabe, 3–4 Wochen lang.

Kalium bromatum

Die Bildung von Furunkeln benötigt neben Kalium bromatum häufig auch Hepar sulfuris und Sulfur jodatum. Diese können mit Kalium bromatum kombiniert werden.
Kalium bromatum D 6: 3 x täglich 1 Gabe, 3–4 Wochen lang.

Kreosotum

Bei älteren Katzen ist oft Geschwürbildung möglich, wenn diese Diabetes haben. Alle chronischen und schlecht riechenden Entzündungen der Haut, deren Juckreiz sich bei Wärme verschlimmert, sprechen auf dieses Mittel an. Auch

Carbo animalis, Carbo vegetabilis und Tellurium können angewendet werden.
Kreosotum D 30: 1 x täglich, 1 Gabe, 2–3 Wochen lang.

Lachesis

Hauterkrankungen durch allgemeine Infektionen und bläuliche Entzündungen passen meist zu Lachesis. Bei der Mittelauswahl ist es wichtig, weitere Symptome zu suchen, die in dieses Arzneimittelbild passen. Auch allergische Hautreaktionen mit Quaddelbildung (Nesselsucht), die sich auf der linken Körperseite bilden oder die links beginnen und sich dann ausbreiten, sind hier angesprochen.
Die Haut weist einen Ausschlag auf, der aussieht, als wäre die Katze in Brennnesseln gelegen. Eine Verschlimmerung tritt bei Wärme, in der Ruhe und im Schlaf auf. Bewegung in der frischen Luft bessert die Symptome schnell. Es können auch symmetrische Flecken auftreten, die sich zu beiden Seiten der Lendenwirbelsäule bilden. Diese Stellen jucken nicht, und das Fell sieht normal aus.
Lachesis D 12: 2 x täglich 1 Gabe, 1 Woche lang bei Infektionen oder Nesselsucht. Bei juckenden, symmetrischen kahlen Stellen Lachesis D 30, 1 x täglich 1 Gabe, 2–3 Wochen lang.

Ledum

Bei Flohbissen, die mit starkem Juckreiz einhergehen und bei denen der Juckreiz in der Wärme schlimmer wird, hilft der Katze Ledum. Da Flöhe im warmen Zimmer besonders aktiv sind und sich in Ritzen und Fugen einnisten, sollte die Zimmertemperatur nicht zu hoch gewählt werden, und die Lie-

geplätze der Katze müssen behandelt werden. Die aufgekratzten Flohbisse können sich leicht infizieren und zu nässenden Hautinfektionen führen.
Ledum D 6: 3 x täglich 1 Gabe, 3–4 Wochen lang.

Lycopodium

Die Haut der Lycopodium-Katze ist nicht angegriffen, trotzdem zeigt sich bei der Katze Juckreiz, der mit Haarbruch verbunden sein kann. Lycopodium zeigt meist Haarbruch zwischen den Schulterblättern. Hin und wieder kann es zu feuchten und eitrigen Hautentzündungen an dieser Stelle kommen, die vom ständigen Kratzen herrühren. Das Fell der Katze wirkt stumpf und trocken, und es kann starker Haarausfall bestehen.
Lycopodium ist auch ein gutes Leber- und Nierenpflegemittel, wodurch der Körper zusätzlich entwässert und entgiftet wird (siehe auch Berberis und Solidago). Da die Haut eines der größten Entgiftungsorgane des Körpers darstellt, kann sie durch die verstärkte Entgiftung entlastet werden. Auch bei Dickdarmerkrankungen kann Lycopodium unterstützend eingesetzt werden. Darmerkrankungen können sich ebenfalls nachteilig auf die Haut auswirken. Der Darm ist durch die Störung nicht in der Lage, die nötige Synthese und Aufnahme der Vitamine zu regulieren, was sich dann ebenfalls wieder auf die Haut auswirkt. Das Mittel sollte zum Typ der Katze passen – dazu lesen Sie bitte im Kapitel »Homöopathische Konstitutionstypen«.

Origanum

Hautjucken ohne Läsionen der Haut, das mit gesteigertem Geschlechtstrieb und Nervosität verbunden auftritt, reagiert gut auf Origanum.
Origanum D 30: 1 x täglich 1 Gabe, 2–3 Wochen lang.

Mercurius solubilis und Mercurius vivus

Es handelt sich häufig um chronische Hauterkrankungen, die eitrig, nässend und übelriechend auftreten. Sie lassen sich nur schwer ohne weitere Symptome von anderen Mitteln abgrenzen. Weitere Modalitäten sind dann sehr hilfreich. Wärme verschlechtert den Zustand der Katze, nasse Kälte wird ebenso schlecht vertragen. Tritt zeitgleich eine Dickdarmentzündung auf, deutet dies meist auf diese beiden Mittel hin. Unterdrückungen durch die Gabe von Sulfur mit dem Auftreten von Durchfall reagieren ebenfalls gut auf die Mercurius-Mittel.
Mercurius solubilis und vivus D 6: 3 x täglich 1 Gabe, 3–4 Wochen lang.

Mezereum

Mezereum ähnelt bei den Hautbeschwerden Graphites und Sulfur. Immer wiederkehrende Hautbeschwerden im Sommer weisen auf dieses Mittel hin. Ein weiterer Hinweis ist das Verschwinden oder Wiederkehren von anderen inneren Erkrankungen, die im Einklang mit den Hautbeschwerden stehen. Berührungen, Wärme und Kratzen können zu Verschlimmerungen der Hauterkrankung führen. Besserungen treten durch Kälte oder lokale Kühlung auf.
Mezereum D 6: 3 x täglich 1 Gabe, 3–4 Wochen lang.

Natrium muriaticum

Das Mittel wirkt hauptsächlich auf die äußere Haut und die Schleimhäute. Es hilft der Katze bei haarlosen Stellen, bei denen keine Hautveränderungen auftreten. Es können im Kreuzbereich Pickel und Krusten auftreten, die sich dann auf den ganzen Rückenbereich ausbreiten. Oft werden solche Hauterscheinungen mit Flohbissen verwechselt. Ganz typisch für Natrium muriaticum ist die Trockenheit der Haut und des Fells. Treten bei der Katze auch periodische Augenentzündungen auf, sollte man Natrium muriaticum unbedingt versuchen. Verschlimmerungen treten durch Bewegung und in der Nacht auf. Das Mittel sollte zum Typ der Katze passen; dazu lesen Sie bitte im Kapitel »Homöopathische Konstitutionstypen«.

Natrium muriaticum D 30: 1 x täglich 1 Gabe, 2–3 Wochen lang.

Nux vomica

Dies ist zwar ein selten eingesetztes Mittel bei Hauterkrankungen, die keine Schädigungen am Fell und an der Haut zeigen, aber es kann durchaus gut gewählt sein, wenn es zur Katze passt. Die Beschwerden ähneln meist denen von Pulsatilla, und der Juckreiz ist eher nervöser Art. Das Mittel sollte zum Typ der Katze passen; dazu lesen Sie bitte im Kapitel »Homöopathische Konstitutionstypen«.

Nux vomica D 30: 1 x täglich 1 Gabe, 2–3 Wochen lang.

Petroleum

Gelegentlich nässende Hautbeschwerden, die meist kahle und trockene Stellen aufweisen und rund um die Augen, das Maul

und den After zu finden sind, reagieren gut auf das Mittel. Durch das Jucken am After rutscht die Katze ständig über den Boden (Schlittenfahren, das auch bei Wurmbefall auftreten kann). Durch das ständige Über-den-Boden-Rutschen kann es zur Ausstülpung und Beschädigung der Anusschleimhaut kommen, wodurch die Katze Schmerzen beim Kotabsetzen hat. Katzen, die dieses Mittel benötigen, zeigen auch oft trockene und schrundige Hauterkrankungen an den Zehen. Kälte verschlimmert die Beschwerden ebenso wie Kummer und Schreckerlebnisse. Petroleum hilft der Katze auch bei der Reisekrankheit.
Petroleum D 6: 3 x täglich 1 Gabe, 3–4 Wochen lang.

Psorinum

Da es sich hierbei um eine Nosode handelt, sollte die Behandlung unbedingt mit einem Tierhomöopathen oder homöopathisch arbeitenden Tierarzt abgesprochen werden. Das Mittel wird überwiegend bei chronischen Hauterkrankungen eingesetzt. Die Katze erscheint geschwächt und stark erschöpft und friert schnell. Schlechter Geruch gehört ebenso zum Krankheitsbild. Die Hauterkrankungen zeigen keine Heilungstendenzen mehr. Besserung besteht bei Wärme, wobei Sonneneinstrahlung nicht vertragen wird.
Psorinum C 30 oder C 200, in Absprache mit dem Tierhomöopathen/Tierarzt.

Pulsatilla

Wenn Pulsatilla für die Katze eingesetzt wird, sollte das Mittel gut zur Katze passen, um ihr helfen zu können. Siehe hierzu das Kapitel »Homöopathische Konstitutionstypen«.

Die Hauterkrankungen ähneln denen von Graphites. Trockenes Fell, Haarausfall und Hautjucken können auftreten. Hilft Pulsatilla nicht durchgreifend, sollte man Graphites versuchen und umgekehrt ebenso. Es kann ausgedünntes Fell im Bereich der Gesäßbacken und unter dem Schwanzbereich am Anus auftreten, ebenso im Kreuzbereich und an den Flanken. Schlaffe Haut, die sich dunkel verfärbt, gehört ebenfalls zum Arzneimittelbild. Die Hauterkrankung tritt vor, während oder nach der Rolligkeit verstärkt auf, nach dem Abklingen des Zyklus bessern sich die Hauterscheinungen.
Pulsatilla D 30: 1 x täglich 1 Gabe, 2–3 Wochen lang.

Rhus toxicodendron

Allergische Reaktionen auf Stoffe aus der Umgebung, also Kontaktallergien, reagieren besonders gut auf Rhus toxicodendron. Verschlechterungen erfährt die Katze bei nasser Kälte. Gerötete Haut tritt am Kopf, am Bauch und an den Pfoten und beim Kater am Hodensack auf. Häufig bestehen auch Gelenkerkrankungen bei der Katze (siehe Kapitel »Bewegungsapparat«), die dann bei der Auswahl mit herangezogen werden können.
Rhus toxicodendron D 6: 3 x täglich 1 Gabe, 3–4 Wochen lang.

Silicea

Nicht heilen wollende eiternde Hauterkrankungen und harte Narben benötigen Silicea. Die Katze nagt und leckt nicht an diesen Stellen herum und löst die Eiterung nicht dadurch aus. Silicea kann der Katze nur durchgreifend helfen, wenn sie zum Silicea-Typ passt (siehe Kapitel »Homöopathische Kon-

stitutionstypen«). Silicea kann auch bei chronischen Analdrüsenentzündungen heilend eingesetzt werden. Dazu zählen auch Fisteln, die als Folge eines durchgebrochenen Analdrüsenabszesses entstanden sind. Dazu kann neben den Globuli auch Silicea-Salbe eingesetzt werden.
Silicea D 12: 2 x täglich 1 Gabe, 3–4 Wochen lang. Beim Silicea-Typ eventuell auch D 30 oder C 30, 1 x täglich 1 Gabe, 2–3 Wochen lang.

Selenium

Feuchte, fettige Hauterkrankungen vor allem zwischen den Zehen, die chronisch auftreten, passen zu Selenium.
Selenium D 12: 2 x täglich 1 Gabe, 3–4 Wochen lang.

Sepia

Auch hier sollte das Kapitel homöopathische Konstitutionstypen nicht außer Acht gelassen werden. Nur wenn das Mittel zur Katze und zu ihrer Psyche passt, kann es durchgreifend heilend wirken. Pigmentstörungen treten bei Katzen, die dieses Mittel benötigen, verstärkt auf. Um andere Mittel abgrenzen zu können, sind weitere Symptome erforderlich. Eine Verschlechterung besteht oft vor der Rolligkeit.
Sepia D 30: 1 x täglich 1 Gabe, 3–4 Wochen lang.

Solidago virgaurea

Solidago ist eigentlich kein ausgesprochenes Hautmittel. Es kann aber die Nieren- und Leberfunktion günstig beeinflussen und dadurch als Drainagemittel für die Haut wirken.
Solidago virgaurea D 3: 3 x täglich 1 Gabe, 3–4 Wochen lang.

Sulfur

Verstärktes Haaren und Schuppenbildung bei der Katze weisen auf Sulfur hin, wenn diese Probleme im Lenden- und Kreuzbereich auftreten. Sulfur kann aber auch im Fellwechsel hilfreich eingesetzt werden, damit die Katze den Wechsel schnell und ohne Komplikationen übersteht.

Sulfur D 6: 3 x täglich 1 Gabe, 2–3 Wochen lang oder im Fellwechsel D 30, 1 x täglich 1 Gabe, 1 x pro Woche.

Als Kombinationsmittel mit Kalium arsenicosum kann man Sulfur einsetzen, wenn die Katze vom Typ her zum Arzneimittelbild von Sulfur passt.

Wichtig: Sulfur sollte immer mit einer gewissen Vorsicht eingesetzt werden. Bei einer Verschlimmerung der Symptome müssen Sie das Mittel absetzen.

Zum Sulfur-Arzneimittelbild passen folgende Symptome: Hautjucken, sehr trockene Haut mit Schuppenbildung, Haarausfall, ohne dass die Haut durchscheint (im Gegensatz zu Pulsatilla, Natrium muriaticum, Graphites). Feuerrote Haut am ganzen Körper und an den Körperöffnungen ist möglich. Juckreiz am Kopf und in der Afterregion. Die Katze verströmt einen unangenehmen Geruch. Verschlechterung tritt bei Wärme und Besserung bei Kälte auf. Innere Erkrankungen werden durch die Unterdrückung der Hauterkrankung beeinflusst. Es können z. B. Durchfall, Atemwegserkrankungen bis hin zur Lungenentzündung auftreten, wenn Hautbeschwerden einfach nur unterdrückt werden (z. B. durch Kortison oder Antibiotika). Ebenso können Linsentrübungen der Augen auftreten, die durch Sulfur geheilt werden können.

Sulfur wird auch gern als Entgiftungsmittel eingesetzt, da es die Tätigkeit der Leber stimuliert. Neben Nux vomica, das man zum Ausleiten von Medikamenten verwendet, kann auch Sulfur diesen Part übernehmen.
Sulfur D 30: alle 3 Tage 1 Gabe, mit Vorsicht anwenden und bei Verschlechterung oder Erstverschlimmerung wieder absetzen.

Tellurium

Hauterkrankungen, die chronisch geworden sind und nässend und stinkend auftreten, insbesondere an den Ohren, am Kinn oder im Afterbereich, reagieren gut auf Tellurium.
Tellurium D 12: 2x täglich 1 Gabe, 2–3 Wochen lang.

Thallium aceticum

Während des Fellwechsels treten bei der Katze, die dieses Mittel benötigt, vermehrt Flohbefall und andere Hautbeschwerden auf. Sind die Beschwerden ohne weitere Auffälligkeiten, kann Thallium aceticum zur Behandlung eingesetzt werden.
Thallium aceticum D 6: 3x täglich 1 Gabe, 3–4 Wochen lang.

Thuja

Bei übermäßiger Absonderung von Talg aus den Hautdrüsen (auch am Anus) und bei Warzen und Juckreiz im Bereich der Vulva der Katze kann Thuja ebenfalls eingesetzt werden. Auch kleinere Geschwüre an den Analdrüsen reagieren gut auf das Mittel. Man kann es mit Acidum nitricum (das auch bei Hauterkrankungen an den Körperöffnungen eingesetzt

wird) kombinieren. Impffolgen lassen sich mit diesem Mittel ebenfalls gut ausleiten.
Thuja D 6: 3 x täglich 1 Gabe, 3–4 Wochen lang (bei Warzen); zum Ausleiten von Impffolgen Thuja D 30, 1 x täglich 1 Gabe, 1 Woche lang.

Urtica urens
Die Brennnessel ist wohl jedem in der Hautreaktion bekannt. Die Haut brennt, und die Bildung von kleinen Bläschen gehört dazu. Hautbeschwerden können im Wechsel mit Rheuma auftreten (wie auch bei Graphites, Sulfur, Tellurium oder Mezereum). Nierenerkrankungen und Scheinträchtigkeit können als weitere Symptome auftreten. Verschlechterung der Beschwerden besteht bei Wärme und Bewegung.
Urtica urens D 6: 3 x täglich 1 Gabe, 2–3 Wochen lang.

Viola tricolor
Es wirkt in der Urtinktur bei Infektionen des äußeren Gehörganges.
Viola-tricolor-Urtinktur: 3 x täglich 2–3 Tropfen, 2–3 Wochen lang.

Bewegungsapparat

Störungen im Bewegungsablauf der Katze führen dazu, dass sie in ihrer Bewegungsfähigkeit eingeschränkt wird. Gerade bei Katzen kann dies dazu führen, dass sie sich nicht mehr ernähren können. Nur das Zusammenspiel von Knochen, Gelenken, Sehnen, Bändern und Muskeln ermöglicht es ihnen, sich fortzubewegen. Die Ernährung des Bewegungsapparates erfolgt über Blutgefäße (Adern und Venen), die Koordination über die Nerven. Bewegungsstörungen können zusätzlich zur tierärztlichen Behandlung homöopathisch unterstützt und begleitet werden. Erkrankungen wie Lähmungen, schmerzhafte Erkrankungen, chronische Bewegungsstörungen und Arthrose/Arthritis eignen sich nicht zur Selbstmedikation und sollten immer dem Tierarzt vorgestellt werden.

Repertorium Bewegungsstörungen

Diese Gesamtübersicht beschreibt die homöopathischen Mittel, die bei Bewegungsstörungen in Betracht gezogen werden können. Genauere Anweisungen finden Sie in den Beschreibungen der nachfolgenden homöopathischen Mittel.

Symptome	Indikationen	Medikamente
Arthrose / Arthritis	allgemein	Bryonia, Causticum, Dulcamara, Harpagophytum, Hekla Lava, Lycopodium, Sulfur
	in den Zehen	Ledum, Rhododendron
Bandscheibenvorfall (Hals)		Bryonia, Calcium carbonicum, Lachnantes tinctoria, Lachesis
Bandscheibenvorfall (Rücken)	Grundbehandlung	Calcium carbonicum, Silicea
	nur schmerzhaft	Arnica, Bryonia, Calcium carbonicum, Hypericum, Rhus toxicodendron, Silicea
	mit Nervenbeteiligung	Arnica, Causticum, Hypericum, Nux vomica, Petroselinum, Plumbum metallicum, Strychninum nitricum
Bewegungsprobleme	Besserung bei Kälte	Ledum
	Besserung bei Wärme und Bewegung	Rhus toxicodendron, Ruta, Rhododendron
	Verschlechterung bei trockener Kälte	Bryonia, Causticum
	Verschlechterung bei nasser Kälte	Acidum formicicum, Arnica, Dulcamara, Pulsatilla, Natrium muriaticum, Rhododendron, Rhus toxicodendron, Ruta

Symptome	Indikationen	Medikamente
	Verschlechterung bei fortgesetzter Bewegung	Bellis perennis, Rhus toxicodendron, Ruta
	Verschlechterung bei Wärme, durch Bewegung	Arnica, Bryonia, Ledum, Pulsatilla, Rhododendron
	Grundbehandlung	Calcium carbonicum, Calcium fluoratum, Calcium phosphoricum, Silicea
Bluterguss		Arnica, Bellis perennis
Knochenbruch		Hekla Lava, Symphytum
Knochenentkalkung		Calcium carbonicum, Calcium fluoratum, Calcium phosphoricum, Hekla Lava
Knochenwucherungen		Calcium fluoratum, Causticum, Harpagophytum, Hekla Lava, Ruta, Symphytum
Schock, Überanstrengung	körperlich	Arnica
Verrenkung		Bellis perennis, Bryonia, Calcium carbonicum, Calcium fluoratum, Calcium phosphoricum, Ledum, Rhododendron, Rhus toxicodendron, Ruta, Silicea, Symphytum

Mittelbeschreibungen – akute Bewegungsstörungen

Im Anschluss finden Sie die im Repertorium genannten homöopathischen Mittel in alphabetischer Reihenfolge, die Sie bei Bewegungsstörungen Ihrer Katze einsetzen können.

Acidum formicicum

Alle akuten oder chronischen Gelenkerkrankungen, die plötzlich auftreten und mit starken Schmerzen verbunden sind, durch nasse Kälte oder durch Bewegung (im Gegensatz zu Rhus toxicodendron) verschlimmert werden, obwohl der Patient sich gerne bewegen möchte, und durch Wärme gebessert werden, benötigen Acidum formicicum (auch »Formica rufa« genannt). Ein weiteres Symptom sind wandernde Schmerzen.

Acidum formicicum D 6: 3 x täglich 1 Gabe, 1–2 Wochen lang.

Arnica montana

Ein Mittel gegen Blutergüsse und einsetzbar nach Traumen, Schlägen, Sturz, Prellungen oder Verrenkungen bzw. Verstauchungen. Die Schwellung tritt unter der Eingabe von Arnica zurück, da es den Bluterguss auflöst. Schmerzen verschwinden so ganz automatisch. Ruhe bessert den Zustand der Katze, sie zeigt aber trotzdem einen gesteigerten Bewegungsdrang. Meist tritt ein solches Verhalten nach einem Autounfall auf. Bei offenen Wunden mit starken Blutungen sollte man vorsichtig mit dem Mittel umgehen, da es die Blutung verstärken kann. Bellis perennis und Rhus toxicoden-

dron zeigen dagegen Schmerzen bei beginnender Bewegung, die aber bei fortgesetzter Bewegung nachlassen.
Bei Nasen- oder Blasenbluten durch ein Trauma oder bei anderen körperlichen Schockzuständen kann Arnica ebenfalls eingesetzt werden. Die Katze kann Berührungen oder Massagen nicht ertragen, wenn sie das Mittel benötigt, sie wird versuchen zu kratzen oder zu beißen. Kaltes und feuchtes Wetter verschlimmert die Schmerzen, was ebenfalls auf Arnica hindeutet. Selbst zu einem späteren Zeitpunkt kann Arnica noch eingesetzt werden, auch wenn der Unfall schon längere Zeit her ist. Selbst alte körperliche Überanstrengungen oder Traumen reagieren in der Regel noch gut auf die Verabreichung von Arnica. Es hilft bei Schwäche, Muskelschmerzen, Erschöpfung oder Herzschwäche und deren Folgen.
Arnica montana D 6: 3x 1 Gabe alle 15–30 Minuten im Akutfall, je nach Schwere des Zustandes, danach 3x täglich 1 Gabe, 1–2 Wochen lang.
Bei chronischen Folgen oder schweren Schockzuständen Arnica montana D 30: 1x täglich 1 Gabe, 3–5 Tage lang.
Folgen körperlicher Verletzungen reagieren meist auch gut auf Mittel wie Ignatia, Nux vomica, Opium oder Staphisagria (siehe Kapitel »Homöopathische Konstitutionstypen«).
Äußerlich kann Arnica ebenfalls angewendet werden, um Prellungen oder Blutergüsse zu versorgen.

Bellis perennis

Das Mittel wird eingesetzt, wenn Arnica nicht den gewünschten Erfolg bringt. Es passt ebenso zu den Folgen eines

Traumas und zu Verletzungen oder kleineren Blutergüssen. Die Katze zeigt auch hier Bewegungsdrang, es bessert sich aber das Befinden durch fortgeführte Bewegung im Gegensatz zu Arnica. Im Gegensatz zu Arnica verträgt die Katze auch eine Massage und empfindet sie als angenehm (siehe auch Rhus toxicodendron). Das Mittel wird bei Schmerzen zur Linderung eingesetzt, bei Quetschungen, nach schweren Geburten oder Unterleibsoperationen und fördert die schnellere Heilung. Das Mittel kann ebenso wie Arnica auch äußerlich eingesetzt werden.
Bellis perennis D 6: 3x täglich 1 Gabe, 1–2 Wochen lang.

Bryonia

Schmerzende Gelenke, die durch akute oder chronische Gelenkentzündungen entstehen, reagieren gut auf Bryonia. Das Gelenk ist geschwollen, heiß und meist schmerzhaft, gespannt und eventuell auch gerötet. Eine Verschlimmerung entsteht, wenn das schmerzende Gelenk berührt wird oder durch einen Druckverband Druck auf dem Gelenk entsteht. Bewegung verschlechtert ebenfalls das Befinden der Katze, so dass sie lieber unbeweglich liegen bleibt, um diesem Schmerz zu entgehen.
Durch trockene Schleimhäute besteht ein starkes Durstgefühl, wodurch große Mengen auf einmal getrunken werden. Trockene Kälte kann die Schmerzen ebenfalls verschlimmern. Bryonia ist ein Mittel, das überwiegend rechtsseitige Beschwerden zeigt.
Bryonia D 6: 3x täglich 1 Gabe, 1–2 Wochen lang.

Harpagophytum

Die Teufelskralle wirkt bei Knochenwucherungen der größeren Gelenke und kann auch hilfreich bei anderen Gelenkbeschwerden eingesetzt werden.
Harpagophytum D 6: 3 x täglich 1 Gabe, 2–3 Monate lang.

Hekla Lava

Das Vulkangestein löst im Urzustand Knochenwucherungen aus und kann diese als Heilmittel in potenzierter Form günstig beeinflussen. Es kann mit Symphytum unterstützend verabreicht werden zur Heilung von Knochenbrüchen, bei denen der Bruch mit Nägeln oder Platten versorgt werden musste.
Hekla Lava D 6: 3 x täglich 1 Gabe, 2–3 Monate lang.

Ledum

Für Veränderungen an den Zehengelenken und der Gelenkkapsel ist Ledum ein hervorragendes Mittel. Verschlimmerungen treten durch Wärme (z. B. warme Umschläge) auf, Kälte bessert die Schmerzen. Bewegung bessert nicht, was an der Entzündung des Gelenks liegen mag, die wiederum gut zu dem Leitbild von Ledum passt. Entzündungen breiten sich von unten nach oben aus (bei Rhododendron umgekehrt). Lahmheit kann diagonal auftreten, z. B. vorne rechts und hinten links. Treten diese Symptome auf, kann Ledum der Katze schnell helfen. Ebenso wird Ledum bei Schnitt- und Stichwunden (siehe auch Staphisagria) im Wechsel mit Hypericum, das gut auf die Nerven wirkt, eingesetzt.
Ledum D 6: 3 x täglich 1 Gabe, 3–4 Wochen lang.

Lycopodium

Da auch Stoffwechselprobleme Gelenkerkrankungen hervorrufen können, ist Lycopodium zum Ausschwemmen von Schadstoffen einzusetzen. Es entlastet die Leber und die Nieren und kann somit zu einer Heilung einer Gelenkentzündung beitragen. Die Glieder wirken steif, und Bewegung bessert die Symptomatik der Katze, wenn das Mittel angezeigt ist.

Lycopodium D 6: 3 x täglich 1 Gabe, 1–2 Wochen lang.

Pulsatilla

Wechselnde Symptome sind ein Hinweis auf Pulsatilla, die Beschwerden wandern von einem Gelenk zum anderen, die Intensität verändert sich ständig, und meist treten die Beschwerden rechtsseitig auf. Die Katze hat meist Probleme bei den ersten Schritten nach dem Aufstehen (siehe auch Rhus toxicodendron, aber nicht so heftig wie dort). Anfängliche Bewegung verschlimmert die Schmerzen, danach tritt eine Besserung ein, die sich aber wieder verschlechtert, wenn die Bewegung zu lange anhält. Ebenso tritt abends eine Verschlechterung auf; Wärme sowie Kälte bessern den Zustand nicht. Kalte Umschläge hingegen können manchmal Besserung bringen. Bei Aufenthalt an der frischen Luft und im Freien gibt es eine Besserung des Zustandes.

Wenn das Mittel zur Katze passt, kann es auch als Konstitutionsmittel angewendet werden (siehe Kapitel »Homöopathische Konstitutionstypen«).

Pulsatilla D 30: 1 x täglich 1 Gabe, 3–4 Wochen lang, eventuell länger.

Rhododendron

Die Zehengelenke und die Gelenkkapseln reagieren gut auf Rhododendron, wenn eine Verschlimmerung der Beschwerden bei kaltem und nassem Wetter auftritt und Anlaufprobleme wie bei Rhus toxicodendron bestehen, wenn auch weniger ausgeprägt. Bei Gewitter, Sturm oder Regen tritt eine starke Wetterfühligkeit auf, was die Beschwerden dann verschlimmert. Die Symptome verlagern sich von oben nach unten (bei Ledum entgegengesetzt).

Rhododendron D 6: 3 x täglich 1 Gabe, 2–3 Wochen lang.

Rhus toxicodendron

Die Durchblutung wird durch Rhus toxicodendron angeregt, wodurch Ablagerungen in Gelenken schnell abtransportiert werden. Das Mittel hilft bei Verrenkungen und Zerrungen von Muskeln und Sehnen und bei Muskelkater (siehe auch Arnica). Verschlimmerungen treten bei beginnender Bewegung bei diesem Mittel sehr stark auf (stärker als bei Calcium carbonicum und Pulsatilla), die Beschwerden bessern sich aber bei fortgeführter Bewegung. Dauert die Bewegung zu lange an, verschlechtert sich der Zustand wieder. Die Katze versucht trotz Schmerzen, sich durch Bewegung Linderung zu verschaffen. Massage und Wärme bessern schmerzhafte Zustände. Auch dieses Mittel wird bei rechtsseitigen Symptomen vermehrt eingesetzt. Es kann bei akuten und chronischen Erkrankungen heilen. Auslöser für die Beschwerden sind häufig körperliche Anspannung oder Überhitzung, auf die plötzliche Abkühlung durch nasse Kälte folgte.

Rhus toxicodendron D 6: 3 x täglich 1 Gabe, 3–4 Wochen lang.

Ruta

Erkrankungen der Sehnen und der Knochenhaut benötigen Ruta. Es kann hervorragend mit Arnica, Bellis perennis oder Symphytum zusammen verabreicht werden. Bei Verrenkungen mit Blutergüssen wendet man es zusammen mit Arnica an, bei Verrenkungen mit Gewebsverlust mit Bellis perennis und bei Schädigungen der Knochenhaut mit Symphytum.
Ruta D 6: 3 x täglich, 1 Gabe 2–3 Wochen lang.

Sulfur

Durch Ablagerungen von Stoffwechselprodukten können Gelenkentzündungen entstehen. Durch die Gabe von Sulfur wird eine Entgiftung in Gang gesetzt, die dafür sorgt, dass die Gelenkentzündungen zurückgehen können. Das Mittel wird benötigt, wenn Verschlechterungen durch Nässe, Kälte und Wetterwechsel und Besserungen durch Wärme oder Bewegung auftreten.
Sulfur D 6: 3 x täglich 1 Gabe, 1–2 Wochen lang.

Symphytum

Bei Knochenbrüchen und Knochenwucherungen wird Beinwell eingesetzt. Es hilft dem gebrochenen Knochen, schneller Callus zu bilden und den Bruch zu heilen. Bei Knochenwucherungen kann Symphytum mit Hekla Lava zusammen verabreicht werden.
Symphytum D 6: 3 x täglich 1 Gabe 2–3 Monate lang.

Viscum album

Steife, schmerzhafte Gelenke bei alten Katzen (siehe auch Causticum) helfen der Katze, sich wieder besser bewegen zu können.

Viscum album D 6: 3 x täglich 1 Gabe, 1–2 Wochen lang.

Joschi ist vom Tisch gefallen!

Die Besitzerin von Joschi rief mich ganz aufgeregt an: Ihr geliebter Joschi hatte sich bei einem Sprung verschätzt und war rücklings auf den Boden gefallen. Leider landen Katzen nicht immer auf allen vier Pfoten, vor allem, wenn die Sprunghöhe zu niedrig ist. Gerade geringe Höhen sorgen auch bei Katzen für Prellungen, Brüche oder Verrenkungen der Gliedmaßen. Nun konnte Joschi nicht mehr springen, und er bewegte sich sehr, sehr vorsichtig. Alles deutete darauf hin, dass er bei seinem Unfall eine Prellung davongetragen hatte.

Ich riet der Besitzerin zu Arnica C 30, das sie ihm die nächsten drei Tage einmal täglich verabreichen sollte. Beim nächsten Telefonat erzählte sie mir, dass Joschi schon eine Stunde nach der ersten Gabe von Arnica wieder auf seinen geliebten Platz auf dem Schrank gesprungen sei und seither keine Bewegungsstörungen mehr zeigte.

Mittelbeschreibungen – chronische Bewegungsstörungen

Arthrose und Arthritis sind leider auch bei unseren Katzen ein Thema geworden. Die Katzen werden älter als zu früheren Zeiten und haben unsere Zivilisationskrankheiten damit übernommen. Durch erbliche Veranlagung, hormonelle Störungen oder ein Trauma, aber auch durch Fehlbelastung oder Überanstrengung und im schlimmsten Fall auch durch eine falsche Ernährung kann es zu chronischen Gelenkentzündungen oder Gelenkveränderungen kommen, die der Katze dann Schmerzen und Bewegungsprobleme bereiten. Mehr oder weniger schweres Lahmen ist die Folge.

Erkrankungen dieser Art müssen immer vom Tierarzt abgeklärt und in schlimmen Fällen eventuell sogar durch eine Operation behoben werden. In vielen Fällen kann aber eine homöopathische Behandlung der Katze Erleichterung verschaffen oder wenigstens begleitend eingesetzt werden.

Causticum

Alte Katzen benötigen häufig Causticum. Wenn Knochenrückbildungen zu erkennen sind und die Katze sich sehr steif bewegt und/oder wenn langsam Muskelschwund einsetzt, sollte dieses Mittel gewählt werden. Häufig magert die Katze auch langsam ab und/oder verliert unwillkürlich Urin. Bei Krämpfen oder einer Lähmung sollte ebenfalls an dieses Mittel gedacht werden. Ein weiterer Hinweis kann ein Buckel im Stehen sein. Besserung kann durch Bewegung einsetzen, aber nicht so stark wie bei Rhus toxicodendron.

Causticum D 30: 1 x täglich 1 Gabe, 1–2 Wochen lang.

Dulcamara

Feuchtigkeit löst bei der erkrankten Katze Lahmen aus. Alles verschlimmert sich durch feuchte Kälte. Dadurch lässt sich das Mittel schlecht von Rhus toxicodendron abgrenzen. Soll-

te Rhus toxicodendron nicht den gewünschten Erfolg bringen, ist Dulcamara vermutlich das richtige Mittel.
Dulcamara D 6: 3 x täglich, 1 Gabe, 3–4 Wochen lang.

Harpagophytum

Die Teufelskralle kann eingesetzt werden, um Schmerzfreiheit in den Gelenken zu erreichen und einer weiteren Zerstörung des Gelenkknorpels vorzubeugen.
Harpagophytum D 6: 3 x täglich 1 Gabe, 1–2 Monate lang.

Natrium muriaticum

Bei Natrium muriaticum liegen oft neben Arthrose auch Harnwegserkrankungen vor. Kälte verschlimmert, und die Katze kann gereizt erscheinen. Bewegung ist ihr unangenehm, also genau das Gegenteil von Rhus toxicodendron.
Natrium muriaticum D 30: 1 x täglich 1 Gabe, 2–3 Wochen lang.

Pulsatilla

Steif wirkende Gelenke, denen fortgesetzte Bewegung guttut, sind hier ein Wegweiser für das Mittel. Die Katze hat wechselnde Beschwerden und wechselt auch ständig ihren Liegeplatz. Kühle Luft tut ihr gut. Die Gelenke werden durch eine träge Verdauung beeinflusst und schwellen an, weil Abfallprodukte nicht abtransportiert werden können.
Pulsatilla D 30: 1 x täglich 1 Gabe, 1–2 Wochen lang.

Rhus toxicodendron

Das Leitsymptom vom Giftsumach ist das Einlaufen der Katze nach anfänglichen Bewegungsstörungen. Nach zu langer

Bewegung verschlechtert sich allerdings die Bewegung wieder. Das Krankheitsbild wird durch Nässe, Kälte oder Überanstrengung ausgelöst. Meist sind rheumatische Erkrankungen für die Katze ein Problem.
Rhus toxicodendron D 6: 3 x täglich 1 Gabe, 2–3 Wochen lang.

Mittelbeschreibungen – Bandscheibenvorfall

Die Bandscheibe ist ein mit Flüssigkeit gefüllter Kern, der als Stoßdämpfer für die Wirbel fungiert. Dieser Kern kann durch Veränderungen zwischen den Wirbeln hervorquellen, was dann sehr schmerzhaft für die Katze ist. Sie kann durch ein Verschieben der Zwischenwirbelpuffer, die sich meist verknöchert haben, Bewegungseinschränkungen in der Wirbelsäule bekommen.
Die Beschwerden können sich allmählich entwickeln oder plötzlich auftreten. Oft ist ein Sprung aus großer Höhe der Auslöser, aber auch hormonell bedingte Veränderungen des Stoffwechsels können den Vorfall herbeiführen. Durch einen Schmerzlaut erkennt man die Problematik der Katze meist sehr schnell. Es kann zu zeitweiligen Bewegungseinschränkungen oder sogar zu totalen Lähmungen der Vorder- oder Hinterläufe kommen. Die Katze kann sich dann nur noch robbend fortbewegen und scheuert sich dabei möglicherweise die Läufe auf. Weitere Beeinträchtigungen sind neurologischer Art: Entleerungsprobleme der Blase und ein Erschlaffen der Schwanzmuskulatur, wodurch die Katze unsauber werden kann und für andere Katzen im Haushalt körper-

sprachlich nicht mehr einschätzbar ist. Katzen benutzen ihren Schwanz auch zur Kommunikation untereinander. Deshalb sollte man darauf achten, ob es unter den Katzen zu Verhaltensproblemen kommt, und sie eventuell vorübergehend voneinander trennen.

Es muss wohl nicht erwähnt werden, dass die Einbeziehung des Tierarztes hier ein Muss ist. Die Homöopathie hat aber schon manchem aufgegebenen Patienten helfen können. Einen Versuch ist es wert, wenn das Tier sich dabei nicht quält. Unterstützend kann Rotlicht eingesetzt werden, und vorsichtige Massagen unterstützen die Muskulatur, um einer Muskelerschlaffung entgegenzuwirken. Für die Zukunft sollte darauf geachtet werden, dass die Katze möglichst wenig springt.

Im Anschluss finden Sie die im Repertorium genannten homöopathischen Mittel in alphabetischer Reihenfolge, die Sie bei Bandscheibenerkrankungen Ihrer Katze einsetzen können.

Arnica montana

Bei einem Bandscheibenvorfall können auch Blutergüsse entstehen, die dann auf das Nervengewebe drücken. Arnica beseitigt diese Blutergüsse und nimmt die Schwellung, sodass die Schmerzen zurückgehen. Man sollte möglichst früh mit der Eingabe beginnen, um eine Lähmung zu vermeiden, die durch eine Schwellung und somit durch Druck auf die Nerven entstehen könnte.

Arnica D 6: 3 x alle halbe Stunde 1 Gabe, später 3 x täglich 1 Gabe, 2–3 Wochen lang.

Bryonia

Bewegt sich die Katze überhaupt nicht mehr und zeigt sie bei jeder Bewegung Schmerzverhalten, sollte Bryonia eingesetzt werden.

Bryonia D 12: 2 x täglich 1 Gabe, 2–3 Wochen lang.

Calcium carbonicum

Die größeren Katzenrassen reagieren oft gut auf dieses Mittel, vor allem wenn der Bandscheibenvorfall im Nackenbereich liegt. Es kann auch als Basisbehandlung bei einem Bandscheibenvorfall eingesetzt werden. Sollte das Mittel nicht wirken, gibt man im Anschluss Silicea. Wenn Silicea nicht geholfen hat, greift man noch einmal auf Calcium carbonicum zurück. Wirkt das Mittel gut, kann im Anschluss eine Hochpotenz C 30 oder C 200 einmal monatlich versucht werden.

Calcium carbonicum D 12: 2 x täglich 1 Gabe, 3–4 Wochen lang.

Causticum

Ist es durch einen Bandscheibenvorfall zu einer Störung der Blasenfunktion gekommen, wird Causticum eingesetzt. Meist besteht dann eine Lähmung der Blasenwand, und die Blase könnte überdehnt werden, weil die Entleerung gestört ist. Causticum kann in diesem Fall auch mit Petroselinum D 6 kombiniert werden. Bleibt ein Teil des Urins zu lange in der Blase, kann eine Blasenentzündung entstehen, die durch trockene Kälte verschlimmert wird (siehe auch Dulcamara und Rhus toxicodendron). Das Mittel kann eventuell auch dauerhaft gegeben werden, wenn es nötig erscheint.

Causticum D 12: 1 x täglich 1 Gabe 3–4 Wochen lang.

Ginkgo biloba

Dieses Mittel sorgt in vielen Bereichen für eine bessere Durchblutung, was zur Heilung im Lendenbereich der Wirbelsäule bei einem Bandscheibenvorfall sehr nützlich sein kann.

Ginkgo biloba D 2: 3 x täglich 1 Gabe, 3 Wochen lang.

Hypericum

Alle Verletzungen mit Nervenbeteiligung benötigen Hypericum. Dabei ist es gleichgültig, ob die Verletzung im Nervengewebe selbst oder in nervenreichem Gewebe besteht. Es kann zusammen mit Arnica angewendet werden und sollte möglichst im Anfangsstadium eines Bandscheibenvorfalls gegeben werden.

Hypericum D 6: 3 x 1 Gabe im Abstand von 2 Stunden, danach 3 x täglich 1 Gabe, 1–2 Wochen lang.

Lachesis

Das Schlangengift hilft bei entzündlichen Prozessen und auch bei Bandscheibenvorfall, wenn dieser im Halsbereich besteht.

Lachesis D 6: 3 x täglich 1 Gabe, 1–2 Wochen lang.

Lachnantes tinctoria

Bei starken Nackenbeschwerden, die durch einen Bandscheibenvorfall ausgelöst wurden, kann dieses Mittel helfen.

Lachnantes tinctoria D 4: 3 x täglich 1 Gabe, 1–2 Wochen lang.

Nux vomica

Dies ist eines der ersten Mittel, die man bei einem Bandscheibenvorfall einsetzen sollte, vor allem wenn wechselnde Lähmungen der Hinterläufe bestehen. Sie sind dann im Wechsel steif oder schlaff. Nux vomica nimmt Einfluss auf die Reizleitung im hinteren Teil des Rückenmarks und somit auch auf die Blasen- und Darmtätigkeit (im Gegensatz zu Petroselinum, das direkt das Zusammenziehen der Blasenmuskulatur stimuliert).

Nux vomica D 6: 3 x 1 Gabe alle 2 Stunden, danach 3 x täglich 1 Gabe, 3 Wochen lang.

Petroselinum

Probleme der Blasenwandmuskulatur können mit Petroselinum D 2 behandelt werden; die Behandlung kann mit Causticum unterstützt werden. In dieser Potenz zieht Petroselinum die Muskulatur der Blasenwand zusammen. Ist die Blasenwand teilweise gelähmt, kann zu viel Restharn in der Blase verbleiben, was dann zu einer Überfüllung, einer Überdehnung und einer Blasenentzündung führen kann. In diesem Fall sollte die D 6 verabreicht werden. Bei Bandscheibenpatienten muss immer darauf geachtet werden, dass genügend Harn und Kot abgesetzt werden. Sollte dies nicht der Fall sein, muss die Katze zum Tierarzt gebracht werden.

Petroselinum D 2 oder D 6: 3 x täglich 1 Gabe, 3 Wochen lang. Bei der alten Katze mit einer nicht mehr reparablen Blasenfunktionsstörung kann das Mittel als Dauermedikation eingesetzt werden.

Plumbum metallicum

Nach einem Bandscheibenvorfall kann es durch eine Störung der Nervenversorgung zu Muskelschwund kommen, und genau dort setzt dieses Mittel an.

Plumbum metallicum D 12: 2x täglich 1 Gabe, 3–4 Wochen lang.

Rhus toxicodendron

Treten keine Nervenausfälle auf und die Katze hat nur Rückenschmerzen, was sich durch einen aufgekrümmten Rücken zeigen kann, sollte man an Rhus toxicodendron denken. Die Katze hat Startprobleme, läuft sich dann aber ein, Verschlechterung gibt es durch kaltes und nasses Wetter.

Rhus toxicodendron D 30: 1x täglich 1 Gabe, 2–3 Wochen lang.

Silicea

Dieses Mittel wirkt besonders bei einem Bandscheibenvorfall im Halsbereich (siehe auch Calcium carbonicum). Nach einigen Tagen können die Beschwerden verschwinden. Verschlimmert das Mittel allerdings die Symptome, sollte es sofort abgesetzt werden und Calcium carbonicum gegeben werden.

Silicea D 12: 2x täglich 1 Gabe, 3–4 Wochen lang. Danach kann es als Kur immer wieder gegeben werden oder in der Potenz C 200 1x im Monat.

Strychninum nitricum

Sind die Hinterläufe nach einer Bandscheibenbehandlung noch schlaff, kann Strychninum nitricum durch eine Sen-

kung der Reizschwelle dazu verhelfen, dass die Nervenimpulse im Rückenmark besser weitergeleitet werden.
Strychninum nitricum D 12: 2x täglich 1 Gabe, 3–4 Wochen lang.

Moni (18 Jahre alt) mag sich nicht mehr bewegen

Moni war eine schon recht alte Katze, und neben einer Nierenerkrankung gesellten sich nun anscheinend auch Bewegungsstörungen hinzu. Durch ihre Bewegungseinschränkungen litt sie auch noch an ständiger Verstopfung, die bei ihr zu Bauchschmerzen führte.
Da Moni sich nicht einlief, wenn sie sich bewegte, sondern nach kurzer Zeit sofort wieder lag, griff ich zu Bryonia D 6, das sie dreimal am Tag bekam. Schon nach der ersten Verabreichung merkte der Besitzer, wie gut ihr das Mittel tat, denn sie lief nach kurzer Zeit ohne Anzeichen von Schmerzen herum. Da ich nicht wusste, ob Bryonia ihr so weit helfen würde, dass sie die Verstopfungsprobleme ebenfalls los wäre, ließ ich ihrem Besitzer auch noch Opium C 30 vor Ort, das er ihr einmal täglich geben sollte, falls sie es benötigte.
Bryonia half ihr einige Wochen wunderbar, auch in Bezug auf ihre Verstopfung; danach brauchte sie doch alle zwei bis drei Wochen auch eine Gabe Opium, um ihren Darmtrakt auf Trab zu halten. Moni wurde gute 20 Jahre alt.

Geschlechtsorgane

Repertorium zu Geschlechtsorganen

Diese Gesamtübersicht beschreibt die homöopathischen Mittel, die bei Erkrankungen der Geschlechtsorgane bei Katzen und Katern in Betracht gezogen werden können. Genauere Anweisungen finden Sie in den Beschreibungen der nachfolgenden homöopathischen Mittel.

Symptome	Indikationen	Medikamente
Deckunlust	dabei aggressiv	Sepia
	dabei ängstlich bzw. unsicher	Pulsatilla
Gebärmutter	allgemein	Echinacea angustfolia, Lachesis, Pyrogenium
Gebärmutterblutung		Hamamelis, Millefolium, Secale cornutum
Gebärmutterentzündung		Caulophyllum, Echinacea angustifolia, Hepar sulfuris, Hydrastis, Kalium jodatum, Pulsatilla, Sabina, Secale cornutum, Sepia
Gestörte Samenzellenbildung		Cimicifuga, Pulsatilla
Hodenhochstand		Cimicifuga, Pulsatilla

Symptome	Indikationen	Medikamente
Hyperaktives Deckverhalten beim Kater		Platinum, Staphisagria
Impotenz		Acidum phosphoricum, Agnus castus, Arnica, Damiana, Ginseng
Milchmangel		Agnus castus, Alfalfa, Asa foetida, Chamomilla, Urtica urens
Nachgeburt geht nicht ab		Caulophyllum, Sabina, Secale cornutum
Nymphomanisches Verhalten		Apis mellifica, Aurum metallicum, Cimicifuga, Murex purpureus, Platinum
Verwachsungen im Bauch		Graphites, Sepia, Silicea
Wehenschwäche		Caulophyllum, Sabina, Secale cornutum
Wird nicht rollig		Cimicifuga, Pulsatilla

Genitalien und Gebärmutter der Katze

Erst durch den Deckakt wird bei der Katze der Eisprung ausgelöst. Die Spermien des Katers haben einen beschwerlichen Weg vor sich, wenn der Deckakt vollzogen wurde. Nicht alle Spermien erreichen ihr Ziel, was am sauren Milieu der Scheide und der Geburtsgänge der Katze liegt. In dieser für die Spermien unwirtlichen Welt sterben viele von ihnen ab, und die Vorauswahl hat damit bereits begonnen: Die Natur hat vorgesehen, nur die stärksten und gesündesten Spermien zum Zuge kommen zu lassen. Erreicht das Spermium den Ort seiner Bestimmung, trifft es auf einige der Eizellen, die pro Brunst aus dem Eileiter freigegeben werden. Es durchdringt die äußere Hülle einer Eizelle, und neues Leben kann entstehen. Oft sind verschiedene Kater die Väter der kleinen Kätzchen, weil nicht alle Spermien eines Katers es bis zu den Eizellen schaffen. So kann beim nächsten Deckakt mit einem anderen Kater wiederum ein Ei von einem anderen Kater befruchtet werden.

Die häufigsten Erkrankungen entstehen an den inneren Geschlechtsorganen, zu denen Gebärmutter, Eileiter und Eierstöcke gehören. Die Gebärmutterentzündung ist dabei wohl die am häufigsten auftretende Erkrankung. Vermehrter eitriger Ausfluss aus der Scheide, Durst, Fieber, Schwäche, Störungen in der Fellbeschaffenheit und größerer Bauchumfang können auftreten. In schweren Fällen kann es auch zu Durchfall und Erbrechen kommen. Wird die Gebärmutterentzündung nicht behandelt, kann die Katze sogar daran sterben.

Mittelbeschreibungen – Gebärmutterentzündung

Im Anschluss finden Sie die im Repertorium genannten homöopathischen Mittel, die Sie bei einer Gebärmutterentzündung Ihrer Katze zusätzlich zur tierärztlichen Behandlung einsetzen können. Es ist wichtig, bei den geringsten Anzeichen einer Gebärmutterentzündung den Tierarzt aufzusuchen!

Caulophyllum

Das Mittel wird zwar eher zur Anregung der Wehen und Erweichung des Muttermundes angewandt, kann aber in niedriger Potenz auch das Austreiben der Absonderungen aus der Gebärmutter fördern.

Caulophyllum D 3: 3 x täglich 1 Gabe, 1–2 Wochen lang.

Echinacea angustifolia

Das Mittel stärkt die körpereigenen Abwehrkräfte und kann in den ersten Tagen bei einer akuten Gebärmutterentzündung helfen.

Echinacea angustifolia D 1: 3 x täglich 1 Gabe, 7–10 Tage lang.

Hepar sulfuris

Hepar sulfuris ist ein hervorragendes Mittel, das bei Eiterungen eingesetzt wird. Tritt Eiter mit Blut vermischt aus der Scheide aus, hat sich in der Gebärmutter eine Ansammlung entwickelt, die mit Bauchschmerzen verbunden ist. Mit Hepar sulfuris, kombiniert mit Caulophyllum, kann der Katze begleitend zur tierärztlichen Behandlung geholfen werden.

Hepar sulfuris D 6 und Caulophyllum D 3: je Mittel 3 x täglich 1 Gabe, 2–3 Wochen lang.

Hydrastis

Ist der Ausfluss bei einer chronischen Gebärmutterentzündung schleimig und zäh und nicht eitrig, sollte Hydrastis mit Kalium bichromicum in Kombination angewendet werden.

Hydrastis D 6 und Kalium bichromicum D 6: jeweils 3 x täglich 1 Gabe, 2–3 Wochen lang.

Kalium jodatum

Bei älteren Tieren ist Kalium jodatum angezeigt, wenn nur eine leichte Gebärmutterschleimhautentzündung besteht.
Kalium jodatum D 6: 3 x täglich 1 Gabe, 6–10 Tage lang.

Pulsatilla

Mit Pulsatilla kann die Durchblutung der Gebärmutter angeregt werden. Die zusätzliche Durchblutung kann die Regeneration der Schleimhaut beschleunigen und zu einer schnelleren Heilung beitragen. Meist ist die Vagina der Katze bei einer Entzündung der Gebärmutter, die nach Pulsatilla verlangt, mit betroffen und es besteht schleimig-eitriger Ausfluss. Die Katze ist beim Deckakt ängstlich und unsicher und entspricht so dem Pulsatilla-Erscheinungsbild.
Pulsatilla D 30: 1 x täglich 1 Gabe, 3–4 Wochen – oder bei einer Übereinstimmung mit dem Konstitutionstyp C 30, 1 x täglich 1 Gabe, 5–6 Tage lang.

Sabina

Wie Caulophyllum sorgt auch Sabina für ein verstärktes Zusammenziehen der Gebärmutterschleimhaut und kann so zum Austreiben anregen (Welpen, Nachgeburt, Eiter und Blut z. B.).
Sabina D 2: 1 x alle Stunde 1 Gabe, um Blut und Eiter auszutreiben, anschließend 3 x täglich 1 Gabe, 1–2 Wochen lang.
Als Unterstützung bei der Geburt oder zum Austreiben der Nachgeburt kann die Potenz D 4 angewendet werden und während oder nach der Geburt verabreicht werden.

Secale cornutum

Da Secale cornutum das Zusammenziehen der Gebärmutter verstärkt, kann es mit Sabina kombiniert in der D6 gegeben werden. Wird es als blutstillendes Mittel eingesetzt, wendet man tiefere Potenzen an, kombiniert sie aber nicht mit Sabina.
Secale cornutum D 3: 3 x täglich, 1 Gabe, 1–2 Wochen lang.

Sepia

Alte Katzen sprechen meist gut auf Sepia an, wenn der Ausfluss rotbraun hervortritt und stinkt. Es wird bei chronischer Gebärmutterentzündung eingesetzt. Katzen, die Sepia benötigen, sind meist auch in gesundem Zustand reizbar und aggressiv. Sie neigen auch zum Vorfall der Vaginawand, die als Kugel sichtbar auftreten kann.
Sepia D 30: 1 x täglich 1 Gabe, 2–3 Wochen lang.

Mittelbeschreibungen – Gebärmutterblutungen

Die Behandlung von Blutungen jeder Art gehört in die Hand des Tierarztes. Kleine Blutungen können begleitend homöopathisch behandelt werden.
Nach der Geburt können Blutungen auftreten, wenn die Nachgeburt in der Plazenta Wunden hinterlassen hat.
Wichtig: Der Tierarzt muss in jedem Fall aufgesucht werden, wenn größere Mengen Blut aus der Vagina fließen, wenn das Blut frisch ist und Blutgerinnsel enthält und wenn nach einigen Tagen keine Besserung eintritt!

Hamamelis

Bei Schleimhautblutungen hilft Hamamelis mit Millefolium zusammen als Allgemeinmittel, auch bei Gebärmutterblutungen.

Hamamelis D 6 mit Millefolium D 6: jeweils 3 x täglich 1 Gabe, 2–3 Wochen lang.

Millefolium

Siehe *Hamamelis.*

Secale cornutum

Secale cornutum fördert das Zusammenziehen der Blutgefäße und kann bei kleineren Blutungen der Gebärmutter eingesetzt werden.

Secale cornutum D 3: 3 x täglich 1 Gabe, 2–3 Wochen lang.

Ustilago maydis

Dieses Mittel wirkt bei kleineren Blutungen blutstillend und kann ebenso wie Secale cornutum bei kleineren Blutungen der Gebärmutter angewendet werden.

Ustilago maydis D 3: 3 x täglich 1 Gabe, 2–3 Wochen lang.

Mittelbeschreibungen – Geburtshilfe

Die Tragzeit der Katze beträgt etwas über zwei Monate. Zum Ende dieser Zeit versucht sich die Katze ein Nest zu bauen, um die Welpen sicher gebären zu können. Man kann ihr einen großen geschlossenen Karton mit einem Eingang an einer

Seite anbieten, den man mit genügend aufsaugendem Material auslegt, und hoffen, dass sie ihn lieber annimmt als den Wäscheschrank. Etwa anderthalb Tage vor der Geburt stellt sich der Hormonspiegel der Katze um, und die Geburtswege werden vermehrt durchblutet. Der Geburtskanal wird dadurch weicher und dehnbarer, was die Geburt erleichtert. Die Vorwehen setzen zuerst in langen und später in immer kürzeren Abständen ein, bis die Geburt beginnt. Zu dieser Zeit haben sich die Welpen in die Geburtslage gedreht.
Durch unruhiges Verhalten und Verkriechen zeigt die Katze an, dass es bald so weit sein wird. Nun sollte die Katze zwar beobachtet, aber in Ruhe gelassen werden. Nur wenn der Verdacht besteht, dass Komplikationen auftreten könnten, oder diese tatsächlich auftreten, muss eingegriffen werden. Am besten bespricht man diese Vorgänge vorab mit dem Tierarzt, um vorbereitet zu sein.
Im Anschluss finden Sie homöopathische Mittel, die Sie bei Geburtskomplikationen Ihrer Katze zusätzlich zur tierärztlichen Behandlung einsetzen können. Es ist wichtig, bei den geringsten Anzeichen von Komplikationen den Tierarzt hinzuzuziehen!

Arnica montana

Arnica montana stabilisiert den Kreislauf und kann bei Blutergüssen oder körperlicher Überanstrengung helfen. Es sollte allerdings nie bei starken Blutungen eingesetzt werden, da das Mittel die Blutungsneigung eher verstärkt.
Arnica montana D 6: 3 x täglich 1 Gabe am Tag der Geburt und eventuell danach, wenn keine Blutungen bestehen.

Caulophyllum

Besteht eine Wehenschwäche, kann das Mittel auch während der Geburt eingesetzt werden. Vorbeugend kann Caulophyllum bereits am Vortag der Geburt gegeben werden.
Caulophyllum D 6: alle 30 Minuten bei Wehenschwäche während der Geburt oder 3 x täglich am Tag vor der Geburt 1 Gabe.

Cimicifuga

Sollten die Abstände zwischen den Welpen während der Geburt zu groß sein, also 20 bis 30 Minuten bei weitem überschreiten, kann das Mittel die Wehen wieder anregen.
Cimicifuga D 6: 2–3 x alle 10 Minuten 1 Gabe, während der Geburt.

Hypericum

Bei allen Nervenverletzungen oder Quetschungen hilft Hypericum der Katze. Das Mittel kann mit Arnica montana kombiniert werden.
Hypericum D 6: 3 x täglich 1 Gabe, 2–3 Tage lang.

Pulsatilla

Um die Durchblutung der Geburtskanäle und eventuell falsch liegende Welpen zu beeinflussen, kann Pulsatilla bereits eine Woche vor der Geburt gegeben werden.
Pulsatilla hilft der Katze auch dabei, sich seelisch auf die Mutterschaft vorzubereiten, und kann ein eventuelles Aggressionsverhalten gegenüber den eigenen Welpen senken. Die Milchdrüsen werden ebenfalls angeregt, sich zu entwickeln.
Pulsatilla D 12: 2 x täglich 1 Gabe, 1 Woche lang.

Sabina

Um den Abgang der Nachgeburt in Gang zu bringen, wenn dies nicht auf natürlichem Wege geschieht, setzt man Sabina ein.
Sabina D 6: alle 10 Minuten 1 Gabe.

Secale cornutum

Secale cornutum wird bei Wehenschwäche eingesetzt, um die Gebärmutter bei der Kontraktion zu unterstützen.
Secale cornutum D 6: alle 10 Minuten 1 Gabe.

Veratrum album

Macht der Kreislauf der Katze schlapp, weil sie sich überanstrengt hat, kann Veratrum album sie wieder auf die Beine bringen.
Veratrum album D 6: 3 x täglich 1 Gabe.

Mittelbeschreibungen – Milchmangel bei der säugenden Katze

Milchmangel kann entstehen, wenn die Welpen durch einen Kaiserschnitt zur Welt gekommen sind, oder nach einer Frühgeburt. Erstgebärende können aber ebenso mit der Milchproduktion Probleme bekommen, weil die Hormone sich zu langsam umstellen oder die Katze zu sehr unter Stress steht und deswegen nicht ausreichend Milch bildet.
Sorgen Sie dafür, dass die Katze Ruhe vor anderen Tieren im Haushalt hat, wenn sie diese benötigt, um solche Probleme

gleich im Vorfeld zu vermeiden. Zeigt sich nach ein bis zwei Tagen keine Besserung, muss der Tierarzt eingeschaltet werden und die Welpen müssen mit Ersatznahrung versorgt werden.
Im Anschluss finden Sie homöopathische Mittel, die bei Milchmangel angezeigt sind.

Agnus castus
In der Urtinktur wirkt das Mittel anregend auf den Milchfluss.
Agnus-castus-Urtinktur: 3–4 x täglich 1 Gabe, 1 Woche lang.

Alfalfa
Wirkt wie Agnus castus.
Alfalfa D 1: 3–4 x täglich 1 Gabe, 1 Woche lang.

Asa foetida
Asa foetida passt zu jungen, unruhigen, fast schon hysterischen Katzen, die zu wenig oder überhaupt keine Milch bilden. Es reguliert die Milchproduktion. Deshalb kann das Mittel auch bei einer Scheinschwangerschaft hilfreich eingesetzt werden.
Asa foetida D 6: 3 x täglich 1 Gabe, 1 Woche lang.

Chamomilla
Fließt die Milch bei der Katze, wenn die Welpen nicht trinken, versiegt der Fluss aber, wenn die Welpen saugen wollen, reguliert Chamomilla diesen Zustand.
Chamomilla D 6: 3 x täglich 1 Gabe, 1 Woche lang.

Gelsemium

Sollte die Katzenmutter ängstlich auf die Vorgänge der Geburt reagieren, weil es vielleicht ihre erste Geburt ist, kann Gelsemium die Angst reduzieren. Das ist wichtig, damit der psychische Stress die Geburt nicht negativ beeinflusst.

Gelsemium D 6: vor, zu Beginn und während des Geburtsvorgangs 3x 1 Gabe alle Stunde, danach 3x täglich, 1 Gabe, 1 Woche lang.

Phytolacca

Bestehen bei der Katze stressbedingte Gründe für einen Milchmangel, sollte Phytolacca ihr helfen.

Phytolacca D 6: 3x täglich 1 Gabe, 1–2 Wochen lang. In der Potenz D 1 kommt der Milchfluss allerdings zum Versiegen! Das kann hilfreich beim Absetzen der Jungen sein.

Pulsatilla

Sind die Milchdrüsen nicht ausreichend entwickelt, kann Pulsatilla eingesetzt werden.

Pulsatilla D 12: 2x täglich 1 Gabe, 4–5 Tage lang.

Urtica urens

Wenn der Milchfluss nicht regelmäßig in Gang kommt, gibt man Urtica urens. Als Tiefpotenz (D 3 oder D 4) ist das Mittel geeignet, um den Milchfluss zu stoppen, beispielsweise beim Absetzen der Jungen.

Urtica urens D 30: 1x täglich 1 Gabe, 3–4 Tage lang. Zum Stoppen des Milchflusses D 3 oder D 4, 1x täglich eine Gabe.

Mittelbeschreibungen – Fortpflanzungsprobleme der Katze

Der Geschlechtstrieb wird durch Hormone gesteuert. Die im Gehirn sitzende Hypophyse wirkt als Zentrale für den Hormonhaushalt.

Ungefähr zwischen dem vierten und siebten Monat wird die Katze das erste Mal rollig und damit geschlechtsreif. Eine rollige Katze erkennt man an ihrem veränderten Verhalten. Sie legt sich mauzend auf die Seite und rollt sich dabei auf den Rücken (daher auch der Begriff »rollig«). Dieses Verhalten zeigt dem Kater, dass die Katze bereit für den Deckakt ist. Die Rolligkeit tritt in der Regel zweimal im Jahr ein, im Frühjahr und im Herbst. Sie dauert zwischen zwei und vier Tagen.

Bei der Katze kann eine Berührung des Katers in Höhe ihrer Lendenwirbelsäule den Eisprung auslösen. Die Eizelle kann bereits im Eileiter befruchtet werden und nistet sich dann in der Gebärmutterschleimhaut ein. Geschieht dies nicht, geht sie mit dem vorab gebildeten Gelbkörper zugrunde. Ist es zu einer Befruchtung gekommen und hat die Zelle sich in der Gebärmutter eingenistet, wird die Eizelle durch die Gebärmutterschleimhaut ernährt. Nach der Tragzeit werden Hormone ausgeschüttet, die den Geburtsvorgang in Gang setzen.

Durch eine Behandlung mit Hormonen, durch Stress oder durch Infektionen können Unregelmäßigkeiten im Zyklus der Katze auftreten. Auch eine Scheinträchtigkeit kann bei Katzen auftreten, wobei dies seltener zu beobachten ist. Tritt eine Unfruchtbarkeit auf, kann dies an einer Gebärmutterentzündung liegen.

Aristolochia

Dieses homöopathische Mittel wird im Wechsel mit Platinum bei einer Dauerrolligkeit eingesetzt.
Aristolochia D 12: 2 x täglich 1 Gabe, 2–3 Wochen lang.

Ignatia

Leidet die Katze während einer Scheinträchtigkeit unter starken Stimmungsschwankungen und ist sie dabei unberechenbar geworden, sollte Ignatia ihr Verhalten ausgleichend beeinflussen.
Ignatia C 30: 1 x täglich 1 Gabe, 1–2 Wochen lang.

Platinum

Wenn die Katze unter einer Dauerrolligkeit leidet, leidet der Mensch mit. Sie kann ihren Menschen durch ihr Verhalten zur Verzweiflung treiben. Die Dauerrolligkeit wird durch einen fehlenden Eisprung ausgelöst. Platinum sollte zum Abklingen der Symptome führen.
Platinum C 30: 1 x täglich 1 Gabe, 2–3 Wochen lang.

Pulsatilla

Bei Zyklusstörungen kann Pulsatilla eventuell auch in Kombination mit Cimicifuga eingesetzt werden. Diese können sich durch eine fehlende Rolligkeit oder auch durch eine Scheinträchtigkeit zeigen.
Pulsatilla D 12: 2 x täglich 1 Gabe, 1–2 Wochen lang.

Cimicifuga wird eingesetzt, um den Eisprung zu unterstützen, nachdem Pulsatilla die Rolligkeit eingeleitet hat.
Cimicifuga D 6: 3x täglich, 1 Gabe, 2–3 Wochen lang.

Sepia

Sepia wird bei einer Funktionsschwäche der Eierstöcke und bei gestörter Rolligkeit eingesetzt. Eine Katze, die dieses Mittel benötigt, wird sich heftig gegen eine Deckung durch den Kater wehren. Das Mittel kann auch bei Verwachsungen nach einer Bauchoperation und bei Unfruchtbarkeit durch eine Gebärmutterentzündung helfen.
Sepia D 6: 3x täglich 1 Gabe, 2–3 Wochen lang.

Mittelbeschreibungen – Nymphomanie

Der abnormal gesteigerte Geschlechtstrieb tritt zwar bei der Katze nicht häufig auf, kann aber durchaus mit einem homöopathischen Mittel beeinflusst werden.

Apis

Wenn Anzeichen einer Nymphomanie vorliegen und der Follikel noch nicht gesprungen ist, setzt man Apis im Zusammenhang mit Cimicifuga ein.
Apis mellifica und Cimicifuga D 6: 3x täglich 1 Gabe, 2–3 Wochen lang.

Aurum metallicum

Tritt die Katze bösartig auf und zeigt ein sehr dominantes Verhalten, kann bei Nymphomanie Aurum metallicum mit Apis und Cimicifuga kombiniert gegeben werden.
Aurum metallicum D 30: 1 x täglich 1 Gabe, 2–3 Wochen lang.

Murex purpureus

Dies ist *das* Mittel gegen Nymphomaniesymptome. Das Mittel sollte ebenfalls mit Apis und Cimicifuga kombiniert angewendet werden.
Murex purpureus D 30: 1 x täglich 1 Gabe, 2–3 Wochen lang.

Platinum

Wenn die Katze unter Nymphomanie leidet und im Verhalten Stolz zeigt, sollte Platinum das Verhalten bei ihr verändern. Platinum sollte zum Abklingen der Symptome führen.
Platinum C 30: 1 x täglich 1 Gabe, 2–3 Wochen lang.

Mastitis (Brustdrüsenentzündung)

Nach der Geburt oder nach einer Scheinträchtigkeit kann es zu einer Entzündung der Milchleiste kommen, die örtlich begrenzt oder auf die ganze Leiste ausgebreitet bestehen kann. Das Gesäuge ist durch die Entzündung erhitzt und eventuell geschwollen und hart. Durch die saugenden und tretenden Welpen ist die Berührung sehr schmerzhaft für die Katze; das kann dazu führen, dass sie die Welpen nicht mehr saugen lässt oder im schlimmsten Fall sogar aggressiv vertreibt. Die

Katze ist in diesem Zustand schwer krank und sollte unbedingt dem Tierarzt vorgestellt werden. Die Welpen müssen dann durch Ersatznahrung ernährt werden.
Die richtigen Mittel finden Sie im Kapitel »Entzündungen« allgemein.

Mittelbeschreibungen – übersteigerter Geschlechtstrieb des Katers

Im Frühling und in der ersten Sommerhälfte ist die Libido des Katers am stärksten und wird durch diese natürlichen Zyklen gesteuert. Ein potenter Kater kann in diesen Zeiten vermehrt Harn verspritzen, um paarungswillige Katzen anzuziehen und Rivalen aus dem Revier zu halten. Kater benutzen dazu nicht nur Urin, sondern können auch Kot als Revierduftschutz absetzen. In dieser Zeit kann der Kater sehr aggressiv werden und auch vermehrt streunen. Um dem Kater aus hyperaktivem Sexualverhalten herauszuhelfen, können folgende Mittel eingesetzt werden.

Agnus castus

Agnus castus kann den Geschlechtstrieb regulieren, bei fehlender ebenso wie bei übermäßiger Decklust. Agnus castus kann bei hyperaktivem Deckverhalten im Wechsel mit Staphisagria eingesetzt werden.
Agnus castus D 4: 3 x täglich 1 Gabe, 2–3 Wochen lang.
Im Wechsel mit Staphisagria in der C 30: 1 x täglich 1 Gabe, 5–6 Tage lang.

Mittelbeschreibungen – fehlende Decklust

Potente Kater, die keine Decklust zeigen, können unter Stress stehen und sind häufig stark psychisch belastet.

Acidum phosphoricum
Wenn der Kater überbeansprucht und übermüdet ist oder körperliche Erschöpfung zeigt.
Acidum phosphoricum D 6: 3x täglich 1 Gabe, 2–3 Wochen lang.

Erigeron canadensis
Erigeron canadensis wird bei psychischem Stress eingesetzt.
Erigeron canadensis D 30: 1x täglich 1 Gabe, 1 Woche lang.

Mittelbeschreibungen – Prostataerkrankungen

Erkrankungen der Prostata äußern sich häufig durch schmerzhaften Absatz von bleistiftdünnem Stuhl; beim Urinieren können eventuell Blut und Eiter aus der Harnröhre austreten, beim Deckakt kann dieser nicht vollzogen werden und der Kater kann unfruchtbar sein. Bei einer akuten Prostatitis kann Fieber auftreten, und der Kater kann sich im Verhalten verändern. Vermehrte Ängstlichkeit eines sonst wenig scheuen Tieres sollte also ebenfalls die Aufmerksamkeit auf eine Erkrankung lenken. Die Beweglichkeit des Patienten kann eingeschränkt sein; der Schwanz wird abnormal getragen. Da die

Entzündung der Vorsteherdrüse sehr schmerzhaft sein kann, sollte bei Verdauungsbeschwerden auch eine Untersuchung der Prostata vorgenommen werden. Erkrankte Kater müssen manchmal jahrelang mit ihrer Erkrankung leben, da es zwischendurch auch schmerzarme oder schmerzfreie Phasen gibt. Der Katzenbesitzer meint dann, sein Tier sei wieder gesund, und vergisst die Beschwerden bis zum nächsten Schub. Die Homöopathie bietet aber einige Mittel, die dem Kater helfen können.

Aristolochia

Aristolochia wird bei der akuten Prostatitis eingesetzt.
Aristolochia D 4: 3 x täglich 1 Gabe, 3–4 Wochen lang.

Echinacea angustifolia

Echinacea führt zur Stärkung des Immunsystems.
Echinacea angustifolia D 6: 3 x täglich 1 Gabe, 5–6 Tage lang.

Staphisagria

Staphisagria wird bei Verhaltensveränderungen eingesetzt.
Staphisagria D 30: 1 x täglich 1 Gabe, 5–6 Tage lang.

Mittelbeschreibungen – gestörte Samenzellenbildung in den Hoden

Die Qualität des Spermas beim Kater kann durch Erkrankungen oder Stress gestört sein. Die homöopathischen Mittel Cimicifua und Pulsatilla, im Wechsel verabreicht, jeweils

in der D 6, können im Anfangsstadium die Störung in der Spermabildung und deren Qualität positiv beeinflussen.
Cimicifuga und Pulsatilla D 6: 3 x täglich 1 Gabe, 3–4 Wochen lang.

Verdauungssystem: Maul, Hals, Verdauung

Zum Verdauungstrakt der Katze gehören das Maul und die Zunge ebenso wie die Zähne, das Zahnfleisch, der Magen, die Leber und der Darm. Beim Zahnwechsel können mitunter Probleme in der Entwicklung entstehen. Hierzu kann eine schlechte Zahnqualität oder ein zu langsamer Zahnwechsel gehören. Manchmal fallen die Milchzähne nicht aus und stören die neuen, endgültigen Zähne bei der Entwicklung. Die ersten Milchzähne brechen in den ersten zwei Monaten durch, und der Zahnwechsel beginnt etwa ab dem dritten Lebensmonat. Natürlich sollte der Tierarzt das Gebiss anschauen und eventuell störende Zähne entfernen. Damit es nicht zu solchen Problemen kommt, können homöopathische Mittel vorbeugend eingesetzt werden.

Repertorium zum Verdauungssystem

Diese Gesamtübersicht beschreibt die homöopathischen Mittel, die für den Verdauungstrakt in Betracht gezogen werden können. Genauere Anweisungen finden Sie in den Beschreibungen der nachfolgenden homöopathischen Mittel.

Symptome	Indikationen	Medikamente
Bandwurmbefall		Cuprum oxydatum nigrum, Graphites, Sabadilla officinalis
Blähungen und Aufstoßen		Aloe, Carbo vegetabilis, China, Lycopodium, Nux moschata
Chronischer Durchfall	bei der alten Katze	Sulfur
Durchfall	Dickdarmerkrankungen	Aloe, Ignatia, Lycopodium, Mercurius corrosivus, Mercurius solubilis, Rheum
Entzündung der Mundschleimhaut		Calendula, Chamomilla, Kreosotum, Mercurius corrosivus, Mercurius solubilis, Thuja
Erbrechen mit Durchfall	bei Darmgrippe	Arsenicum album, Ipecacuanha
	bei Zahnwechsel	Chamomilla
	Welpen, durch Muttermilch	Aethusa
	durch Angst oder Nervosität	Argentum nitricum, Gelsemium, Ignatia, Nux vomica, Staphisagria
	durch Ernährungsstörungen	Aethusa, Arsenicum album, Nux vomica, Okoubaka, Pulsatilla
	und Reizbarkeit	Antimonium crudum, Colocynthis, Natrium muriaticum
	durch Aufregung	Argentum nitricum, Gelsemium, Nux vomica
Erbrechen, morgens		Arsenicum album, Bryonia, Ipecacuanha

Symptome	Indikationen	Medikamente
Erbrechen, plötzlich		Aethusa, Colocynthis, Nux vomica
Fettsucht		Cimicifuga, Fucus vesiculosus, Ginkgo biloba, Graphites, Pulsatilla
Folgen nach Wurmbefall		Acidum fluoricum
Mandelentzündung		Kalium bichromicum, Kalium jodatum, Lachesis, Lycopodium, Mercurius bijodatus, Phytolacca, Sulfur jodatum
Reiseübelkeit		Borax, Cocculus, Hyoscyamus, Nux vomica, Passiflora incarnata, Petroleum, Tabacum
Schock	durch Erschöpfung oder Austrocknung	Carbo vegetabilis, China, Podophyllum peltatum, Veratrum album
Spulwürmer		Cina
Zähne, brüchig		Acidum fluoricum
Zahnwechsel	bei Problemen	Calcium carbonicum, Calcium fluoricum, Calcium phosphoricum, Silicea

Mittelbeschreibungen – Zahnwechsel

Im Anschluss finden Sie die im Repertorium genannten homöopathischen Mittel, die Sie beim Zahnwechsel Ihrer Katze einsetzen können.

Acidum fluoricum

Schlechte Zahnqualität oder bröckelnde Zähne sind ein Auswahlkriterium für dieses Mittel. Es verbessert die Aufnahme von Fluor in die Zähne und stärkt somit die Zahnsubstanz. *Acidum fluoricum D 6: 3 x täglich 1 Gabe, ab dem 2.–3. Monat.*

Calcium carbonicum

Es kann sinnvoll sein, Calcium carbonicum in den ersten Monaten zu geben, wenn die Katze auch eine fehlerhafte Knochenentwicklung zeigt. Viele Katzen sind in den ersten Monaten ihres Lebens ein Calcium carbonicum-Typ. Dieses Mittel passt gut zu ganz jungen oder alten Katzen, die auch zu Zahnfleischentzündungen neigen.
Calcium carbonicum D 12: 2 x täglich 1 Gabe, ab dem 2–3 Monat; oder C 30, 1 x täglich 1 Gabe, alle 2–3 Tage in den ersten 2–3 Lebensmonaten.

Calcium phosphoricum

Ähnlich Calcium carbonicum kann dieses Mittel in den ersten Lebensmonaten bei Zahnungsproblemen eingesetzt werden.
Calcium phosphoricum D 12: 2 x täglich 1 Gabe, ab dem 2–3 Monat; oder C 30, 1 x täglich,1 Gabe, alle 2–3 Tage in den ersten 2–3 Lebensmonaten.

Chamomilla

Ist die Katze während des Zahnwechsels gereizt, hat sie Durchfall oder Mundgeruch durch Zahnfleischentzündungen und bestehen eventuell sogar Anfälle, die an Epilepsie denken lassen, dann sollte Chamomilla helfen.

Chamomilla D 6: 3x täglich 1 Gabe, 2–3 Wochen lang; oder C 30, 1x täglich 1 Gabe, 2–3 Tage lang.

Silicea

Silicea passt zu der in der Entwicklung zurückgebliebenen Katze, wenn hier auch Zahnungsprobleme bestehen.
Silicea D 12: 2x täglich 1 Gabe, ab dem 2.–3. Monat; oder C 30, 1x täglich 1 Gabe, 2–3 Tage lang.

Mittelbeschreibungen – erhöhter Speichelfluss ohne Mundschleimhautentzündung

Atropinum sulfuricum

Übermäßiger Speichelfluss kann u. a. durch eine Überfunktion der Speicheldrüsen entstehen und wird mit Atropinum sulfuricum behandelt.
Atropinum sulfuricum D 6: 3x täglich 1 Gabe, 2–3 Wochen lang.

Mittelbeschreibungen – Zahnstein

Katzen haben häufig Zahnsteinprobleme, da die Art der Fütterung oft nicht zu dem notwendigen natürlichen Abrieb führt. Ein etwa pflaumengroßes rohes Stück Fleisch (bitte kein Schweinefleisch) dreimal pro Woche kann dieses Problem auf natürliche Art beheben. Beim Hineinbeißen in den Fleischbrocken wird der Zahnstein automatisch entfernt. Manchmal ist jedoch die Zusammensetzung des Speichels der Grund für übermäßigen Zahnstein, und dann reicht die Gabe eines Fleischstückes nicht mehr aus. Starker Zahnstein kann aber zu weiteren Problemen im Maulbereich führen, weshalb er dringend entfernt werden sollte. Mundschleimhautentzündungen durch Taschen im Zahnfleisch können für die Zerstörung der Zähne sorgen. Leider lassen Katzen sich eine Zahnreinigung selten gefallen, und man kann den Zahnstein nur durch mechanische Hilfe über genügend Abrieb oder durch eine Vorstellung beim Tierarzt entfernen. Dort wird der Zahnstein unter Narkose entfernt.

Das Entfernen von Zahnstein ist auch deshalb immens wichtig, weil so verhindert wird, dass Eiterherde und Infektionen entstehen, die wichtige Organe im Körper der Katze zerstören könnten. Die Nieren sind sehr anfällig bei einem Bakterienbefall und könnten erheblichen Schaden nehmen.

Mercurius solubilis

Wenn erhöhter Speichelfluss zu vermehrtem Zahnstein geführt hat und dieser entfernt wurde, sollte Mercurius der Katze helfen, nicht so schnell neuen Zahnstein aufzubauen.

Mercurius solubilis D 6: 3 x täglich 1 Gabe, 1–2 Wochen lang.

Mittelbeschreibungen – Entzündungen der Mundschleimhaut und des Zahnfleisches

Katzen haben häufig Mundschleimhaut- und Zahnfleischerkrankungen, die mit der Erkrankung FORL in Zusammenhang stehen können. Dabei geht es um Veränderungen im Maul- und Halsbereich. Diese Entzündungen können für die Katze sehr schmerzhaft sein und sie beim Aufnehmen von Nahrung behindern. Wenn nach dem Entfernen des Zahnsteins trotzdem noch Mundgeruch besteht, ist dieser meist durch eine Entzündung entstanden, die untersucht werden sollte. Bei alten Katzen können Nierenerkrankungen ebenfalls zu Mundschleimhautentzündungen führen. Eine Behandlung sollte deshalb möglichst die Grunderkrankung mit einbeziehen (siehe Kapitel »Harnableitende Wege«).

Calendula

Bei allen Wunden, egal ob äußerlich oder innerlich, kann Calendula eingesetzt werden (siehe Kapitel »Notfalltherapie«).
Calendula D 2: 3 x täglich 1 Gabe, 2–3 Wochen lang.

Chamomilla

Wenn beim Zahnen oder Zahnwechsel Mundschleimhautentzündungen entstehen, kann Chamomilla helfen.
Chamomilla D 6: 3 x täglich 1 Gabe, 2–3 Wochen lang.

Kreosotum

Kreosotum wirkt auf alle Schleimhäute, besonders auf die des Verdauungstraktes. Bei schmerzhafter Zahnung oder

aufgedunsenem, blutendem, schmerzhaftem Zahnfleisch sollte dieses Mittel helfen. Auch bei chronischer Geschwürbildung des Zahnfleisches kann ein Versuch nicht schaden. Allerdings sollte auch hier daran gedacht werden, immer die Grunderkrankung, die eventuell in den Nieren zu suchen ist, mitzubehandeln.
Kreosotum D 30: 1 x täglich 1 Gabe, 1–2 Wochen lang.

Sheelas Mundschleimhautentzündung (Gingivitis und Stomatitis)
Sheela ist eine bunte Hauskatze, die in Luxemburg lebt. Ihre Besitzerin Frau H. hatte bereits alle möglichen Behandlungen durch den Tierarzt versucht. Die Kortisongaben reichten nicht mehr aus, um die Entzündung im Maul im Zaum zu halten. Als letzte Option bot man ihr an, alle Zähne von Sheela zu ziehen oder eine Interferonbehandlung vorzunehmen. Das war Frau H. dann aber doch keine Option, da ihr auch bei diesen Behandlungen nicht versichert werden konnte, dass danach alle Beschwerden von Sheela verschwinden würden. Sie wandte sich per E-Mail an mich und bat um eine homöopathische Behandlung. Nachdem Sheelas Vorgeschichte aufgenommen worden war, begannen wir mit der Behandlung. Frau H. besorgte sich die nötigen homöopathischen Mittel in der Apotheke. In dieser ersten Behandlungsphase bekam sie zu Sheelas Erkrankung passende Mittel. Mercurius solubilis und Lachesis, beides Entzündungsmittel in der Homöopathie, zeigten nur wenig Wirkung. Da Sheela eine Verschlechterung bei feuchtem Wetter zeigte, bekam sie daraufhin Dulcamara, eigentlich kein ausgesprochenes Mittel bei Mundschleimhauterkrankungen, und reagierte trotzdem für etwa ein halbes Jahr sehr gut darauf. Sie erhielt dieses Mittel immer dann, wenn die Beschwer-

den wieder auftraten, zeitweise auch dauerhaft, je nach ihrem Befinden. Aber nach einem halben Jahr trat die Entzündung wieder häufig auf, so dass wir davon ausgehen mussten, dass Dulcamara bei ihr nicht mehr wirkte. Also wurde eine neue Anamnese durchgeführt. Aufgrund früherer Darmprobleme, die sich durch Erbrechen und Durchfall bei ihr zeigten, wurden homöopathische Mittel ausgewählt, die dieses Krankheitsbild einbezogen. Seit dieser Zeit bekommt sie Thuja und Carbo vegetabilis im Wechsel, immer so, wie sie die Mittel benötigt. Es geht Sheela sehr gut mit diesen homöopathischen Mitteln. Hier zeigt sich auch, dass nicht immer nur nach organischen Symptomen ausgewählt werden sollte, sondern dass die Grunderkrankung, die eventuell besteht oder bestand, mit einbezogen werden muss.

Mercurius corrosivus

Dieses Mittel wirkt bei Geschwürbildung der Mundschleimhaut, wenn diese geschwollen und rot erscheint.
Mercurius corrosivus D 6: 3x täglich 1 Gabe, 2–3 Wochen lang. Zusätzlich kann bei allen Entzündungen eine Woche lang Echinacea D3, 3x täglich 1 Gabe, zur Steigerung der Abwehr gegeben werden.

Mercurius solubilis und Mercurius vivus

Mundgeruch und eine gerötete und leicht geschwollene Mundschleimhaut deuten auf das Arzneimittelbild von Mercurius solubilis oder vivus hin, die ein fast identisches Wirkungsfeld besitzen. Sollten bereits Geschwüre bestehen, wird Mercurius corrosivus besser helfen können.
Mercurius solubilis oder Mercurius vivus D 6: 3x täglich

1 Gabe, 2–3 Wochen lang mit zusätzlicher Gabe von Echinacea D 3, 3x täglich 1 Gabe, 1 Woche lang, um die Abwehr zu steigern.

Mittelbeschreibungen – Rachen- und Mandelentzündung

Katzen können ebenso wie Menschen an einer Mandelentzündung erkranken. Die Mandeln, auch Tonsillen genannt, übernehmen eine wichtige Schutzfunktion im Maul, um Infektionen zu stoppen. Selbst wenn eine Entzündung im Maulbereich abgeklungen ist, kann die Entzündung der Mandeln bestehen bleiben. Diese Entzündung ist dann eine Quelle von Bakterien, die auf andere Organe wie das Herz übergehen können. Eine Operation sollte immer die letzte Option sein, da die Schutzfunktion der Mandeln damit aufgehoben wird und später sämtliche Infektionen direkt in den Hals hinabsteigen. Mit homöopathischen Mitteln kann eine Operation häufig vermieden werden, und die Wächter können bleiben.

Anzeichen einer Mandelentzündung können Störungen im Fressverhalten sein, manchmal auch Erbrechen und Durchfall, und die Katze kann sich schlapp und müde fühlen.

Arsenicum album

Bei Erbrechen und Durchfall (siehe den Abschnitt »Erbrechen und Durchfall« in diesem Kapitel).

Kalium bichromicum

Zäher Schleim, der kaum hochgewürgt werden kann, ist bei der Katze ein Hinweis auf die Wahl dieses Mittels. Es besitzt eine schleimlösende Wirkung und kann eventuell mit Phytolacca kombiniert werden.

Kalium bichromicum D 6: 3x täglich 1 Gabe, 2–3 Wochen lang.

Kalium jodatum

Ist der Auslöser der Mandelentzündung durch eine akute oder chronische Erkältung entstanden, mit Beteiligung einer schleimigen, eitrigen Entzündung der Nase, der Augen und des Halses, wirkt dieses Mittel hervorragend und kann eventuell mit Phytolacca kombiniert werden.

Kalium jodatum D 6: 3x täglich 1 Gabe, 2–3 Wochen lang.

Lachesis

Sobald eine bläulich rote Verfärbung der Mandeln und Halsschleimhaut zu erkennen ist und die linke Seite schwerer entzündet ist als die rechte Seite oder alleine entzündet ist, sollte Lachesis die Erkrankung heilen. Ebenso kann Lachesis helfen, wenn die Infektion der Mandeln durch andere Erkrankungen des Körpers hervorgerufen wurde.

Lachesis D 30: 1x täglich 1 Gabe, 1 Woche lang.

Lycopodium

Rechtsseitige Mandelentzündungen verlangen nach Lycopodium.

Lycopodium D 30: 1x täglich 1 Gabe, 1 Woche lang.

Mercurius bijodatus

Wie bei Lachesis sitzt die Entzündung der Mandeln hauptsächlich auf der linken Seite. Das Mittel kann gut mit Lachesis kombiniert werden.
Mercurius bijodatus D 6: 3x täglich 1 Gabe, 2–3 Wochen lang.

Phytolacca

Ist die Entzündung der Mandeln und der Halsschleimhaut bereits chronisch geworden, passt Phytolacca. Es kann gut mit Kalium bichromicum im Wechsel verabreicht werden.
Phytolacca D 12: 2x täglich 1 Gabe, 2–3 Wochen lang.

Sulfur jodatum

In chronischen Fällen, die auf Phytolacca nicht reagieren, kann dieses Mittel helfen.
Sulfur jodatum D 6: 3x täglich 1 Gabe, 2–3 Wochen lang.

Mittelbeschreibungen – Erbrechen und Durchfall

Eigentlich sind Erbrechen und Durchfall keine Erkrankungen, denn der Körper versucht nur, sich dadurch von schädlichen Stoffen zu befreien. Bei einer Vergiftung durch schlechtes Futter entstehen z. B. Toxine, die innere Organe schädigen könnten. Um diesen schädigenden Vorgang zu stoppen, versucht der Körper mit Durchfall und Erbrechen diesen Reinigungsprozess zu beschleunigen. Bestehen Erbrechen und Durchfall allerdings zu lange, kann eine Dehydration (Austrocknung) des Körpers zu weiteren Problemen bei der Katze führen. Die Nieren können Schaden dadurch nehmen, und es werden zu viele Nährstoffe ausgeschieden, wodurch die Katze Mangelerscheinungen zeigen könnte. Durch eine Infusion muss der Tierarzt diese Auswirkungen stoppen, wenn heftiges Erbrechen mit Durchfall länger als 24 Stunden besteht. Ein einmaliges Erbrechen ist kein Notfall, sollte aber trotzdem beobachtet werden. Sollte nur leichter Durchfall bestehen und die Katze frisst normal weiter, kann eine Ernährungsumstellung auf Fleisch mit Hüttenkäse den Durchfall stoppen. Alle länger bestehenden Erkrankungen sollten immer dem Tierarzt vorgestellt werden!

Auslöser für Erbrechen und Durchfall können sein:

› Darmparasiten – eine Wurmkur bringt Abhilfe.
› Bei morgendlichem Erbrechen zu lange Fütterungspause – häufiger kleine Portionen füttern.
› Bei Magenknurren zu lange leerer Darm – häufiger kleine Portionen füttern.
› Verzehr von unverdaulicher oder ungewöhnlicher Nahrung, Aufnahme von Erde, Kalk o. Ä.
› Reisekrankheit – vor der Fahrt die Katze nicht füttern und mit den homöopathischen Mitteln gegen Reisekrankheit der Katze schon vor Antritt der Fahrt helfen.
› Magengrippe, die ansteckend ist – die Katze ist appetitlos, erbricht sich mehrfach. Sie trinkt, erbricht aber das Wasser nach kurzer Zeit wieder. Danach zeigen sich im Anschluss Durchfall und eventuell Fieber.

- Plötzliche Futterumstellung oder verdorbenes bzw. gefrorenes Futter. Futterumstellungen sollten Sie immer langsam vornehmen und nie verdorbenes oder gefrorenes Futter anbieten.
- Erkrankungen der Nieren, Leber oder Bauchspeicheldrüse. Zum Tierarzt gehen!
- Psychisch bedingtes Erbrechen oder Durchfall, tritt durch Vorahnungen oder heftige Aufregung auf.
- Ein Magenkrampf zeigt sich durch ein plötzliches, heftiges Erbrechen.
- Magen-Darm-Infektionen, die durch Bakterien entstanden sind.

Mittelbeschreibungen – Darmparasiten

Spulwürmer und Bandwürmer sind die häufigsten Darmparasiten, die unserer Katze zu schaffen machen. Normalerweise hält sich der Befall der Katze im Gleichgewicht und bleibt daher unbemerkt, da die Parasiten ihren Wirt nicht umbringen wollen. Nur manchmal entgleist dieses Gleichgewicht. Durch Infektionen kann der Körper geschwächt sein und reagiert auf einen Wurmbefall wesentlich heftiger als im gesunden Zustand. Für Menschen können diese Wurmarten ebenfalls zum Risiko werden, weshalb man sich nach dem Kontakt mit einem wurmbefallenen Tier unbedingt die Hände waschen sollte, um keine Wurmeier aufzunehmen. Der Kot anderer Katzen oder Flohbefall sind häufig Auslöser für einen Parasitenbefall. Um einen Wurmbefall zu behandeln, sollte deshalb immer eine Behandlung anderer im Haushalt lebender Tiere und des gesamten Lebensortes mit einbezogen werden. Flöhe können, wenn sie gefressen werden, Wurmeier enthalten, die dann im Wirtstier Katze ein neues Zuhause finden. Magert die Katze zusehends ab oder hat sie einen aufgeblähten Bauch und zeigt manchmal Erbrechen oder Durchfall, sollte eine Behandlung gegen Parasiten vorgenommen werden. Meist besteht auch kein übermäßiger Appetit. Ein weiteres Anzeichen für Bandwurmbefall kann das »Schlittenfahren« der Katze sein, welches durch Juckreiz am After ausgelöst wird. Bei Bandwurmbefall können auch spaghettiähnliche Segmente aus dem Anus kriechen, die eingetrocknet an Reiskörner erinnern. Ein Bandwurm belastet den Organismus sehr stark und sollte immer entfernt werden. Eine Entwurmung sollte immer vom Tierarzt vorgenommen werden; homöopathisch kann diese Behandlung unterstützt und gegen neuen Befall vorgebeugt werden.

Abrotanum

Dieses Mittel wird zur Behandlung der Folgen von Wurmbefall eingesetzt, da es die Gesamtverfassung der Katze unterstützt. Wenn die Katze bei gutem Appetit trotzdem abmagert und einen aufgeblähten Bauch oder Erschöpfung zeigt, sollte das Mittel der Katze helfen. Es können auch Gelenkschmerzen und Schwäche bestehen und das Fell kann trocken und ungepflegt erscheinen. Die Katze sieht traurig und alt aus und kann Durchfall und Verstopfung im Wechsel haben. Erbrechen kann regelmäßig auftreten; Gelenkschmerzen können mit Durchfall abwechseln. Vor allem der Dickdarm

spricht auf Abrotanum an. In der Urtinktur oder der D 1 wirkt es eher wurmtreibend.
Abrotanum D 3: 3 x täglich 1 Gabe, 6–8 Wochen lang nach einer Wurmbehandlung vom Tierarzt.

Cina

Bei Spulwurmbefall, der immer wieder auftritt und durch die tierärztlichen Mittel nicht zu beheben ist, kann mit Cina unterstützt werden.
Cina D 6: 3 x täglich 1 Gabe, 6–8 Wochen lang.

Cuprum oxydatum nigrum

Ständig auftretender Bandwurmbefall, der sich mit den tierärztlichen Mitteln nicht bekämpfen lässt, spricht gut auf diese Mittel an.
Cuprum oxydatum nigrum D 4: 3 x täglich 1 Gabe, 6–8 Wochen lang.

Mittelbeschreibungen – Reisekrankheit

Katzen sind zwar eher selten mit dem Auto unterwegs, aber wenn sie damit befördert werden müssen, haben viele Katzen Probleme durch die Bewegungen, die für ihr Gleichgewichtsorgan ungewohnt sind. Man sollte bei der Beförderung der Katze im Auto den Fahrstil entsprechend anpassen, wenn sie mit dem Schwanken des Wagens Probleme hat. Häufig sind auch Aufregung und Vorahnung Auslöser von Unbehagen oder Übelkeit bei der Beförderung. Anzeichen wie Übelkeit mit Speichelfluss (Sabbern), Erbrechen, ständiges Gähnen, Lustlosigkeit, verstärkte Unruhe und übermäßiges Vokalisieren können auf die Reisekrankheit hinweisen.

Betäubende Mittel vom Tierarzt stellen die Katze zwar ruhig, nehmen ihm aber nicht die Übelkeit und Angst, deswegen ist es wichtig, das Gesamtkonzept zu erfassen. Die homöopathische Behandlung schließt Ängste ebenso mit ein wie die Symptome der Reisekrankheit.

Borax

Abwärtsbewegungen bei Fahrten in bergigem Gelände sind der Leitfaden für Borax; ebenso haben Katzen, die dieses Mittel benötigen, meist Angst vor plötzlichen, lauten Geräuschen (Gewitter oder Feuerwerk).

Borax D 3: eine halbe Stunde vor Reiseantritt 1 Gabe, danach stündlich bis zweistündlich nach Bedarf 1 Gabe; oder vorbeugend 3 x täglich 1 Gabe, 1–2 Wochen lang. Maximal sollten die Gaben 6–8 Wochen verabreicht werden. Sollte nach mehreren Fahrten kein Problem mehr bestehen, kann die Eingabe beendet werden; die Katze bleibt dann in der Regel beschwerdefrei.

Cocculus

Cocculus wird bei Symptomen wie Erbrechen, Angst, gereizter Stimmung, Apathie, Absatz von Harn und Kot durch Angst oder starken Blähungen eingesetzt. Die Katze erholt sich nach der Reise nur langsam von den Strapazen.

Cocculus D 4, Eingabe wie bei Borax.

Hyoscyamus

Im Kapitel »Homöopathische Konstitutionsmittel und Typen« kann nachgelesen werden, ob das Mittel zur Katze passt. Nervöses und hysterisches Verhalten mit Urinieren bei Angst sind passend, um Hyoscyamus zu verabreichen.

Hyoscyamus D 6, Eingabe wie bei Borax.

Nux vomica

Die Katze ist sehr unruhig und springt in der Transportbox von einer Seite zur anderen, zudem reagiert sie auf jedes Geräusch und ungewohnte Dinge.

Nux vomica D 6, Eingabe wie bei Borax.

Passiflora incarnata

Passiflora incarnata hat eine beruhigende Wirkung auf die Katze, die nur ruhelos ist.

Passiflora incarnata D 1, Eingabe wie bei Borax, eventuell auch während der Fahrt.

Petroleum

Der Petroleum-Patient zeigt trotz Übelkeit Appetit, und die Beschwerden bessern sich bei ihm durch das Fressen. Die Übelkeit bei Reisen ist allerdings auch auf Nervosität zurückzuführen, wobei die Katze nicht apathisch oder unruhig ist wie bei Cocculus. Wenn das Mittel zur Katze passt, sollte sie immer gefüttert werden, bevor sie eine Reise antreten muss. Eventuell können Benzindämpfe, die wir überhaupt nicht wahrnehmen, zur Übelkeit der Katze führen. Hier bewahrheitet sich dann auch die Grundlage der Homöopathie: Die

Ähnlichkeit des Mittels mit dem Benzingeruch kann die Übelkeit beheben. Sollte Petroleum angezeigt sein, treten meist schrundige, kahle und trockene Hautstellen an den Übergängen zur Schleimhaut auf. Auch eine Verschlimmerung im Winter ist bei Hautbeschwerden ein Hinweis auf dieses Mittel. Normalerweise bessern sich Hautbeschwerden im Winter und verschlechtern sich im Sommer.
Petroleum D 6, Eingabe wie bei Borax.

Tabacum

Katzen, die Tabacum benötigen, reagieren auf Tabakrauch mit Übelkeit, deshalb sollte im Auto nicht geraucht werden, wenn Sie Ihre Katze transportieren müssen. Die Katze fühlt sich wie bei Cocculus kalt an und liegt ganz still. Es sollte gut gelüftet werden, da Wärme den Zustand der Katze verschlechtert und frische Luft eine sofortige Besserung der Beschwerden zeigt.
Tabacum D 6, Eingabe wie bei Borax.

Mittelbeschreibungen – Erbrechen und Durchfall, die durch andere Umstände ausgelöst wurden

Aethusa

Wenn der Katzenwelpe die Muttermilch nicht verträgt und dadurch starkes Erbrechen und Durchfall bekommt, ist Aethusa ein wichtiges Mittel. Die Milch schießt nach dem Trin-

ken sofort wieder heraus; die Katze hat danach sofort wieder Hunger. Bauchschmerzen mit Jammern und Unruhe sind ebenfalls Folgen der Unverträglichkeit von Muttermilch.
Aethusa D 3: 3 x täglich 1 Gabe, 1 Woche lang.

Aloe

Blähungen, sofortiger Abgang von Stuhl beim Urinablassen, eine akute oder chronische Dickdarmentzündung mit schleimigem, blutigem Durchfall nach den Fressen oder Trinken deuten auf Aloe hin (siehe auch Causticum).
Aloe D 12: 2 x täglich 1 Gabe, 1–2 Wochen lang.

Antimonium crudum

Die Katze zeigt viel Müdigkeit, ist reizbar oder streitet gerne. Zum Arzneimittelbild gehören auch schrundige und verdickte Haut an den Augenlidern oder Mundwinkeln oder an den Fußsohlen, und die Krallen können schief gewachsen sein; Nagelbettentzündungen können auftreten. Wärme durch Sonnenbestrahlung und Frost verschlechtern den Zustand der Katze, Ruhe und Schlaf bessern ihn. Der Appetit der Katze ist aber gut, und das Erbrechen zeigt sich stärker nach dem Fressen und bringt der Katze keine Erleichterung. Es können chronische Darmbeschwerden mit schleimigem und wässrigem Durchfall im Wechsel mit Verstopfung auftreten.
Antimonium crudum D 30: 1 x täglich 1 Gabe, 3–4 Wochen lang.

Argentum nitricum

Bei diesem Mittel steht ebenfalls die Aufregung im Vordergrund. Es passt zu übermäßig ängstlichen und schreckhaften Katzen.

Argentum nitricum D 30: 1 x täglich 1 Gabe, 3–4 Wochen lang.

Arsenicum album

Die Katze magert schnell ab und wirkt außerordentlich erschöpft. Sie kann ruhelos sein und trinkt meist häufig kleine Mengen Wasser. Die Katze zeigt Erbrechen und Durchfall, wobei das getrunkene Wasser sofort wieder erbrochen wird. Der Durchfall ist dünn wie Wasser und wird in kleinen Mengen abgesetzt. Eine Verschlechterung kann nach Mitternacht auftreten. Häufig ist der Auslöser der Erkrankung eine Darmgrippe oder verdorbenes Futter. Auch zu große Futtermengen können die Symptome auslösen. Ein guter Hinweis ist das Auftreten dieser Durchfallerkrankung in regelmäßigen Intervallen. In chronischen Fällen kann gelegentlich Erbrechen am Morgen und unregelmäßiges Fressverhalten ein Anzeichen für das Mittel sein. Die Katze frisst meist nur kleine Portionen (siehe auch Bryonia und Ipecacuanha) und hat Magengeräusche. Mandelentzündungen passen ebenso zu Arsenicum album (siehe in diesem Kapitel den Abschnitt Mandelentzündungen). Okoubaka kann gut mit Arsenicum album im Wechsel gegeben werden.

Arsenicum album D 6: 3 x täglich 1 Gabe, 1–3 Wochen lang. Bei sehr schwachen Patienten D 12, 2 x täglich 1 Gabe, 1 Woche lang, oder wenn es zum Typ passt D 30, 1 x täglich 1 Gabe, 3–4 Tag lang.

Bryonia

Wie bei Arsenicum album und Ipecacuanha zeigt auch Bryonia am Morgen Erbrechen von Galle. Wenn die Katze dazu noch starken Durst und ein trockenes Maul hat, passt das Mittel. Ebenso können Halsschmerzen bestehen, bei denen harte Futterbrocken trotzdem gefressen werden, das Schlucken von Wasser aber Beschwerden bereitet.
Bryonia D 6: 3 x täglich 1 Gabe, 1 Woche lang.

Carbo vegetabilis

Aufstoßen und Blähungen gehören zu den Symptomen des Mittels Carbo vegetabilis. Nach dem Fressen zeigt die Katze vermehrt Probleme, die durch Blähungen entstehen, weil die Funktion des Magens verlangsamt ist (siehe auch Lycopodium).
Wässriger Durchfall, der erbärmlich stinkt, kommt ebenso im Arzneimittelbild vor. Oft ist der Magen-und-Darm-Kanal überreizt oder die Verdauung liegt ganz still. Frisch entstandene Magenleiden reagieren besonders gut auf dieses Mittel. Alle Erschöpfungszustände sprechen ebenso gut auf Carbo vegetabilis an.
Carbo vegetabilis D 30: 1 x täglich 1 Gabe, 3–4 Tage lang.

Lottes Durchfallerkrankung

Lottchen ist eine elf Jahre alte Hauskatze und hatte seit Wochen Probleme mit Durchfall und das schon seit Jahren in immer wiederkehrenden Schüben. Sie war bereits mit allen schulmedizinisch möglichen Mitteln behandelt worden und sprach auf nichts mehr an. Blutuntersuchung und Stuhluntersuchung ergaben keine verwertbaren Erkenntnisse. Da sie immer mehr abmagerte und sehr schwach war, riet der behandelnde Tierarzt dazu, wenn in einigen Tagen keine Besserung eintreten würde, den letzten Schritt zu gehen und Lotte zu erlösen. Die Besitzerin rief mich völlig aufgelöst an und bat darum, doch noch alles zu versuchen, was möglich wäre.

Die Anamnese von Lotte wurde erstellt, und ich riet zusätzlich zu einer Ernährungsumstellung. Eine Futterumstellung nehme ich nicht gerne so schnell vor, da es auch dadurch zu Durchfall kommen kann, aber in diesem Fall war es unabdingbar, diesen Schritt zu gehen, um den Magen-und-Darm-Trakt zu entlasten. Denn Lotte hatte offenbar Probleme mit Getreide im Futter und mit diversen Zusatzstoffen.

Lotte bekam zur Entgiftung Sulfur C 30 für zwei Tage je eine Gabe und zeitversetzt Carbo vegetabilis C 30, da sie schon so schwach war.

Es dauerte keine ganze Woche und Lottes Durchfall hörte auf. Die Katze blühte regelrecht auf und fühlte sich mit dem neuen Futter anscheinend pudelwohl. Nach den ersten Gaben der homöopathischen Mittel konnte die Besitzerin zusehen, wie es ihr innerhalb weniger Minuten immer besser ging.

Nach zwei Wochen konnte die Behandlung abgeschlossen werden, und es wurde kein Gedanke mehr ans Einschläfern dieser Katze verschwendet.

China

Hoher Verlust von Körperflüssigkeiten ist bei China (nicht mit Cina zu verwechseln) immer ein Hinweis auf das Mittel. Akuter Durchfall mit Abmagerung und rascher Erschöpfung

(siehe auch Arsenicum album) oder Blähungen (siehe auch Carbo vegetabilis) spricht gut darauf an.
China D 6: 3x täglich 1 Gabe, 1–2 Wochen lang; eventuell mit Arsenicum album im Wechsel.

Colocynthis

Eine reizbare und übellaunige Katze mit Erbrechen sollte an Colocynthis denken lassen, wenn das Erbrochene explosionsartig hervorschießt. Eventuell tritt krampfartiges Zusammenziehen des Magens auf (siehe auch Aethusa), wodurch das Erbrechen so heftig erscheint, wenn die Katze aufsteht. Das Futter ist häufig noch unverdaut, obwohl es schon einige Zeit im Magen war. Eine Besserung tritt auf, wenn die Katze sich zusammenrollt. Darmkrämpfe (siehe auch Aethusa, Nux vomica) können ebenso zum Erscheinungsbild gehören wie Lahmheit der Gelenke von Knie, Schulter oder Hüfte.
Colocynthis D 30: 1x täglich 1 Gabe, 3–4 Tage lang.

Eichhornia

Bei chronischer Entzündung der Pankreas (Bauchspeicheldrüse) kann dieses Mittel unterstützend eingesetzt werden, wobei zu beachten ist, dass die akute Pankreatitis unbedingt nur vom Tierarzt behandelt werden sollte. Symptome wie heller, glänzender Kot in großen Mengen und Blähungen sind meist Anzeichen einer Bauchspeicheldrüsenentzündung. Ein Blutbild sollte veranlasst werden, um Zucker auszuschließen und die Diagnose zu sichern. Meist müssen Enzyme zur Nahrung zugeführt werden, um einen Mangel auszugleichen. Es sollte nach einem Konstitutionsmittel

geforscht werden. Hierbei kommen Mittel wie Lycopodium, Natrium muriaticum oder Phosphorus (siehe auch »Homöopathische Konstitutionstypen«) in Frage, die durch Eichhornia unterstützt werden können.
Eichhornia D 6: 3 x täglich 1 Gabe, 4–6 Wochen lang.

Gelsemium

Aufregung ist hier wie bei Argentum nitricum ein Auslöser für Durchfall. Allerdings ist die Katze nicht so schreckhaft wie Argentum nitricum.
Gelsemium D 30: 1 x täglich 1 Gabe, 3–4 Tage lang.

Ipecacuanha

Bei Magen-Darm-Grippe oder einer akuten Entzündung der Magenschleimhaut kann Ipecacuanha als Routinemittel eingesetzt werden. Auch plötzliches oder unaufhörliches Erbrechen, Appetitlosigkeit, Durstlosigkeit (siehe auch Arsenicum album) sowie Teilnahmslosigkeit können auftreten, wenn das Mittel angezeigt ist. Weißlicher Schaum oder Futter wird erbrochen, bis der Magen leer ist. Durch die Überreizung des Magens kann das Erbrochene auch mit Blut vermischt sein. Häufig wird auch früh morgens auf nüchternen Magen erbrochen (siehe auch Mittel wie Arsenicum album und Bryonia), was durch einen leeren Magen ausgelöst wird. Die Magensäure reizt die Magenschleimhäute und erzeugt eventuell Sodbrennen, weshalb die Katze häufig versucht, sich mit Grasfressen Linderung zu verschaffen. Katzen, die morgens keinen Appetit zeigen und wegen des leeren Magens erbrechen und am Nachmittag wieder Appetit zeigen, brauchen

Ipecacuanha. Die Häufigkeit der Mahlzeiten sollte den Bedürfnissen der Katze angepasst werden. Drei bis vier kleinere Portionen am Tag und eine letzte Fütterung kurz vor dem Schlafen sollten die Magenprobleme lindern.
Ipecacuanha D 6: zu Beginn 3 x 1 Gabe alle 10–20 Minuten im akuten Fall. Danach 3 x täglich 1 Gabe, 1–3 Wochen lang.

Lycopodium

Meistens liegen diesem Mittel Leber- und Nierenstörungen zugrunde. Die Katze magert ab und kann Durchfall mit und ohne Blähungen haben. Der Durchfall kann auch die Ursache einer Entzündung des Dickdarms sein. Der zum Arzneimittelbild passende Durchfall entsteht meist durch Unterdrückung einer Hauterkrankung des oberen Rückens. Der Stuhl ist anfangs normal und wird zum Ende hin dünn. Auch bei Gasansammlungen (siehe auch Carbo vegetabilis) kann Lycopodium hilfreich sein, wenn sie durch die Dickdarmentzündung entstehen. Lycopodium ist auf jeden Fall ein wunderbares Nieren- und Leberpflegemittel für ältere Katzen!
Lycopodium D 30: 1 x täglich 1 Gabe, 1–2 Wochen lang.

Mercurius solubilis oder vivus

Häufig sind Zahnfleischentzündungen, Mandelentzündungen oder Entzündungen im Maul mit einer akuten Entzündung des Dickdarms gepaart. Der Stuhlgang enthält dabei viel Schleim, und eventuell findet sich auch Blut im Kot. Bei chronischer Dickdarmentzündung empfehlen sich auch Mittel wie Aloe, Ignatia, Lycopodium, Nux vomica oder Rheum.

Die Arzneimittelbilder von Mercurius solubilis und vivus sind sich sehr ähnlich, darum können bei Durchfall durch Dickdarmentzündung beide Mittel angewendet werden.
Mercurius solubilis oder vivus D 6: 3x täglich 1 Gabe, 1–2 Wochen lang.

Natrium muriaticum

Morgendlicher Durchfall und die übrigen Symptome, die für Natrium muriaticum zum Typ passen (siehe auch »Homöopathische Konstitutionstypen«), helfen bei diesem Durchfall, wenn er am Nachmittag wieder verschwunden ist.
Natrium muriaticum D 30: 1x täglich 1 Gabe, 1–2 Wochen lang.

Nux vomica

Nux vomica, die Brechnuss, die im reinen Zustand Erbrechen auslösen kann und es als potenziertes Mittel wieder behebt, kann auch bei Durchfall eingesetzt werden. Erbrechen und Durchfall treten meist miteinander auf. Ausgelöst werden können die Beschwerden durch einen Futterwechsel, durch Giftstoffe (Putzmittel o.Ä.), durch Arzneimittel oder durch ungeeignetes Futter, aber auch durch zu hastiges Fressen. Der Durchfall kann ebenso mit Verstopfung wechseln (siehe den Abschnitt »Verstopfung«), oder ein leerer Magen bzw. Darm kann die Symptome auslösen. In der Potenz D 6 wirkt Nux vomica ausgleichend bei Magen- und Darmkrämpfen. Bei Nux-vomica-Typen findet man auch chronische Dickdarmentzündungen, die durch psychische Ereignisse ausgelöst werden (siehe auch Ignatia oder Staphisagria).

Angst oder Aufregung kann bei dieser Katze Magen-Darm-Probleme hervorrufen. Die geringste Futterumstellung macht ihr zu schaffen und löst sofort Probleme in diesem Bereich aus. Der Stuhlgang kann eventuell mit Schleim überzogen sein und etwas Blut enthalten.

Nux vomica D 30: 1x täglich 1 Gabe, 1 Woche lang; bei Krämpfen D 6, 3x täglich 1 Gabe, 1–3 Wochen lang.

Kater Nico hat Durchfall mit Erbrechen

Nico war ein aufgeweckter Kater, der allerdings bei Untersuchungen und auf dem Tierarzttisch wie versteinert sein Schicksal erwartete. Dabei zitterte er wie Espenlaub und war kaum ansprechbar. Vor allem neuen Dingen oder Menschen gegenüber war er wenig aufgeschlossen, weil ihn alles ängstigte und er sich in deren Gegenwart völlig verspannte. Diese Unsicherheit und Schreckhaftigkeit passten neben der Anhänglichkeit von Nico sehr gut zum Nux-vomica-Arzneibild. Da er Freigang hatte, konnte auch hier beobachtet werden, dass er mit anderen Katzen zwar Raufereien anfing, sich aber lieber zurückzog, sobald es heftiger wurde: Er bluffte regelrecht. Der Durchfall von Nico war schon mit allen möglichen Pillen und Pülverchen behandelt worden, und auch eine Futterumstellung brachte kaum Erfolg. Er reagierte manchmal für ein paar Tage gut auf die Pillen, hatte dann aber statt Durchfall Verstopfung und Erbrechen. Er presste manchmal unendlich lange und oft auch vergeblich, dann war der Stuhl wieder für einige Tage normal. Die Untersuchung von Blut und Stuhl zeigte jedoch keine Auffälligkeiten, und sein Futter schlang er regelrecht herunter, immer mit großem Appetit trotz des Durchfalls. Nico bekam Nux vomica C 30, einmal täglich drei Kügelchen verordnet, und innerhalb von drei Wochen war der Durchfall verschwunden, ebenso die häufigen Anfälle des Erbrechens. Er konnte wieder jede Futtersorte fressen und musste keine Diät mehr halten.

Okoubaka

Liegt der Grund von Magen- und Darmbeschwerden bei der Katze im Verzehr von Futter, das nicht mehr ganz in Ordnung war, hilft dieses Mittel.
Okoubaka D 4: 3 x täglich 1 Gabe, 4–5 Tage lang.

Phosphorus

Erbrechen mit Durchfall, bei dem viel Blut im Stuhl zu finden ist (mehr als bei Arsenicum album), bei dem der Patient sehr durstig ist und große Mengen Wasser trinkt, das dann nach einiger Zeit wieder erbrochen wird, benötigt dieses Mittel.
Phosphorus D 12: 2 x täglich 1 Gabe, 4–5 Tage lang; passt das Mittel als Konstitutionsmittel zur Katze, kann man es auch in der Potenz C 30 verabreichen, 1 x täglich 1 Gabe, 2–3 Tage lang.

Podophyllum

Der Podophyllum-Durchfall spritzt wie Wasser heraus, und der Gestank ist widerwärtig. Die Katze hat Bauchschmerzen und schweren Durchfall, den sie im Stehen absetzen möchte. Ein weiteres Zeichen für den Einsatz dieses Mittels ist auch das Pressen beim Stuhlabsetzen ohne Erfolg und Appetitlosigkeit mit wenig Durst. Da die Katze durch den Durchfall viel Flüssigkeit verliert, muss der Tierarzt eingreifen, um eine

Dehydration zu verhindern. Nicht immer verschlechtert sich der Zustand nach dem Fressen oder am Morgen.
Podophyllum D 6: alle 10 Minuten 1 Gabe zu Beginn, nach einer Besserung des Zustandes weniger häufig, danach 3 x täglich 1 Gabe, 1 Woche lang.

Pulsatilla

Durch zu kaltes oder zu viel Futter bekommt die Katze Durchfall, der unterschiedlich in Farbe und Konsistenz sein kann. Ebenso kann eine übermäßige Verabreichung von zu fettem Futter zu Durchfall führen.
Pulsatilla D 6: 3 x täglich 1 Gabe, 1 Woche lang; passt das Mittel als Typ-Mittel, kann es auch in der Potenz C 30 verabreicht werden: 1 x täglich 1 Gabe, 2–3 Tage lang.

Pyrogenium

Die Katze hat dünnen, wässrigen und blutigen Durchfall, der meist heftig stinkt und sie sehr erschöpft. Er wird durch eine Entzündung des Zwölffingerdarms ausgelöst. Dann benötigt sie dieses Mittel. Es sind meist junge oder alte Katzen, die dieses Mittel brauchen. Der starke Flüssigkeitsmangel muss vom Tierarzt ausgeglichen werden, da die Katze sonst innerhalb weniger Tage an Erschöpfung (siehe auch Carbo vegetabilis) oder einer Herzmuskelschädigung sterben könnte. Zum Mittelbild passen auch eine gesenkte Pulsfrequenz und erhöhte Körpertemperatur oder umgekehrt, bei der die Katze zittert oder sich schlapp fühlt, aber auch unruhig sein kann.
Pyrogenium D 30: innerhalb einer Stunde 2 x 1 Gabe, danach 1 x täglich 1 Gabe, 3 Tage lang. Tritt eine Reaktion auf das

Mittel nicht innerhalb von 24 Stunden ein (die Katze trinkt und frisst im besten Fall wieder), muss unbedingt der Tierarzt dazugeholt werden.

Rheum

Hier ist eine Dickdarmentzündung der Auslöser; der Durchfall ist breiig, schleimig, und ein säuerlicher Geruch tritt auf. Manchmal zeigt die Katze auch vergebliches Pressen beim Stuhlabsetzen.
Rheum D 6: 3 x täglich 1 Gabe, 5–7 Tage lang.

Sulfur

Häufig zeigen Katzen, die Sulfur benötigen, Verstopfung und Durchfall in einem Stuhlgang. Der Durchfall ist chronischer Natur und tritt meistens in den frühen Morgenstunden auf. Tagsüber ist in der Regel kein Durchfall mehr vorhanden, und es treten keine weiteren ausgeprägten Symptome auf.
Sulfur D 30: 1 x täglich 1 Gabe, 1–2 Wochen lang.

Veratrum album

Wenn die Katze völlig apathisch wirkt und sich eiskalt anfühlt, dabei Durchfall, Erbrechen zeigt oder sogar unter sich uriniert, sollte man zu diesem Mittel greifen (siehe auch Carbo vegetabilis).
Veratrum album D 12: 1 Gabe alle 10 Minuten, bei Besserung nur noch 2 x täglich 1 Gabe, 4–5 Tage lang.

Mittelbeschreibungen – perverser Appetit

Vorliebe	Medikamente
Sand	Tarantula D 30: 1 x täglich 1 Gabe, 2–3 Wochen lang
Salziges Futter	Natrium muriaticum D 12: 2 x täglich 1 Gabe, 2–3 Wochen lang
Kieselsteine	Lycopodium D 30: 1 x täglich 1 Gabe, 2–3 Wochen lang
Kalk, Zement usw.	Calcium phosphoricum D 12: 2 x täglich 1 Gabe, 2–3 Wochen lang Calcium carbonicum D 12: 2 x täglich 1 Gabe, 2–3 Wochen lang
Gras (mit Erbrechen)	siehe Erbrechen, allgemein
Gras (ohne Erbrechen)	Silicea D 12: 2 x täglich 1 Gabe, 2–3 Wochen lang. Faseranteil im Futter durch Zugabe von Gemüse erhöhen!
Eigener Kot	Veratrum album D 30: 1 x täglich 1 Gabe, 2–3 Wochen lang
Fremder Kot	Carbo vegetabilis D 6: 3 x täglich 1 Gabe, 2–3 Wochen lang
Holz, Plastik usw.	Ignatia D 30: 1 x täglich 1 Gabe, 2–3 Wochen lang
Eier	Calcium carbonicum D 12: 2 x täglich 1 Gabe, 3–4 Wochen lang
Papier	Calcium phosphoricum D 12: 2 x täglich 1 Gabe, 2–3 Wochen lang

Farbe, Konsistenz und Bedeutung von Stuhlgang

Farbe und Konsistenz von Kot – Bedeutung	
Schwarz (wie Teer)	Blutung im Dünndarm oder Nierenleiden wie Anämie
Frisches Blut im Stuhl	Mastdarmerkrankung
Viel Stuhl und Farbe wie Kitt	Bauchspeicheldrüsenerkrankung
Glänzender Stuhl, sehr hell bis weiß	Leber-/Gallenerkrankung (Fett wird nicht richtig verdaut)
Fäulnisdurchfall (stinkend)	Eiweiß wird nicht richtig verdaut
Gas- und Gärungsdurchfall	Kohlenhydrate werden nicht richtig verdaut, weniger Getreide im Futter anbieten

Mittelbeschreibungen – Verstopfung

Die Ursachen einer Verstopfung im Mastdarm können unterschiedlicher Art sein. Auf jeden Fall kann der Kot nicht ausgeschieden werden und verursacht der Katze dadurch oft Bauchschmerzen.

Ursachen für Verstopfung können sein:

› Lähmung des Mastdarms mit Überdehnung der Darmwand
› zu harter Stuhl durch chronischen Bewegungsmangel
› Trinkwassermangel

- Prostatavergrößerung beim Kater (siehe Kapitel »Harnableitende Wege«)
- Überfütterung mit zu ballaststoffreichem Futter
- Haarbälge oder Graswickel im Verdauungstrakt
- Flüssigkeitsverlust oder Blutungen (bei Brechdurchfall z. B.)
- Leber- oder Nierenerkrankungen oder der Bauchspeicheldrüse, bei Leberstau z. B.
- psychische Faktoren wie Angst, Wechsel des Heims. Dadurch wird das Katzenklo nicht aufgesucht.
- Verschlucken von Fremdkörpern
- Hämorrhoiden

Bei Appetitverlust, erhöhtem Schlafbedarf, schmerzhaft aufgeblähtem Bauch, Fieber, Krämpfen und Berührungsempfindlichkeit am Bauch sind alle äußerlich erkennbaren Zeichen gegeben, die für eine Verstopfung bei der Katze sprechen. Der Kot wird meist, wenn überhaupt, mit viel Anstrengung und in kleinen Mengen abgesetzt. Er ist trocken, manchmal mit Schleim überzogen oder hart und hat einen unangenehmen Geruch. Der Darmmuskel kann nach den vielen Versuchen, den Kot abzusetzen, allmählich erschlaffen, wodurch es zu schmerzhaften Krämpfen kommen kann.

Sollte der Kot bereits so stark verfestigt sein, dass die Katze ihn nicht mehr alleine absetzen kann, muss der Tierarzt ihr dabei helfen. Mit einem Einlauf, der aus handwarmem Wasser vermischt mit Olivenöl oder Paraffinöl besteht, wird der Kot erweicht und kann abgesetzt werden. Es gibt allerdings

auch die Möglichkeit einer nicht organischen Verstopfung, bei der der After mit Kot und Haaren verklebt ist, deswegen sollte dies zuerst kontrolliert werden.
Verstopfungen können auch im Dünndarm auftreten, wo sie sich dann meist sehr schmerzhaft gestalten. Eine zu lange bestehende Verstopfung muss unbedingt dem Tierarzt vorgestellt werden, da der Darm durch zurückgehaltene Stoffwechselprodukte bei einem Rückstau eine Vergiftung auslösen kann.
Im Anschluss finden Sie in alphabetischer Reihenfolge die homöopathischen Mittel, die Sie zur Behebung einer Verstopfung bei Ihrer Katze einsetzen können.

Alumina

Harter und trockener Stuhl, der unter viel Aufwand doch abgesetzt werden kann (siehe auch Nux vomica), bei Patienten die insgesamt trocken wirken. Das Fell wirkt ungepflegt und brüchig. Besonders ältere Katzen brauchen das Mittel häufiger.
Alumina D 12: 2x täglich 1 Gabe, 3–4 Tage lang.

Bryonia

Heftige Koliken, die als Ursache Nässe und Kälte haben können oder durch zu kaltes Futter ausgelöst wurden, benötigen Bryonia. Eine Verschlechterung tritt meist bei Bewegung und Ärger auf, wohingegen eine Besserung durch warme Umschläge erreicht wird. Katzen, die unter diesen Koliken leiden, lassen sich nicht am Bauch anfassen.
Bryonia D 6: 3x täglich 1 Gabe, 4–5 Tage lang.

Barium carbonicum

Gerade junge und alte Katzen benötigen dieses Mittel, wenn der Gemütszustand kindisch wirkt und der Kot, wenn überhaupt, nur in der Nacht abgesetzt werden kann. Der Kot kann in allen Farben auftreten; der Geruch ist sehr übel. Besonders der Bauchnabel ist bei diesen Katzen berührungsempfindlich.

Barium carbonicum D 12: 2x täglich 1 Gabe, 3–4 Tage lang.

Nux vomica

Dieses Mittel kommt sehr häufig zum Einsatz und kann bei Verstopfung mit Krämpfen oder Verstopfung chronischer Natur gut helfen. Äußere Hämorrhoiden oder Überfressen, aber auch Störungen des zentralen Nervensystems können der Auslöser sein. Vergeblicher Drang bei Stuhlgang, der normal aussieht, wenn er abgesetzt werden kann, benötigt die Potenz D 6, bei großen Kotmengen ohne Stuhlgang benötigt die Katze die D 3.

Nux vomica D 3 oder D 6: 3x täglich 1 Gabe, 2–3 Wochen lang.

Opium

Wie bei Alumina oder Nux vomica sammelt sich der Kot übermäßig im Mastdarm an und eine Entleerung wird immer schwieriger. Die Katze presst nicht beim Versuch, den Stuhl abzusetzen. Gerade alte Katzen oder Katzen, die nach einer Operation keinen Kot absetzen können, benötigen dieses Mittel, wenn der Mastdarm gelähmt ist.

Opium D 12: 2x täglich 1 Gabe, 2–3 Wochen lang.

Staphisagria

Nach einer Bauchoperation kann neben Opium auch dieses Mittel der Katze helfen.

Staphisagria D 6: 3 x täglich 1 Gabe, 4–5 Tage lang.

Kasper leidet ständig unter Verstopfung

Als ich zu Kasper kam, litt er unter starkem Bauchweh und ließ sich nicht am Bauch anfassen. Er hatte nach Aussage der Besitzerin schon seit zwei Tagen keinen Kot abgesetzt; davor hatte der Stuhl normal ausgesehen. Da der Kater vom Gemüt her in das Bild von Nux vomica passte, war die Auswahl leicht, und er bekam das Mittel sofort aufgelöst in ein wenig Wasser direkt ins Maul verabreicht. Am Abend rief mich die Besitzerin an, um mir mitzuteilen, dass er endlich aufs Klo gehen konnte. Seitdem bekam er immer, wenn er Probleme hatte, das Mittel, und der Kotabsatz besserte sich immer mehr.

Mittelbeschreibungen – Probleme der Analdrüsen

An verstopften Analdrüsen leiden Katzen meist aufgrund von Bewegungsmangel. Auch ein erhöhtes Futterangebot führt oft dazu, dass die Drüse sich nicht auf natürlichem Wege entleert. Die Katze ist häufig viel zu dick, und die Drüsen sind dadurch tief in einem Fettpolster verpackt. Der Tierarzt muss die Drüsen schmerzhaft ausdrücken. Um dem aus dem Weg zu gehen, können homöopathische Mittel eingesetzt werden.

Calendula-Tinktur

Sie hilft dabei, die Drüsen bei Vereiterungen abheilen zu lassen.

Calendula-Tinktur 1 : 10 mit Wasser verdünnen und die Drüsen äußerlich mehrmals damit abtupfen.

Hamamelis- oder Calcium-fluoratum-Salbe

Diese Salben können äußerlich aufgetragen werden, um die Drüsen weich zu halten; so verhärtet das Sekret in der Drüse nicht und kann entleert werden.

Hamamelis- oder Calcium-fluoratum-Salbe mehrmals täglich dünn äußerlich auftragen.

Silicea

Silicea hilft den Drüsen, sich auf natürliche Weise zu entleeren.

Silicea D 12: 3 x täglich 1 Gabe, 2–3 Wochen lang, danach nach Bedarf.

Mittelbeschreibungen – Erkrankungen der Leber

Die Leber hat erstaunliche Fähigkeiten, sich selbst zu regenerieren, allerdings kann auch sie nicht heilen, wenn ständige Belastungen auf sie einwirken. Sie reguliert den Energiehaushalt und speichert die nötige Energie ab, welche sie dann mit Hilfe von Enzymen umwandelt und wieder freisetzt. Ist dieser Vorgang gestört, kann sie ihre Arbeit nicht mehr einwandfrei verrichten. Probleme ergeben sich vor allem, wenn die Leber dauerhaft toxischen Belastungen ausgesetzt bleibt,

weil dann der Vorgang der Regeneration nicht einsetzen kann. Es kann zum Leberstau, zur Leberinsuffizienz, zur Leberschrumpfung, Leberzirrhose oder einfach nur zur Leberschwäche kommen, was dann auch eine Gelbsucht (Gelbfärbung der Schleimhäute) auslösen kann.
Bei Lebererkrankungen sollte immer der Tierarzt hinzugezogen werden; begleitend zur tierärztlichen Behandlung können homöopathische Mittel eingesetzt werden. Dies sollte mit dem Tierarzt wegen der von ihm verordneten Medikation abgestimmt werden.
Häufig können Lebererkrankungen im Anfangsstadium selbst vom Tierarzt nur schwer diagnostiziert werden, da die Symptome nicht klar auftreten. Gelbsucht, die zu Veränderungen der Schleimhäute an den Augen, am Maul und an der Innenseite der Ohren führt, tritt nicht bei jeder Lebererkrankung auf. Und nicht bei jeder Gelbsucht ist eine Gelbfärbung festzustellen. Vielfach tritt einfach nur ein vermehrter Abbau der roten Blutkörperchen auf.
Die Symptome einer Lebererkrankung erstrecken sich über Mattigkeit, Schläfrigkeit, launenhaftes Verhalten, Reizbarkeit und mangelnden Appetit, der auch wechselhaft sein kann, bis hin zu Verstopfung oder Durchfall, die durchaus im Wechsel auftreten können. Oder es können schmerzhafte Blähungen, Hauterkrankungen mit Ekzemen und Juckreiz oder sogar Mundgeruch, Karies der Zähne, vermehrter Zahnstein darauf hinweisen, dass der Leberfluss gestört ist. Im schlimmsten Fall ist das Erkrankungsstadium bereits fortgeschritten, und es kommt zur Vorwölbung des Bauches. In diesem Stadium kann auch eine Bauchwassersucht beste-

hen, eine Ohrenentzündung oder schwere Hautveränderungen können auftreten, da die Leber es nicht mehr schafft, ihre Aufgabe der Entgiftung auszuführen. Es kommt dann zu einer Leberinsuffizienz.

Die nachfolgenden Mittel sind nicht zur Selbstmedikation gedacht und sollten mit dem Tierarzt besprochen werden! Sie werden vorgestellt, damit mit dem Tierarzt die weitere Auswahl eines Mittels abgeklärt werden kann.

Carduus marianus

Die Mariendistel ist als Lebermittel bekannt und hilft der Leber dabei, den Stau, die Verfettung oder die Vergiftung durch Entlastung der Leberzellen zu beheben. Carduus marianus kann ebenso bei Leberzirrhose eingesetzt werden. Selbst wenn eine starke Schädigung der Leber sich nicht mehr rückgängig machen lässt, entlastet das Mittel die Leber sehr. Unterstützend kann Flor de Piedra in Kombination eingesetzt werden.

Carduus marianus D 4: 3 x täglich 1 Gabe, 3–4 Wochen lang.

Chelidonium

Das Schöllkraut ist eines der wichtigsten Lebermittel und kann bei akuten und chronischen Entzündungen der Leber eingesetzt werden. Durch eine Anhebung der Reizschwelle der Leberzellen macht es die Leber unempfindlicher gegen äußere Einflüsse. Die Galle wird angeregt, wodurch Blähungen und Kopfschmerzen bzw. Gliederschmerzen als begleitende Symptome ebenfalls mit behandelt werden. Der Durchfall wechselt meist mit Verstopfung, wenn das Mittel ange-

zeigt ist, und die Katze gähnt häufig. Beim Harn finden wir eine Verfärbung, die an die Farbe Ocker denken lässt, und auch Hauterkrankungen treten auf. Beschwerden treten meist auf der rechten Seite auf. Chelidonium ist bei solchen Symptomen Carduus marianus und Flor de Piedra vorzuziehen.
Chelidonium D 3: 3 x täglich 1 Gabe, 3–4 Wochen lang.

Flor de Piedra

Katzen, die Flor de Piedra, die Steinblüte, benötigen, sind schreckhaft, besonders bei Berührungen, oder ständig müde. Sie können apathisch oder völlig überdreht sein. Das Eigentümliche ist, dass dieses Verhalten im Wechsel auftreten kann. Die Katze hat übermäßigen Durst und trinkt sehr viel, dagegen zeigt sie kaum noch Appetit auf ihr Futter. Man kann bei diesem Patienten davon ausgehen, dass eine Vergiftung oder eine Unverträglichkeit einer Futterkomponente vorliegt und sogar der Auslöser sein könnte, wenn nicht Stress oder Panik eine Stoffwechselstörung hervorgerufen haben. Heller Stuhlgang deutet dann auch auf eine Fehlfunktion der Bauchspeicheldrüse hin, die bei Lebererkrankungen oft in Mitleidenschaft gezogen wird.
Flor de Piedra D 4: 3 x täglich 1 Gabe, 3–4 Wochen lang.

Solidago virgaurea

Die Goldrute wirkt auf die Nieren, indem sie die Harnausscheidung anregt, und dient so als Entwässerungsmittel. Dadurch können sich die Nieren regenerieren und besser Stoffwechselprodukte abtransportieren, was die Leber entlastet.
Solidago virgaurea D 2: 3 x täglich 1 Gabe, 3–6 Wochen lang.

Mittelbeschreibungen – Fettsucht

Leider neigen auch Katzen zur Fettsucht, wenn sie kastriert wurden, denn der Stoffwechsel scheint mit dem veränderten Hormonhaushalt nicht mehr im Einklang zu sein. Zu viel Futter, zu viele Leckereien, zu wenig Bewegung und schließlich Funktionsstörungen der Schilddrüse können ebenfalls dazu führen.

Bei schweren Gewichtsproblemen sind die Gelenke und das Herz überlastet, und die Katze mag sich mit zu viel Gewicht auf der Hüfte sowieso nicht mehr richtig bewegen, was weiterhin dazu führt, dass sie selbst bei wenig Futter nicht abnehmen kann. Auch die alltäglichen Dinge fallen ihr dadurch schwer: Sie schafft es nicht mehr, auf einen Schrank zu springen, sie kann mit ihrem Übergewicht Sprünge nicht mehr richtig berechnen und stürzt dadurch vielleicht öfter mal ab. Auch Rückenprobleme oder Gelenkerkrankungen sind vorprogrammiert. Selbst ein chirurgischer Eingriff kann zum Problem werden, weil der Heilungsprozess durch die Fettsucht nicht immer normal verläuft.

Eine Ernährungsumstellung ist häufig unumgänglich. Da gerade Katzen hierbei nicht so ohne weiteres mitspielen, ist es wichtig, das neue, kalorienarme Futter in Miniportionen unter das alte, schon bekannte Futter zu mischen, damit sie sich an den Geruch des neuen Futters gewöhnen kann. Katzen haben nur sehr wenige Geschmacksknospen auf der Zunge und schmecken deshalb nur sehr wenig von ihrem Futter, dafür spielt der Geruch eine umso größere Rolle. Außerdem lernen sie schon von klein auf von ihrer Mutter, nur das zu

fressen, was sie kennen. Das ist ein guter Schutzmechanismus der Natur, er erschwert das Umstellen auf anderes Futter allerdings umso mehr.
Leicht gesteigerte Bewegungsangebote helfen der Katze dabei, schneller abzunehmen. Und gekochter magerer Fisch mit ein wenig Gemüse und Futterkalk, damit der Mineralbedarf gedeckt ist, eignet sich für eine kurze Phase von etwa drei Wochen durchaus als Diätnahrung, um das Gewicht zu verringern.
Die meisten Katzenbesitzer finden ihre Katze überhaupt nicht dick, selbst wenn bereits eine starke Fettsucht vorliegt. Sicher ist eine Langhaarkatze mit viel Fell nicht unbedingt als dick anzusehen, aber wenn die Katze von oben gesehen die Form einer Kugel annimmt, sollte unbedingt etwas geschehen.
Sprechen Sie unbedingt mit dem Tierarzt und stimmen Sie die Diät mit ihm ab. Eine Voruntersuchung sollte klären, ob Herzprobleme oder andere Erkrankungen bestehen, damit die Diät keinen schädlichen Stress auslöst oder bei Fettsucht, die durch eine Erkrankung ausgelöst wurde, diese nicht noch verschlimmert.

Fucus vesicolosus

Der Blasentang wird bei Fettsucht als wirksames Mittel eingesetzt. Durch seinen Jodgehalt regt er die Schilddrüsenfunktion an, wodurch wiederum der Fettabbau gesteigert wird.
Fucus vesicolosus D 1: 3 x täglich 1 Gabe, 2–3 Wochen lang.

Ginkgo biloba

Wenn Hormonstörungen bestehen, ist der Ginkgo genau das richtige Mittel, um gegen die Fettsucht zu helfen. Gerade kastrierte oder sterilisierte Tiere reagieren gut darauf.
Ginkgo biloba D 6: 3 x täglich 1 Gabe, 3–4 Wochen lang.

Weitere Mittel gegen Gewichtsprobleme finden sich auch im Kapitel »Homöopathische Typenmittel«. Hier ist besonders an Calcium carbonicum oder Graphites zu denken.

Atmungsorgane

Repertorium zu Atemwegserkrankungen

Diese Gesamtübersicht beschreibt die homöopathischen Mittel, die bei Atemwegserkrankungen in Betracht gezogen werden können. Genauere Anweisungen finden Sie in den Beschreibungen der nachfolgenden homöopathischen Mittel.

Symptome	Indikationen	Medikamente
Bronchitis	akut	Aconitum, Belladonna, Bryonia, Ipecacuanha, Phosphorus
	chronisch (Tierarzt!)	Aralia, Arsenicum jodatum, Phosphorus, Stannum metallicum
Husten	bei Allergie	Grindelia robusta
	durch trockene Kälte	Aconitum, Causticum
	bei nasser Kälte	Dulcamara, Rhus toxicodendron
	bei Virusinfektion	Arsenicum album
	mit zähem Schleim	Kalium bichromicum
	mit Erbrechen	Ipecacuanha
	durch unterdrückte Hautkrankheiten	Sulfur
	nach Impfung	Thuja

Symptome	Indikationen	Medikamente
Krampfhusten		Cuprum aceticum
Nasenausfluss	eitrig	Cinnabaris, Hepar sulfuris, Kalium bichromicum, Luffa operculata, Pulsatilla
	wässrig	Allium cepa, Euphrasia, Luffa operculata, Galphimia glauca
Nasenbluten	allgemein	Hamamelis, Millefolium
	durch Verletzung	Arnica montana
Nervöser Husten		Hyoscyamus, Ignatia
Resorptionsmittel bei Husten		Arsenum jodatum
Schmerzhafter Husten		Bryonia

Mittelbeschreibungen – Nasenausfluss

Katarrhe der Nase oder allergische Reizungen können zu Nasenausfluss bei der Katze führen. Der Ausfluss kann dabei wässrig, schleimig, eitrig oder sogar blutig sein. Weitere Ursachen wie Grannen oder Grassamen sollten nicht ausgeschlossen werden. Selbst eine Geschwulst oder ein Tumor könnte den Nasenausfluss verursachen; deshalb sollte immer der Tierarzt konsultiert werden, um diese Ursachen eventuell durch eine Röntgenaufnahme ausschließen zu können.

Allium cepa

Die Zwiebel verursacht durch ihren Saft einen wässrigen Nasenausfluss, den sie als homöopathisches Mittel auch wieder beheben kann. Häufig ist eine Allergie der Auslöser für den Ausfluss, und tränende Augen können ein Wegweiser dafür sein.

Allium cepa kann gut mit Euphrasia kombiniert werden.

Allium cepa D 30: 1 x täglich 1 Gabe, 4–5 Tage lang, danach nach Bedarf; Euphrasia D 6: 3 x täglich 1 Gabe, 2–3 Wochen lang.

Cinnabaris

Wenn die Katze an einer chronischen Nasenschleimhautentzündung mit zähem Ausfluss leidet und die Nebenhöhlen daran beteiligt sind, kann dieses Mittel hilfreich sein. Kalium bichromicum kann gut damit kombiniert werden.

Cinnabaris D 6: 3 x täglich 1 Gabe, 2–3 Wochen lang, in Kombination mit Kalium bichromicum D 6, 3 x täglich 1 Gabe, 2–3 Wochen lang.

Euphrasia

Siehe *Allium cepa.*

Galphimia glauca

Siehe *Luffa.*

Hepar sulfuris

Akuter eitriger Nasenausfluss benötigt Hepar sulfuris. Es kann in Kombination mit den anderen Mitteln verabreicht

werden, die ebenfalls für eitrigen Nasenausfluss eingesetzt werden. Tiefe Potenzen sollten hierbei nicht eingesetzt werden, da sich in Körperhöhlen (Nasennebenhöhlen) dadurch Eiter ansammeln könnte!
Hepar sulfuris D 30: 1 x täglich 1 Gabe, 2–3 Wochen lang.

Kalium bichromicum

Dieses Mittel wird ebenso bei chronischer Eiterung und gelbem, zähem Eiter eingesetzt. Der Nasenausfluss verflüssigt sich durch die Gabe von Kalium bichromicum wieder und fließt ab. Es kann bei chronischem Geschehen mit Cinnabaris kombiniert werden.
Kalium bichromicum D 6: 3 x täglich 1 Gabe, 2–3 Wochen lang.

Luffa operculata

Bei einer Entzündung der Nasenschleimhaut, die in Verbindung mit den Nebenhöhlen steht und durch eine Allergie ausgelöst wurde, kann Luffa bei klarem, schleimigem oder auch eitrigem Ausfluss eingesetzt werden. Galphimia glauca kann unterstützend eingesetzt werden.
Luffa D 6: 3 x täglich 1 Gabe, 3–4 Wochen lang und danach bei Bedarf. Eventuell mit Galphimia kombinieren, wie Luffa anwenden.

Pulsatilla

Beim Pulsatilla-Typ (siehe Kapitel »Homöopathische Konstitutionstypen«) kommt es häufig zu chronischem, eitrigem Nasenausfluss, der sich gelb bis grünlich zeigt und in seiner

Konsistenz eher dick und reichlich fließt, aber keine Hautirritationen hervorruft.
Pulsatilla D 6: 3x täglich 1 Gabe, 2–3 Wochen lang; oder C 30, 1x täglich 1 Gabe, 2–3 Tage lang.

Mittelbeschreibungen – Nasenblutungen

Die Mittel Arnica, Hamamelis und Millefolium haben sich sehr bewährt bei Blutungen aller Art (siehe auch Kapitel »Verletzungen«).

Mittelbeschreibungen – Husten, Erkrankungen von Bronchien und Lunge

Husten kann durch Reizungen oder Erkrankungen in den oberen Atemwegen oder den unteren Atemwegen ausgelöst werden. Reiner Husten ohne weitere Krankheitssymptome kann als Reinigungsprozess des Körpers angesehen werden, wenn er nur kurzzeitig auftritt. Er kann durch Reizungen der Atemwege hervorgerufen werden. Bei dieser Hustenform ist ein Eingreifen in der Regel nicht notwendig, da der Körper versucht, Fremdkörper wie Staub durch vermehrte Schleimproduktion abzusondern. Hält der Husten jedoch an, sollte die Katze dem Tierarzt vorgestellt werden, um festzustellen, woher der Hustenreiz kommt. Husten kann der Ausdruck vieler klinischer Erscheinungen sein und sollte vom Fachmann begutachtet werden.

Auslöser für Husten:

- Kehlkopfentzündung
- Bronchitis (Entzündung der Bronchien oder/und Luftröhre)
- Bronchiolitis (Entzündung der kleinen Bronchien)
- FIP (Pleuritis – Brustfellentzündung)
- Herzerkrankungen (Herzinsuffizienz)
- Lungenerkrankungen (Lungenemphysem, Lungenödem, Lungenkrebs)
- Mandelentzündung
- Krebsgeschwülste im Rachen oder Kehlkopf
- Rachenentzündung
- Wurmbefall und weitere Erkrankungen

Reizhusten erkennt man am Herauswürgen von etwas zähem Schleim. Dieser entsteht im oberen Teil der Atemwege (Luftröhre oder Kehlkopf) und wird durch Bakterien oder Viren verursacht. Gerade bei Katzen aus dem Tierheim ist dieser Husten häufig zu finden. Die Katze versucht ständig, diesen zähen Schleim herauszuhusten, wodurch sich der Kehlkopf durch die ständige Reizung entzünden kann. Weitere Allgemeinsymptome wie Fieber treten dabei nicht auf. Man könnte denken, der Katze steckt eine Fischgräte im Hals, was allerdings wesentlich schmerzhafter wäre; die Katze würde zudem das Fressen einstellen. Die Beschwerden sollten nach einigen Tagen von selbst besser werden, können sich aber auch über längere Zeit hinziehen.

Bei einer Mandelentzündung sind die Mandeln der Katze verdickt und können ebenso Hustenreiz auslösen. Eine Kehlkopfentzündung kann neben Husten auch zu einer Stimmbandentzündung führen, die man am veränderten Miauen der Katze erkennen kann – wenn sie überhaupt noch miaut. Durch die Kehlkopfentzündung wird sie Schluckbeschwerden haben, und eventuell wird auch Fieber auftreten.

Das Allgemeinbefinden ist damit empfindlich gestört und kann sich auf das Fressverhalten der Katze auswirken. Bei einem Husten, der durch eine Rachenentzündung entsteht, ist ebenso ein gestörtes Allgemeinbefinden zu beobachten; die Katze hustet, würgt und speichelt dabei. Die Mundschleimhaut ist stark entzündet, und es kann Mundgeruch bestehen. Bronchitis ist eine Entzündung der Bronchialschleimhaut, die durch Viren oder Bakterien ausgelöst werden kann. Im Verlauf der Krankheit wird die Katze Symptome wie Husten, Fieber und Atemprobleme zeigen. Der Husten hat einen rauhen Klang und tierärztlicher Rat sollte unbedingt eingeholt werden, denn durch den sehr zähen Schleim kann es zu beträchtlichen Atemproblemen kommen, und es können durch die kräftigen, anstrengenden Hustenstöße Blutgefäße zerreißen und die Katze dadurch Blut spucken.

Es ist außerdem zu beachten, dass eine chronische Bronchitis durch die Erschöpfung auch das Herz angreifen kann oder der Husten sogar durch eine Herzerkrankung ausgelöst werden kann. Der sogenannte Herzhusten tritt bei Katzen nicht so stark ausgeprägt auf und ist relativ schwach, deswegen lassen Sie Ihre Katze auf jeden Fall untersuchen.

Im Anschluss finden Sie die im Repertorium genannten homöopathischen Mittel in alphabetischer Reihenfolge, die Sie bei Husten Ihrer Katze einsetzen können.

Aconitum

Husten, der durch trockene Kälte (siehe auch Causticum) oder Wind ausgelöst wird, kann mit Aconitum behandelt werden. Dieses Mittel passt immer zum akuten Krankheitsverlauf der Katze, also zum ersten Stadium des Hustens (siehe auch Kapitel »Entzündungen allgemein«).

Aconitum D 6: mehrmals 1 Gabe in kurzen Abständen, alle 5–10 Minuten; anschließend noch 3 x täglich an diesem Tag oder 1 x C 30 geben.

Arsenicum album

Arsenicum album wirkt bei allen Virusinfektionen auf die Atemwege der Nase und der unteren Luftwege. Günstig wäre der Einsatz, wenn der Patient zum Arsenicum-Typ passt (siehe Kapitel »Homöopathische Konstitutionstypen«). Erstickungsanfälle durch Bewegung und bei mangelnder Schleimabsonderung ebenso wie bei Asthma.

Arsenicum album D 6: 3 x täglich 1 Gabe, 2–3 Wochen lang; oder in der Potenz C 30 1 x täglich 1 Gabe, 2–3 Tage lang.

Arsenicum jodatum

Das Mittel schafft Erleichterung, indem es die Resorption der Flüssigkeiten in Gang bringt, die durch die Entzündung entstanden sind. Verschlechterungen entstehen bei trockenem, kaltem Wetter; frische Luft verschafft Besserung.

Die Absonderungen sind reichlich und dünn bei akuten, dick bei chronischen Beschwerden. Häufiges Niesen und Fließschnupfen oder auch allergisches Heufieber sind Wegweiser zu diesem Mittel.

Arsenicum jodatum D 6: 3x täglich 1 Gabe, 1–2 Wochen lang; oder C 30, 1x täglich 1 Gabe, 2 Tage lang.

Arum triphyllum

Bei einer Kehlkopfentzündung und erstickendem Husten und Verschlechterung durch Hinlegen kann dieses Mittel eingesetzt werden.
Arum triphyllum D 6: 3x täglich 1 Gabe, 1–2 Wochen lang.

Belladonna

Bei Mandelentzündung oder Kehlkopfentzündung wirkt Belladonna meist vorzüglich, aber auch bei akuter Bronchitis als Anfangsmittel, wenn Aconitum nicht mehr helfen konnte, kann es bei Fieber, keuchender Atmung und trockenen Schleimhäuten eingesetzt werden. Trockener, lauter und heiserer Husten, Würgen und Niesen gehören zu den Symptomen von Belladonna, bei denen es hilfreich eingesetzt werden kann.
Belladonna D 6: zuerst alle 15–30 Minuten eine Gabe, danach 3x täglich 1 Gabe, 3–5 Tage lang; oder in der Potenz C 30, 1–2x täglich 1 Gabe, 2 Tage lang. Eine Besserung sollte nach einem Tag zu verzeichnen sein, ansonsten kann es mit anderen Mitteln kombiniert werden.

Bryonia

Trockener, harter Husten, der bei Bronchitis oder Lungenentzündung mit Fieber auftreten kann, mit schmerzhafter Atmung und schlechtem Allgemeinbefinden, verlangt nach Bryonia. Die Katze muss zwingend dem Tierarzt vorgestellt

werden, kann aber begleitend mit homöopathischen Mitteln behandelt werden. Die Auswahlkriterien für Bryonia sind Durst und Trockenheit der Schleimhäute sowie Berührungsempfindlichkeit. Eine Besserung der Symptome tritt an der frischen Luft auf, eine Verschlechterung morgens. Wegen der Schmerzen versucht die Katze jede Bewegung zu vermeiden und unterdrückt den Husten.
Bryonia D 6: 3 x täglich 1 Gabe, 1–2 Wochen lang, oder C 30, 1 x täglich 1 Gabe, 2–4 Tage lang.

Causticum

Chronischer Husten, der durch trockene Kälte (siehe auch Aconitum) ausgelöst wird und sich bei Wärme bessert, mit eventueller Heiserkeit, benötigt Causticum. Die Katze kann nicht tief genug husten und dadurch den Auswurf nicht heraufbefördern. Dadurch kann es im Brustkorb der Katze ein schnurrendes Geräusch durch den vorhandenen Schleim geben.
Causticum D 30: 1 x täglich 1 Gabe, 2–3 Wochen lang oder C 30, 1 x täglich 1 Gabe, 2–3 Tage lang.

Cuprum aceticum

Der Husten von Cuprum aceticum tritt anfallsartig auf und ist eher erstickend und trocken. Die gereizte Schleimhaut der Bronchien kann Krampfhusten verursachen, wodurch die Katze den Kopf tief hält und Atemnot zeigt. In den Bronchien rasselt der Schleim, der nicht hochgehustet werden kann.
Cuprum aceticum D 6: 3 x täglich 1 Gabe, 1–2 Wochen lang.

Drosera

Wenn die Katze zähen Schleim in geringen Mengen produziert, der sich nicht löst, und besonders in der Nacht anfallsweise schmerzhafter Husten auftritt, sollte man an Drosera denken. Auch bei akutem Reizhusten, der in sauerstoffarmen Räumen ausgelöst wird, kann das Mittel der Katze helfen.
Drosera D 6: 3 x täglich 1 Gabe, 1–2 Wochen lang, oder C 30, 1 x täglich 1 Gabe, 2 Tage lang.

Dulcamara

Dulcamara wirkt besonders auf die Schleimhäute und hilft der Katze bei Husten, der durch Kaltwerden oder Nässe entstanden ist (siehe auch Rhus toxicodendron). Eine Verschlimmerung tritt demzufolge bei nasser Kälte und in überheizten Räumen auf.
Dulcamara D 6: 3 x täglich 1 Gabe, 1–2 Wochen lang, oder C 30, 1 x täglich 1 Gabe, 2 Tage lang.

Grindelia robusta

Dieses Mittel wirkt besonders gut bei Erstickungsanfällen, bei Asthma oder bei Folgen von allergischen Reaktionen der Schleimhäute. Tritt Kurzatmigkeit oder Ängstlichkeit beim Atmen auf, kann dies auf einen Bronchospasmus hinweisen, bei dem das Mittel der Katze hilft.
Grindelia robusta D 6: 3 x täglich 1 Gabe, 2–3 Wochen lang.

Hyoscyamus

Krampfhafter nächtlicher Husten, aber auch der nervöse Husten (siehe auch Ignatia) sind Symptome dieses Mittels. Es

hilft der Katze besonders gut, wenn diese dem Bild des Hyoscyamus-Typs entspricht (siehe Kapitel »Homöopathische Konstitutionstypen«) und noch keine schwerwiegenden Veränderungen der Lunge bestehen.
Hyoscyamus D 30: 1 x täglich 1 Gabe, 2–3 Wochen lang, oder in der Potenz C 30, 1 x täglich 1 Gabe, 2–3 Tage lang.

Ignatia

Nervös bedingter Husten kann bei Katzen auftreten, und Ignatia hilft dem Patienten besonders dann, wenn dieser dem Arzneimittelbild entspricht (siehe Kapitel »Homöopathische Konstitutionstypen«). Es sollten keine Veränderungen der Lunge auf dem Röntgenbild erkennbar sein, damit das Mittel eingesetzt werden kann.
Ignatia D 30: 1 x täglich 1 Gabe, 2–3 Wochen lang oder in der Potenz C 30, 1 x täglich 1 Gabe, 2–3 Tage lang.

Ipecacuanha

Bei diesem Mittel tritt Husten mit Erbrechen auf, das jedoch keine Erleichterung verschafft. Ebenso kann es bei Asthma eingesetzt werden, da es auch bei erstickendem Husten gut wirkt. Bewegung und Wärme verschlimmern die Symptome des Hustens.
Ipecacuanha D 6: 3 x täglich 1 Gabe, 2–3 Wochen lang oder in der Potenz C 30, 1 x täglich 1 Gabe, 2–3 Tage lang.

Kalium bichromicum

Klebrige, zähe, fadenziehende und dicke Absonderungen, die von der Katze kaum hochgehustet werden können, machen den Einsatz dieses Mittels ratsam. Es verdünnt den Schleim, so dass er abgehustet werden kann. Dieses Mittel kann mit anderen homöopathischen Hustenmitteln kombiniert werden.

Kalium bichromicum D 6: 3x täglich 1 Gabe, 2–3 Wochen lang, oder in der Potenz C 30, 1x täglich 1 Gabe, 2–3 Tage lang.

Lobelia inflata

Dieses Mittel lässt sich gut mit Ammonium carbonicum kombinieren und wird beim Lungenemphysem eingesetzt. Es erleichtert das Durchatmen für den Patienten.

Lobelia inflata D 3: 3x täglich 1 Gabe, 2–3 Wochen lang.

Phosphorus

Wie bei Bryonia tritt trockener, harter Husten bei Bronchitis oder Lungenentzündung mit Fieber auf, mit schmerzhafter Atmung und schlechtem Allgemeinbefinden. Die Katze muss zwingend dem Tierarzt vorgestellt werden, kann aber begleitend mit homöopathischen Mitteln behandelt werden. Die Auswahlkriterien für Phosphorus sind außerdem Durst und Trockenheit der Schleimhäute sowie Berührungsempfindlichkeit. Eine Besserung der Symptome tritt an der frischen Luft auf, eine Verschlechterung morgens. Wegen der Schmerzen versucht die Katze jede Bewegung zu vermeiden und unterdrückt den Husten.

Phosphorus D 6: 3x täglich 1 Gabe, 1–2 Wochen lang oder C 30, 1x täglich 1 Gabe, 2–4 Tage lang.

Rhus toxicodendron

Nässe und Kälte spielen auch bei diesem Mittel eine große Rolle, und es hilft beim Husten, der durch diese Kriterien ausgelöst wurde (siehe auch Dulcamara). Ob Bronchitis oder Lungenentzündung, sobald sie durch Nässe oder Kälte ausgelöst wurden, sollte das Mittel der Katze helfen. Oft haben diese Tiere auch Probleme mit den Gelenken.
Rhus toxicodendron D 6: 3x täglich 1 Gabe, 1–2 Wochen lang, oder C 30, 1x täglich 1 Gabe, 2–4 Tage lang.

Spongia

Wie durch einen Schwamm erscheint hier die Atmung, und der Husten ist eher trocken und laut. Wenig zäher Schleim, der kaum hochgehustet werden kann, und dadurch häufiges Schlucken sind Hinweise auf den Einsatz von Spongia. Druck am Hals (durchs Halsband), Aufregung, Temperaturschwankungen können den Husten auslösen; die Aufnahme von Futter oder Wasser kann ihn bessern.
Spongia D 6: 3x täglich 1 Gabe, 1–2 Wochen lang, oder C 30, 1x täglich 1 Gabe, 2–3 Tage lang.

Stannum metallicum

Dieses Mittel wird bei chronischer Bronchitis und sehr schlanken Katzen eingesetzt. Der Schleim löst sich leicht bei diesem Husten. Eine Kombination mit Arsenum jodatum ist möglich. Besserung erfolgt durch Ruhe und Wärme, Kälte und Bewegung hingegen verschlechtern die Symptome.
Stannum metallicum D 6: 3x täglich 1 Gabe, 1–2 Wochen lang.

Sulfur

Meist sind unterdrückte Hautprobleme die Ursache für weitere Erkrankungen der Katze. Wenn Husten und weitere Beschwerden der Atemwege nach solch einem Fall auftreten, ist dies ein Hinweis auf Sulfur. Die Symptome können durchaus von einer einfachen Erkältung bis hin zur Lungenentzündung reichen. Sulfur sollte immer mit ein wenig Bedacht eingesetzt werden, da es auch entgiftend wirkt.
Sulfur D 6: 3x täglich 1 Gabe, 1 Woche lang, oder C 30, 1x täglich 1 Gabe, 2–3 Tage lang.

Tartarus emeticus

Schwierig auszuhustender Schleim, der von der Katze durch eine Schwäche nicht hervorgebracht werden kann. Dies kann an einer Herzschwäche liegen. Tartarus wird bei Entzündungen der unteren Atemwege, also bei Bronchitis eingesetzt. Es ist das Gegenstück zu Ipecacuanha, denn Erbrechen und das Abhusten von Sputum bessern die Symptome. Eine Verschlechterung besteht bei Wärme und im Liegen sowie am Morgen. Ältere Katzen reagieren besonders gut auf dieses Mittel.
Tartarus emeticus D 6: 3x täglich 1 Gabe, 1 Woche lang.

Thuja

Die Symptome von Thuja treten nach einer Impfung als Folge auf.
Thuja D 6: 3x täglich 1 Gabe, 1 Woche lang.

Yerba santa

Yerba santa wird bei asthmatischer Bronchitis eingesetzt.
Yerba D 3: 3 x täglich 1 Gabe, 1–2 Woche lang.

Stanley hat ständige Probleme durch eine Bronchitis

Die Besitzerin von Stanley kannte ich bereits durch ihre Katze. Sie hatte mich damals kontaktiert, weil die Katze unsauber war. Nachdem der damalige Kater, mit dem sie zusammenlebte, wegen eines Nierenleidens hatte eingeschläfert werden müssen, nahm die Familie Stanley auf. Die Unsauberkeit der Katze war übrigens Schnee von gestern, wie man so schön sagt.

Stanley hatte schon Atemprobleme, als er einzog, und er bekam neben einem homöopathischen Mittel auch Horvi-Enzyme und Spenglersan-Kolloide. Diese Mittel halfen ihm eine ganze Weile recht gut. Nach etwa einem halben Jahr jedoch sprach Stanley auf nichts mehr an, sein Zustand verschlimmerte sich zusehends. Er bekam teilweise kaum noch Luft und musste ständig zum Tierarzt gefahren werden. Als selbst das Spray zum Erweitern der Atemwege, das er sich übrigens gut gefallen ließ, nicht mehr helfen wollte, rief die Besitzerin mich wieder an. Wir nahmen gemeinsam noch einmal seine Geschichte auf und versuchten alle Symptome genau zu lokalisieren. Die Anamnese lief auf zwei Mittel hinaus. Das erste Mittel bekam er einige Tage mit wenig Reaktion verabreicht, das zweite Mittel, Arsenicum album, passte sehr gut zu seinem Gemütszustand und half ihm auch bei seiner gesundheitlichen Disposition. Er hatte an einem Tag einen weiteren Anfall, und die Besitzerin verabreichte ihm wie besprochen das Mittel, indem sie zwei Kügelchen in ein wenig Wasser auflöste. Das aufgelöste Mittel verabreichte sie ihm direkt ins Mäulchen über eine Spritze ohne Nadel, und schon nach etwa zehn Minuten hörten die Atembeschwerden von Stanley auf. Er bekam richtig Luft, und die Absonderung vom Schleim reduzierte sich erheblich. Seit diesem Tag sind Stanleys Probleme erheblich weniger geworden. Wenn sie doch einmal auftreten, bekommt er wieder für einige Tage *sein* Mittel, und danach geht es ihm sofort wieder gut.

Herz und Kreislaufsystem

Repertorium zu Herz- und Kreislauferkrankungen

Diese Gesamtübersicht beschreibt die homöopathischen Mittel, die bei Herzerkrankungen in Betracht gezogen werden können. Genauere Anweisungen finden Sie in den Beschreibungen der nachfolgenden homöopathischen Mittel.

Symptome	Indikationen	Medikamente
Zur Beruhigung bei Herzerkrankung	akut (Tierarzt!)	Passiflora incarnata
Extrem hoher Puls	akut (Tierarzt!)	Spigelia anthelmia
Stauung mit Ansammlung von Flüssigkeit		Apocynum cannabinum
Herzerkrankungen, allgemein	zur Stärkung	Crataegus, Lycopus virginicus, Naja tribudians
Herzerkrankungen	zusätzlich zur tierärztlichen Behandlung	Cactus, Digitalis purpurea, Ginkgo biloba, Kalium carbonicum, Kalmia latifolia, Laurocerasus, Scilla maritima

Mittelbeschreibungen – Herzbeschwerden

Herzbeschwerden sind gerade bei Katzen sehr schwer selbst festzustellen, da Katzen selten ausgeprägte Symptome zeigen. Da Herzbeschwerden aber ohnehin nicht in Selbstmedikation behandelt werden können, muss die Katze beim geringsten Verdacht auf eine solche Erkrankung zwingend dem Tierarzt vorgestellt werden. Sie kann aber begleitend in Absprache mit dem Tierarzt mit homöopathischen Mitteln behandelt werden.

Herzfunktionsstörungen entstehen, wenn eine Herzklappe nicht richtig schließt. Dadurch fließt das Blut in falscher Richtung wieder zurück in den Kreislauf, und das Herz muss versuchen, diesen Zustand auszugleichen. Es schlägt schneller, um genügend Blut in den Kreislauf pumpen zu können. Hier muss durch ein Herzarzneimittel, das der Tierarzt bestimmen wird, eine Beruhigung des Herzens herbeigeführt werden, da es sonst nicht lange die nötige Arbeit vollbringen kann und irgendwann versagt.

Ist der Herzmuskel verdickt und das Herz vergrößert, pumpt das Herz vermehrt Blut. Durch diese ständige außergewöhnliche Leistung muss das Herz sich anpassen und vergrößert sich immer weiter, was natürlich irgendwann nicht mehr möglich ist. Schwächeanfälle, Schwindelanfälle, Husten, Atemnot und rasche Ermüdbarkeit nach Bewegung sind eindeutige Anzeichen, um die Katze dem Tierarzt vorzustellen.

Weitere Symptome einer Herzerkrankung können verringerter Appetit mit Abmagerung, Schreckhaftigkeit, Unruhe in

der Nacht, Ödeme (Schwellungen) an den Beinen oder im Augenbereich, bläulich verfärbte oder blasse Schleimhäute oder Depressionen sowie ein vermehrter Bauchumfang (Bauchwassersucht oder Leberschwellung) sein.
Herzfehler können erworben oder angeboren sein. Auslöser können neben Infektionserkrankungen auch akuter Eisenmangel, Herzrhythmusstörungen, heftige Schockerlebnisse, ein Leberstau mit Gelbsucht, eine Gehirnhautentzündung oder Blutarmut sein. Der Herzmuskel ist in der Lage, Störungen bis zu einem gewissen Grad auszugleichen, aber irgendwann ist die Grenze erreicht und er benötigt Hilfe durch eine Entlastung, damit das Herz nicht versagt. Alle nachfolgenden homöopathischen Mittel sollten aus Sicherheitsgründen nur nach Rücksprache mit dem Tierarzt eingesetzt werden.

Apocynum

Es wird bei Stauungen, die durch Flüssigkeitsansammlungen entstanden sind, eingesetzt. Die Katze wirkt oft schläfrig und hat einen unregelmäßigen, flatternden Puls.
Apocynum D 3: 3x täglich 1 Gabe, 3–4 Wochen lang.

Cactus

Bei Krämpfen, die eine epileptische Form vermuten lassen, und Blutungen, die aus Mund und Nase austreten können, sollte das Mittel helfen. Verschlimmerung tritt bei psychischer Erregung und häufig bei Vollmond auf.
Cactus D 6: 3x täglich, 1 Gabe, 2–3 Wochen lang.

Crataegus

Die Katze wirkt schwach und erschöpft, und Husten mit Atemnot kann auftreten. Ebenso kann es bei Herzinsuffizienz eingesetzt werden und gilt als herzstärkendes Mittel.

Crataegus D 6: 3 x täglich 1 Gabe, 2–3 Wochen lang.

Digitalis purpurea

Das Mittel kann bei Herzmuskelschwäche oder Herzrhythmusstörungen angewendet werden und wirkt bei Katzen, die häufig Unruhe zeigen, bei bläulich verfärbten Schleimhäuten oft sehr gut. Eine Verschlimmerung tritt bei vermehrter Bewegung auf.

Digitalis purpurea D 6: 3 x täglich 1 Gabe, 2–3 Wochen lang.

Ginkgo biloba

Ginkgo hat eine blutverdünnende Wirkung und kann vorbeugend zum Schutz vor Thrombosen angewendet werden. Katzen mit Herzerkrankungen neigen leider häufig zur Thrombosebildung. Das Mittel hat einen wunderbaren Effekt auf die Durchblutung von Gehirn und Rückenmark und wird vorrangig bei alten Patienten eingesetzt.

Ginkgo biloba D 4: 3 x täglich 1 Gabe, 2–3 Wochen lang.

Kalium carbonicum

Die Katze leidet still vor sich hin, wenn Sie Kalium carbonicum benötigt. Bei chronischen Erkrankungen hört man oft einen trockenen, harten Husten, der sich zum Abend hin verschlechtert. Anstrengung und Aufregung führen schnell zu Herzbeklemmungen und Atemnot.

Kalium carbonicum D 12: 2x täglich 1 Gabe, 1–2 Wochen lang.

Kalmia latifolia

Herzerkrankungen, die durch Infekte entstanden sind (z. B. Grippe, FIP) und Entzündungen am Herzen hervorrufen, sprechen gut auf Kalmia an.
Kalmia latifolia D 12: 2x täglich 1 Gabe, 1–2 Wochen lang.

Laurocerasus

Zeigt die Katze immer wieder Reizhusten mit Atemnot und bläuliche Schleimhäute, kann man von einer Herz-Lungen-Insuffizienz ausgehen, die meist bei älteren Katzen auftritt. Laurocerasus hilft den Patienten, die häufig frieren, Wärmeanwendungen aber nicht mögen, und kann mit Digitalis oder Crataegus kombiniert werden.
Laurocerasus D 4: 3x täglich 1 Gabe, 2–3 Wochen lang.

Lycopus virginicus

Lycopus kann wie Crataegus zur Stärkung des Herzens eingesetzt werden. Es wird benötigt, wenn der Herzschlag ungestüm und schnell ist und eventuell Herzhusten auftritt. Verschlechterungen treten bei Aufregung, Anstrengung und Wärme auf.
Lycopus D 6: 3x täglich 1 Gabe, 2–3 Wochen lang.

Naja tripudians

Naja wird zur Herzstärkung eingesetzt und kann mit Crataegus und Lycopus kombiniert werden. Dieses Mittel wird

nötig, wenn die Katze jede Bewegung vermeidet und traurig wirkt. Entzündungen, Herzklappenerkrankungen und Blutdruckschwankungen reagieren gut auf Naja.
Naja tripudians D 6: 3 x täglich 1 Gabe, 2–3 Wochen lang.

Passiflora incarnata
Passiflora kann zur Beruhigung bei Herzerkrankungen eingesetzt werden; die Katze sollte schnellstens zum Tierarzt gebracht werden.
Passiflora incarnata D 6: alle 10–20 Minuten 1 Gabe, bis zum Eintreffen beim Tierarzt.

Scilla maritima
Scilla besitzt eine hervorragende entwässernde Wirkung, dementsprechend hilft es besonders bei altersbedingter Herzschwäche, bei der sich Wasseransammlungen bilden.
Scilla maritima D 6: 3 x täglich 1 Gabe, 2–3 Wochen lang.

Spigelia anthelmia
Sehr heftiges, hörbares Herzklopfen ist oft ein Symptom für die Auswahl von Spigelia. Es können Schmerzen auftreten, die in die rechte Pfote ausstrahlen. Akute oder chronische Herzmuskelentzündungen oder Herzklappenerkrankungen reagieren gut auf Spigelia. Zusätzlich können Atemnot und stechende Herzschmerzen auftreten, so dass die Katze fast nur auf der rechten Seite liegt. Verschlechterung tritt beim Hochheben, durch kalte Luft, Geräusche oder Transport auf.
Spigelia anthelmia D 6: 3 x täglich 1 Gabe, 2–3 Wochen lang.

Harnorgane

Anzeichen für Erkrankungen der Harnwege können sein:

› ständiges Lecken der Genitalien
› Appetitverlust
› Erbrechen
› ständiges Urinieren oder übermäßige Urinmengen
› Blut im Urin – veränderte Urinfarbe oder Uringeruch
› ständiges oder häufiges Aufsuchen des Katzenklos
› Schmerzanzeichen
› Unvermögen, Urin abzusetzen
› Markieren, Unsauberkeit

Die Farbe des Urins sollte immer gelb und klar sein; bestehen Farbveränderungen (Blut im Urin), die eventuell auch durch bestimmte Medikamente verursacht werden können, weisen Sie den Tierarzt unbedingt darauf hin. Ebenso könnte der Geruch verändert sein, was auch auf Erkrankungen hinweisen kann. Es ist immer sinnvoll, eine frische Urinprobe zum Tierarzt mitzubringen, damit Erkrankungen der Harnwege schnell diagnostiziert werden können. Das spart Zeit, die bei ernsten Erkrankungen wichtig sein kann.

Ursachen für Harntröpfeln oder Inkontinenz können sein:

› Nervosität, Angst, Revierverhalten
› vermehrte Harnproduktion (Diabetes, CNI)

- anatomische Missbildungen (Harnröhre oder Wirbelsäule)
- Blasenentzündung
- Lähmungen der Nerven (z. B. nach Unfall)
- Nervenerkrankungen der Blase (feline Dysautonomie)
- Krampf der Harnröhre oder Blasenwand (bei Steinbildung)

Repertorium zu Erkrankungen der Harnorgane

Diese Gesamtübersicht beschreibt die homöopathischen Mittel, die bei Harnwegserkrankungen in Betracht gezogen werden können. Genauere Anweisungen finden Sie in den Beschreibungen der nachfolgenden homöopathischen Mittel.

Symptome	Indikationen	Medikamente
Blasenentzündung (Zystitis)	akut und heftig	Cantharis, Capsicum, Copaiva, Pareira brava
	allgemein	Belladonna, Echinacea angustifolia, Equisetum hiemale, Hepar sulfuris, Lachesis, Terebenthina, Solidago virgaurea
	durch trockene Kälte	Aconitum, Causticum
	durch nasse Kälte	Dulcamara, Rhus toxicodendron

Symptome	Indikationen	Medikamente
	durch Störung der Blasenfunktion	Arnica, Hamamelis, Hypericum, Nux vomica, Petroselinum, Plumbum metallicum, Strychninum nitricum
	durch Rolligkeit	Terebenthina, Pulsatilla
Blasenfunktionsstörungen	allgemein	Petroselinum
	durch Erkrankung des Rückenmarks	Arnica, Hypericum, Nux vomica, Plumbum metallicum, Strychninum nitricum
	durch psychische Störungen	Hyoscyamus, Pulsatilla
Harnleiterkrampf		Sabal serrulatum
Harnleitersteine (FUS)		Berberis, Rubia tinctorum, Sabal serrulatum, Solidago virgaurea
Nierenentzündung	akut	Apis mellifica, Aconitum, Berberis, Cantharis, Echinacea angustifolia, Lachesis, Lespedezia sieboldi, Lycopodium, Phosphorus, Solidago virgaurea
Prostataentzündung		Aristolochia, Cantharis, Pulsatilla, Sabal serrulatum
Schrumpfniere		Lespedezia sieboldi, Orthosiphonis stamineus, Solidago virgaurea

Mittelbeschreibungen – Blasenentzündung

Katzen leiden recht häufig an Blasenentzündungen, und es trifft sie in allen Altersgruppen, egal ob Katze oder Kater. Eine Blasenentzündung kann sich durch häufiges Urinieren von geringen Mengen oder durch Unsauberkeit bemerkbar machen.

Bei der im Haus lebenden Katze bemerkt man recht schnell, wenn beim Urinabsetzen etwas nicht stimmt. Bei der freilebenden Katze ist es oft schwieriger festzustellen. Darum achten Sie bei ihr auf verändertes Verhalten. Meist halten sich Freigänger vermehrt im Haus auf, wenn sie nicht in Ordnung sind. Durch vermehrte Unruhe zeigen sie ihr Unwohlsein, und durch Verkriechen erhoffen sie sich Linderung von Schmerzen. Das Allgemeinbefinden ist bei einer einfachen Blasenentzündung meist nicht gestört, erst wenn die Nieren oder die Prostata beteiligt sind, können Befindlichkeitsstörungen wie Appetitlosigkeit oder Apathie auftreten. Tritt eine Blasenentzündung zum ersten Mal auf, kann eine Selbstmedikation versucht werden. Tritt nach kurzer Zeit keine Besserung ein oder gibt es einen Rückfall, sollte auf jeden Fall der Tierarzt aufgesucht werden.

Im Anschluss finden Sie in alphabetischer Reihenfolge die im Repertorium genannten homöopathischen Mittel, die Sie zur Behandlung einer Blasenentzündung bei Ihrer Katze einsetzen können.

Auslöser für eine Blasenentzündung

Infekte

Meist handelt es sich dabei um eine bakterielle Infektion, ausgelöst durch Escherichia-coli-Bakterien, die relativ leicht zu behandeln ist. Sollte die Entzündung jedoch ständig wiederkehren, könnte es sich um einen hartnäckigen Erreger der Proteus-Arten (z. B. Proteus vulgaris) handeln, der schwieriger zu bekämpfen ist.

Blasensteine – FUS (Felines Urologisches Syndrom)

Durch ständige Verletzungen der Blase oder Harnröhre mit scharfkantigen Blasensteinen können chronische Blasenentzündungen entstehen.

Entleerungsstörung der Blase – Harnröhrenverlegung

Ein festsitzender Stein in der Harnröhre kann, gerade beim Kater, für einen lebensbedrohlichen Harnstau sorgen. Die Blase kann durch den verklemmten Stein in der Harnröhre nicht vollständig oder überhaupt nicht entleert werden. Die Katze wird ständig versuchen, Urin abzusetzen, und meist nur einige Tropfen oder gar keinen Urin entleeren können. Bei älteren, kastrierten Katzen kann dieses Unvermögen, Harn abzusetzen, ebenfalls auftreten, was häufig auch an einer Überbeanspruchung der Blasenmuskulatur liegt. Das Katzenklomanagement ist dabei oft ein wesentlicher Faktor. Katzen, denen die Katzenstreu zu schmutzig ist, verkneifen es sich oft, das Katzenklo zu benutzen, wodurch es zu einer Harnverhaltung kommen kann.

Kathetersetzung

Bei einer Harnröhrenverstopfung oder Harnsperre der Katze kann es nötig werden, einen Katheter zu setzen. Durch den Eingriff können Infektionserreger eingeschleppt werden, die zu einer Blasenentzündung führen können.

Aconitum napellus

Der Eisenhut kann innerhalb kurzer Zeit auftretende Angstzustände und Schmerzen beheben. Durst ist ebenfalls ein Hinweis auf Aconitum, wenn die Beschwerden durch trockene Kälte ausgelöst wurden (siehe auch Causticum). Aconitum wirkt in der akuten Phase einer Blasenentzündung.
Aconitum D 6: 3x 1 Gabe alle 10–15 Minuten, danach 3x täglich 1 Gabe oder C 30, 1x täglich 1 Gabe, 2–3 Tage lang.

Cantharis

Cantharis ist bei einer akuten Blasenentzündung angezeigt, wenn die Katze beim Wasserlassen sehr stark presst, der Urin Blut enthält und sie unaufhörlich das Katzenklo aufsucht. Aus Angst vor Schmerzen wird die Katze versuchen, sich andere weiche Orte zur Entleerung zu suchen: Kissen und Betten werden dann häufig beschmutzt. Die Katze wirkt sehr unruhig und kann regelrecht in Panik geraten. Cantharis hat heftige Schmerzen vor, beim oder nach dem Wasserlassen, wohingegen Berberis nur während und Equisetum hiemale nur nach dem Wasserlassen Schmerzen zeigt. So lassen sich die homöopathischen Mittel auseinanderhalten. Hilft das Mittel nicht innerhalb kurzer Zeit, bringen Sie die Katze zum Tierarzt!

Cantharis D 6: 3 x 1 Gabe alle 10–20 Minuten, danach 3 x täglich 1 Gabe, 1 Woche lang, oder C 30, 1 x täglich 1 Gabe, 2–3 Tage lang.

Capsicum

Wie bei Cantharis treten auch hier brennende Schmerzen auf, die im Gegensatz zu Cantharis aber wesentlich heftiger sind. Die Katze findet einfach keine Ruhe und ist deshalb ständig in Bewegung.
Capsicum D 6: 3 x täglich 1 Gabe, 1 Woche lang.

Causticum

Trockene Kälte ist meist der Auslöser für eine Blasenentzündung beim alten Tier, wenn Causticum angezeigt ist. Causticum verliert auch nach dem Urinieren tropfenweise Urin.
Causticum D 12: 3 x täglich 1 Gabe, 1 Woche lang, oder C 30, 1 x täglich 1 Gabe, 2–3 Tage lang.

Copaiva

Der Urin weist einen süßlichen Geruch auf und sieht schaumig aus. Kater belecken häufig ihren Penis. Die Tiere leiden an häufigem Harndrang.
Copaiva D 6: 3 x täglich 1 Gabe, 10 Tage lang, oder C 30, 1 x täglich 1 Gabe, 3–4 Tage lang.

Dulcamara

Akuter Harndrang mit trübem Harn deutet auf Dulcamara hin. Die schmerzhaften Beschwerden treten meist nach Durchnässung (Vergleich mit Rhus toxicodendron) auf, und

es besteht eventuell auch eine erkrankungsabhängige Inkontinenz.
Dulcamara D 4: 3 x täglich 1 Gabe, 1 Woche lang, oder C 30, 1 x täglich 1 Gabe, 2–3 Tage lang.

Echinacea angustifolia

Zur Stützung des Immunsystems und gegen allgemeine Infektionen wird Echinacea angewendet.
Echinacea D 2: 3 x täglich 1 Gabe, 1 Woche lang, oder C 30, 1 x täglich 1 Gabe, 3 Tage lang.

Equisetum hiemale

Das Mittel passt zur Blasenerkrankung, wenn viel Harn abgesetzt wird und am Ende stark gepresst wird, bis manchmal sogar Blut zu erkennen ist. Das Mittel entspannt die Blasenmuskulatur und hilft bei der Heilung der Blasenentzündung. Auch bei Harnabgang im Schlaf, hervorgerufen durch einen Krampf des Blasenhalses oder der Blasenmuskulatur, kann das Mittel eingesetzt werden.
Equisetum hiemale D 6: 3 x täglich 1 Gabe, 1 Woche lang oder C 30, 1 x täglich 1 Gabe, 3 Tage lang.

Trudi, eine elf Jahre alte Hauskatze mit einer Blasenentzündung

Die Besitzerin einer knapp elf Jahre alten Hauskatze rief mich an, weil ihre dreifarbige Katze immer wieder auf ihr Katzenklo rannte und dabei, aber auch danach, heftige Schmerzen zeigte. Da solche schmerzhaften Erkrankungen keinen Aufschub dulden, setzte ich mich sofort ins Auto und fuhr hin. Vor Ort angekommen, konnte ich den Urin, den Trudi gerade erst einige Minuten zuvor auf einer Plastiktüte abgesetzt hatte, begutachten. Er war leicht blutig.

Katze neigen dazu, bei Schmerzen auf dem Katzenklo das Klo dafür verantwortlich zu machen, und meiden das Klo dann. In der Hoffnung, dass es an einer anderen Stelle weniger schmerzhaft ist, den Urin abzusetzen, suchen sie sich dann andere Lösungsstellen. Leider verstehen sie nicht, dass der Schmerz nicht vom Ort des Geschehens ausgelöst wird. Diesen Aspekt sollte man bei einer unsauberen Katze immer im Kopf behalten: Die Katze könnte Schmerzen haben und deshalb unsauber werden.

Trudi erhielt sofort eine Gabe Cantharis C 30, da sie Schmerzen beim und nach dem Urinieren zeigte und der Urin Blutspuren aufwies. Die Globuli löste ich für die Verabreichung in einer kleinen Plastikspritze mit ein wenig Wasser auf. Da Trudi als dreifarbige Katze sehr wohl wusste, was sie wollte, konnte die Besitzerin ihr die Lösung nicht ins Maul eingeben. Wir mussten Trudi ein wenig austricksen und haben ihr die in Wasser aufgelösten Globuli einfach auf die Pfote getropft. Nachdem sie uns einmal kräftig angefaucht hatte, leckte sie brav das Wasser von ihrer Pfote. Nach zehn Minuten wiederholten wir den Vorgang unter starkem Protest von Trudi, aber nach dieser zweiten Gabe konnte man erkennen, dass das Mittel wirkte. Sie entspannte sich zusehends und hörte mit dem Aufs-Klo-Rennen und der Suche nach Ersatzstellen auf. Am nächsten Tag ging es ihr wieder wunderbar, wie ich am Telefon von der Besitzerin erfuhr.

Wie in diesem Fall ist es bei akuten Erkrankungen fast immer: Wenn ein homöopathisches Mittel zur Erkrankung der Katze passt, wirkt es in der Regel sehr schnell. Sollte dies nicht der Fall sein, muss immer der Gang zum Tierarzt erfolgen.

Hepar sulfuris

Bei einer chronischen Blasenentzündung kann langsames, tropfenweises Urinieren mit Blutgerinnsel im Urin am Schluss des Harnlassens auf Hepar sulfuris hinweisen. Verschlimmerung zeigt sich bei Kälte und Besserung bei Wärme. Equisetum hiemale kann eventuell mit Hepar sulfuris kombiniert werden.

Hepar sulfuris D 12: 3x täglich 1 Gabe, 1–2 Wochen lang, oder C 30, 1x täglich 1 Gabe, 3–5 Tage lang.

Terebenthina

Das Mittel beeinflusst hauptsächlich die Schleimhäute der Harnorgane und kann auch bei einer chronischen Blasenentzündung hilfreich eingesetzt werden. Der Harn sieht dabei oft dunkelrot aus, als würde er zersetztes Blut enthalten. Das ist eine Hauptanzeige für Terebenthina. Das Verhalten der Katze ist weniger unruhig als bei Cantharis, und die Symptome sind weniger akut.

Terebenthina D 3: 3x täglich 1 Gabe, 1–2 Wochen lang.

Pareira brava

Heftige Symptome sind bei einem Blasenkatarrh ein Wegweiser zu Pareira brava. Die Katze presst eventuell noch stärker als bei Cantharis. Wenn die Katze sich löst, ist der Harn meist dick und schleimig.

Pareira brava D 4: zu Beginn 3x alle 10–20 Minuten 1 Gabe, danach 3x täglich 1 Gabe, 1–2 Wochen lang.

Petroselinum

Plötzlicher Harndrang ist ein Hinweis auf Petroselinum. Dieser entsteht häufig bei alten Katzen, wenn die Blase überfüllt und überdehnt ist. Die Blase kann nicht mehr richtig entleert werden, weil sie krankhaft verdickt ist, wodurch die Katze beim Erreichen eines bestimmten Füllstandes der Blase unbewusst Harn verliert. Auch wenn Petroselinum die chronische Blasenentzündung nicht heilt, kann es die Überdehnung der Blasenmuskulatur positiv beeinflussen. Durch das Mittel wird die Blase entspannt, und der Harn kann wieder vollständig abgesetzt werden.

In der Blase verbleibender Harn kann ebenso wie Steine ständige Entzündungen hervorrufen und zu einer chronischen Blasenentzündung führen. Deshalb ist es sinnvoll, bei krampfartigen Lähmungen der Blase, bei denen Urin urplötzlich abgesetzt werden muss, an dieses Mittel zu denken. Die Laboruntersuchung des Urins ist in der Regel ohne Befund, wenn dieses Mittel notwendig ist. Verschlechterungen entstehen bei Aufregung, und es wird nicht wie bei Cantharis oder Terebenthina gepresst.

Petroselinum D 6: 3 x täglich 1 Gabe, 2–3 Wochen lang, oder D 30, 1 x täglich 1 Gabe, 1 Woche lang.

Pulsatilla

Die Blasenentzündung kann bei der Katze vor oder nach der Rolligkeit auftreten oder durch eine aufsteigende Infektion der Vagina entstehen. Bei dem Einsatz dieses Mittels ist das Kapitel »Homöopathische Konstitutionstypen« mit einzubeziehen.

Pulsatilla D 6: 3x täglich 1 Gabe, 1–2 Wochen lang, oder C 30, 1x täglich 1 Gabe, 3–5 Tage lang.

Rhus toxicodendron

Blasenentzündungen entstehen oft nach Durchnässung oder durch Kaltwerden. Genau hier greift dieses Mittel. Oft treten auch Symptome wie Fieber oder Apathie bei der Katze auf. Schmerzen im Rücken oder Steifheit der Glieder können ebenso Anzeichen für Rhus toxicodendron sein. Verschlimmerung tritt in der Ruhe und Besserung bei leichter Bewegung oder äußerer Wärme auf.
Rhus toxicodendron D 6: 3x täglich 1 Gabe, 1–2 Wochen lang, oder C 30, 1x täglich, 3 Tage lang.

Sabal serrulatum

Scharfe, stechende Schmerzen in der Harnröhre können dazu führen, dass ein Krampf im Harnleiter entsteht und dadurch von der Katze kein Harn abgesetzt werden kann. Mit Sabal serrulatum, dem homöopathischen Katheter, kann eine Entspannung der Harnröhre erreicht werden. Beim Kater muss damit gerechnet werden, dass eventuell ein Stein die Harnröhre verstopfen könnte; dann wirkt das Mittel ungenügend. Deshalb sollte in diesem Fall möglichst schnell der Tierarzt aufgesucht werden.
Sabal serrulatum D 3: 3x täglich 1 Gabe, 1–2 Wochen lang.

Mittelbeschreibungen – Blutungen aus der Blase

Neben Blutungen der Blase, die durch einen Unfall ausgelöst werden, können auch Störungen des Blutgerinnungsprozesses (Rattengift) oder Verletzungen der Nieren diese auslösen. Folgende homöopathische Mittel können helfen.

Arnica

Arnica passt zu Blutungen, die durch Verletzungen nach einem Schlag oder Stoß auf Nieren oder Blase auftreten (z. B. nach einem Autounfall). Der Urin kann durch die Schlageinwirkung viel Blut enthalten. Hamamelis und Millefolium können im Wechsel dazu gegeben werden.
Arnica D 6: 3 x täglich 1 Gabe, 1 Woche lang.

Hamamelis

Die Blutmenge im Urin erscheint bei einer Blasenentzündung meist sehr schlimm durch die Vermischung mit dem Harn. Da sie aber nur ein Symptom darstellt, muss sie meist nicht gesondert behandelt werden. Millefolium kann begleitend eingesetzt werden.
Hamamelis D 6: 3 x täglich 1 Gabe, 1 Woche lang.

Millefolium

Innerlich und äußerlich kann Millefolium bei kleineren Wunden der Schleimhäute eingesetzt werden. Bei verklemmten Steinen kann es nach der Operation gegeben werden.
Millefolium D 6: 3 x täglich 1 Gabe, 1–2 Wochen lang.

Mittelbeschreibungen – Blasenlähmung

Wurden im Verletzungsfall Nerven der Blase gequetscht, kann es zu Lähmungserscheinungen der Blase kommen. Die Blasenfunktion wird über Nerven gesteuert, welche die Schließmuskeln zusammenziehen oder entspannen. Hierdurch kann die Blase sich füllen oder entleeren, und die Katze empfindet Harndrang, wenn die Blase gefüllt ist. Die Bauchmuskeln unterstützen das Pressen beim Urinieren. Durch Verletzungen der Nerven ist dieser Vorgang gestört.

Hypericum

Das Johanniskraut wirkt auf Verletzungen, die durch gequetschte Nerven entstehen, und kann bei einer Blasenlähmung unterstützend eingesetzt werden.
Hypericum D 4: 3 x täglich 1 Gabe, 1 Woche lang.

Hyoscyamus

Das Mittel wirkt auf die Blasenlähmung ebenso wie bei unwillkürlichem Harnabgang oder bei Harnverhaltung mit Kolik. Bei dem Einsatz dieses Mittels ist das Kapitel »Homöopathische Konstitutionstypen« mit einzubeziehen.
Hyoscyamus D 6: 3 x täglich 1 Gabe, 1 Woche lang, oder C 30, 1 x täglich 1 Gabe, 3 Tage lang.

Petroselinum

Siehe den Abschnitt »Blasenentzündung« in diesem Kapitel.

Pulsatilla

Siehe Kapitel »Homöopathische Konstitutionstypen«.

Phosphorus

Wurde die Blasenlähmung durch eine Erkrankung des zentralen Nervensystems ausgelöst, kann Phosphorus – unter Einbezug des Kapitels »Homöopathische Konstitutionstypen« – eingesetzt werden.

Mittelbeschreibungen – Harnröhrenbeschwerden beim Kater durch Prostatabeschwerden

Die Vorsteherdrüse (Prostata) regelt, gemeinsam mit der benachbarten Samenblasendrüse, durch das Sekret, das sie absondert, die Beweglichkeit des Ejakulats. Diese Geschlechtsdrüsen des Katers umgeben die Harnröhre. Störungen des Harnabsatzes können durch eine Entzündung oder Schwellung der Prostata auftreten, die aber immer zur Abklärung in die Hand des Tierarztes gehört!

Anzeichen einer Prostataerkrankung:

- Bleistiftstuhl und dadurch immer wiederkehrende Kotabsatzprobleme, die mit Schmerzen verbunden sein können
- ängstliches Verhalten
- vorsichtige Bewegungen
- abstehend getragener Schwanz

- Blut oder Eiter geht aus der Harnröhre ab
- der Deckakt wird nicht beendet
- Unfruchtbarkeit

Eine Prostataentzündung kann schnell mit Rückenschmerzen verwechselt werden. Sie spricht in der Regel aber nicht auf Schmerzmittel an. Fieber und Apathie können beim Kater auftreten, der Schwanz wird unnatürlich getragen und der Kater springt seltener. Die Prostataschwellung tritt meist bei älteren Katern auf. Erste Anzeichen sind häufig Verdauungsprobleme mit dem bereits erwähnten Bleistiftstuhl oder Verstopfung. Deswegen sollten Verdauungsbeschwerden beim Kater möglichst auch eine Prostatauntersuchung beinhalten, um dem langen, schmerzhaften Verlauf einer Prostataerkrankung entgegenzuwirken.

Aristolochia

Wird häufig bei Prostatitis eingesetzt.

Aristolochia D 4: 3 x täglich 1 Gabe, 1 Woche lang.

Origanum majorana

Zur Senkung des Geschlechtstriebs empfiehlt sich Origanum. Damit die Prostata nicht zusätzlich stimuliert wird, sollte hier bei allen Prostataerkrankungen homöopathisch regulierend eingegriffen werden.

Origanum C 30, 1 x täglich 1 Gabe, solange die Beschwerden bestehen.

Mittelbeschreibungen – akute Nierenentzündung (Nephritis)

Apathisches Verhalten, Appetitlosigkeit und/oder Fieber können auf einen recht dramatischen Zustand der Katze hinweisen und passen zum akuten Verlauf einer Nierenentzündung, der für die Katze sehr schmerzhaft sein kann. Hinzukommen können aufgeregtes Hin- und Herlaufen mit aufgekrümmtem Rücken, was wiederum auf Schmerzen schließen lässt. Blut im Urin sowie verminderter Harnabsatz können ebenfalls Hinweise sein. Auch beim Harnabsatz können Schmerzen auftreten. Eigentlich ist das gesamte Allgemeinbefinden der Katze gestört. Dies sollte Anlass dazu geben, sofort mit der Katze den Tierarzt aufzusuchen, denn nur er kann eine eindeutige Diagnose stellen.
Eine nicht behandelte Niereninfektion kann irreparable Schäden des Nierengewebes zur Folge haben, was zur chronischen Niereninsuffizienz oder zur Schrumpfniere führen kann und bei Nichtbehandlung zum Tod der Katze führt. Sollte sich der Zustand durch die Tierarztdiagnose bestätigen, können die nachfolgenden Mittel begleitend angewendet werden.

Aconitum

Das Mittel passt zu allen Stadien der Nierenerkrankung und wird angewendet, wenn die Katze die Nierenentzündung durch kalten Wind bekommen hat. Sie ist unruhig, zittert und versucht eventuell unter Schmerzen zu urinieren.
Aconitum D 30: 1 x täglich 1 Gabe, 3–5 Tage lang.

Lespedeza sieboldi

Der Buschklee ist eines der meistangewendeten Mittel bei der Nierenentzündung; durch seine Wirkung kann er die Harnstoffwerte im Blut senken.

Lespedeza sieboldi D 4: 3 x täglich 1 Gabe, 2–3 Wochen lang.

Lycopodium

Siehe Kapitel »Homöopathische Konstitutionstypen«.

Die meisten Probleme entstehen bei diesem Typ durch einen gestörten Stoffwechsel. Dieser sorgt für eine gesteigerte Neigung zur Stein- oder Harngrieß- oder Sandbildung in der Blase. Durch diesen Mangel der Ausscheidung entstehen häufig akute oder chronische Nierenentzündungen.

Solidago virgaurea

Die Goldrute ist eines der besten Nierenpflegemittel, das auch den Nieren einer alten Katze ab und zu guttut und bei einer Nierenentzündung die Harnstoffwerte im Blut senken kann.

Solidago virgaurea D 6: 3 x täglich 1 Gabe, 2–3 Wochen lang.

Mittelbeschreibungen – chronische Nierenentzündung, Schrumpfniere (Nierenzirrhose)

Durch eine chronische Nierenentzündung kann über lange Zeit hinweg eine Schrumpfniere entstehen. Dieser Zustand kann auch immer wieder mit vorübergehenden Besserungen, völlig unbemerkt, über Jahre bestehen. Da die Niere bei einer chronischen Entzündung Giftstoffe (besonders Harnstoff) nicht mehr ausspülen kann, verbleiben diese im Körper der Katze und vergiften diesen langsam. Dadurch kommt es überall im Körper zu verschiedenen weiteren Entzündungssymptomen der Schleimhäute von Magen, Mund und Augen. Durch eine Blutuntersuchung kann der Tierarzt den Harnsäurespiegel bestimmen und eine Diagnose stellen. Deswegen ist es hier ebenfalls sehr wichtig, den Tierarztbesuch nicht auf die lange Bank zu schieben. Im frühen Stadium kann das Fortschreiten der Krankheit zumindest verlangsamt und das noch gesunde Gewebe der Niere erhalten werden.

Erste Anzeichen sind vermehrter Durst und Abmagerung mit später immer mehr abnehmendem Appetit und zunehmender Übelkeit. Im fortgeschrittenen Stadium, wenn die Vergiftung zunimmt, können Erbrechen, schwarzer Stuhlgang, Lungen- oder sogar Gehirnerkrankungen, Anämie (Blutarmut) zu den genannten Symptomen hinzukommen. Homöopathie kann in diesem Stadium nur noch Symptome lindern, da ein zerstörtes Organ nicht reparabel ist.

Unterstützend kann die SUC-Therapie versucht werden, die in diversen Studien CNI-Patienten bereits das Leben verlängern konnte. Diätfutterfragen sollten mit dem Tierarzt ebenfalls besprochen werden, um die Nieren zu entlasten.

Lespedezia sieboldi

Siehe »Akute Nierenentzündung« in diesem Kapitel.

Solidago

Siehe »Akute Nierenentzündung« in diesem Kapitel.

Mittelbeschreibungen – Nieren- und Blasensteine, FUS (Felines Urologisches Syndrom)

Die Nieren spielen die wichtigste Rolle im Wasserhaushalt des Körpers und filtern überflüssige bzw. schädliche Stoffe aus dem Harn. Teils sind dies nicht gut lösliche Stoffe, die je nach Menge (das regelt z.B. das Futterangebot) als Rückstand in der Niere oder in der Blase auftreten und sich dort als Sand oder durch Verklumpung als Steine absetzen können. Diese Nieren- oder Blasensteine können die Blase oder Harnröhre reizen oder ab einer bestimmten Größe sogar zusetzen. Dies kann besonders bei Katern zu einer völligen Blockade der Harnröhre führen, was für das Tier lebensbedrohlich werden kann.

Durch das Vorhandensein von Nieren- oder Blasensteinen kann auch eine Blasenentzündung entstehen, die dann meist falsch behandelt wird. Darum sollte bei einer Blasenentzündung immer abgeklärt werden, ob Harnsteine bestehen.

Steine können aus verschiedenen Rückständen bestehen und bestimmen so die Art der Steine. Diese sollte unbedingt durch den Tierarzt bestimmt werden, denn einige Steine lassen sich durch Futterzusätze auflösen, andere wiederum nicht. Bei zu großen Steinen wird eine Operation meist nicht zu umgehen sein. Bestimmte Konstitutionstypen neigen immer wieder zur Bildung von Nieren- und Blasensteinen. Bei diesen sollte durch das Futter eine Steinbildung ausgeglichen werden. Nieren- oder Blasengrieß entsteht häufig durch zu magnesiumhaltiges Futter, und eine Harnsteindiät kann die-

ses Überangebot ausgleichen. Ein ausreichendes Wasserangebot ist ebenfalls wichtig für Katzen, die an Harnsteinen leiden, damit die Stoffe ausgeschwemmt werden, die sonst zu Steinen führen würden. Stellen Sie ruhig viele Wassernäpfe im Haus auf, damit die Katze immer wieder daran erinnert wird, zu trinken. Der Wassernapf sollte nie neben dem Futternapf stehen, da viele Katzen diesen dann als Nahrungsquelle ansehen und nicht genug trinken!
Katzen, die immer wieder an Harnsteinen leiden, sollten möglichst mit Nassfutter ernährt werden, da Trockenfutter dem Körper zusätzlich Feuchtigkeit entzieht. Die Möglichkeit, immer auf ein sauberes Katzenklo gehen zu können, ist immens wichtig für eine Katze mit Harnsteinen, damit sie sich das Harnabsetzen nicht zusätzlich verkneift, was ebenfalls wieder zu einer Konzentration genau jener Stoffe führen würde, die Harnsteine entstehen lassen.
Im Anschluss finden Sie die im Repertorium genannten homöopathischen Mittel, die Sie zur Unterstützung bei Nieren- oder Blasensteinen bei Ihrer Katze einsetzen können. Sollte zusätzlich eine Blasenentzündung bestehen, suchen Sie nach dem passenden Mittel im Kapitel »Blasenentzündung«.

Berberis

Das Mittel passt eher für chronische als für akute Zustände. Die Katze braucht Berberis, wenn sie während und nach dem Harnabsetzen Schmerzen hat, die durch Harngrieß verursacht werden. Berberis kann von Cantharis durch das Verhalten der Katze unterschieden werden. Die Katze zeigt keine Unruhe wie bei Cantharis, erst die Bewegung verschlech-

tert den Zustand. Es wirkt krampflösend und verhindert die neue Entstehung von Steinen. Ebenfalls typisch ist der schnelle Wechsel der Symptome. Berberis ist eines der wichtigsten Nierenmittel in der Homöopathie.
Berberis D 6: 3 x täglich 1 Gabe, 2–3 Wochen lang, oder C 30, 1 x täglich 1 Gabe, 2–3 Tage lang.

Lycopodium

Launische Tiere, die sehr wählerisch sind und sich gerne einseitig ernähren, passen gut zu Lycopodium. Es ist ein wichtiges Mittel für das FUS-Syndrom. Lycopodium wirkt gut auf die Leber- und Nierenfunktion und reguliert die Ausscheidungen des Stoffwechsels. Es kann gut mit Berberis kombiniert werden.
Lycopodium D 6: 3 x täglich 1 Gabe, 2–3 Wochen lang, oder C 30, 1 x täglich 1 Gabe, 2–3 Tage lang. Bei chronischen Steinleiden kann Lycopodium D 30 zusammen mit Magnesium carbonicum D 30, 1 x täglich 1 Gabe, 1 x pro Woche, für 1 Monat, als Kur gegeben für die Auflösung von Steinen sorgen.

Rubia tinctorum

Die Auflösung von Harnsteinen wird durch dieses Mittel gefördert; es kann gut mit Solidago kombiniert gegeben werden.
Rubia tinctorum D 6: 3 x täglich 1 Gabe, 2–3 Wochen lang.

Sabal serrulatum

Sabal serrulatum sollte gegeben werden, wenn durch ein Steinleiden eine Harnverhaltung besteht.
Sabal serrulatum D 3: 3–5 x täglich 1 Gabe, 1–2 Tage lang.

Solidago virgaurea

Solidago steigert die Durchspülung der Nieren und der Blase und minimiert damit die Harnstoffe, die Steine auslösen können.

Solidago virgaurea D 2: 3 x täglich 1 Gabe, 2–3 Wochen lang.

Gesteigerter Durst bei der Katze

Katzen trinken in der Regel eher zu wenig. Durch ihr Leben als Wüstentiere sind sie in der Lage, den Urin stark zu konzentrieren, um mit sehr wenig Flüssigkeit auszukommen. Dies kann bei Erkrankungen sehr schädlich für die Katze sein. Deswegen fällt gesteigerter Durst gerade bei der Katze sehr schnell auf und deutet auch häufig auf eine Erkrankung hin.

1. Diabetes mellitus (Zuckerkrankheit)

Die Katze hat gewaltigen Durst, bekommt Heißhungeranfälle, wodurch sie zuerst zur Fettleibigkeit neigt, und muss häufig urinieren, wenn eine Zuckererkrankung besteht. Mit zunehmender Verschlechterung wird die Katze immer mehr abmagern, da der Körper den Zucker, der für die Energielieferung der Muskulatur nötig wäre, nicht mehr verarbeiten kann. Dieser Zucker wird dann zuerst im Blut und später im Urin nachweisbar.

Diabetes mellitus muss vom Tierarzt behandelt werden. Der Tierarzt wird Insulin spritzen und eine Diät verschreiben. Im Anschluss kann eine homöopathische Unterstützung erfolgen mit den nachfolgenden Mitteln: *Syzygium jambolanum D 3, Uranium nitricum D 12, Crataegus D 1*. Eine konstitutionelle Behandlung ist ebenfalls sinnvoll (siehe Kapitel »Homöopathische Konstitutionstypen«). Mittel wie Lycopodium, Natrium muriaticum oder Phosphorus haben sich dabei neben anderen in der Potenz D 12 bewährt.

2. Schrumpfniere – Nierenversagen (CNI)

Eines der ersten Anzeichen von Nierenversagen ist ein gesteigertes Trinkverhalten bei der Katze (siehe Kapitel »Schrumpfniere«).

3. Chronische Gebärmutterentzündung

Bei nicht kastrierten Katzen weist ein dicker Bauch, großer Durst und verringerter Appetit neben apathischem Verhalten und Abmagerung auf diese Erkrankung hin (siehe Abschnitt »Gebärmutterentzündung« im Kapitel »Geschlechtsorgane«).

4. Erkrankung der Bauchspeicheldrüse

Die Pankreas kann nach einer chronischen Entzündung zu schrumpfen beginnen und produziert dadurch kaum noch Verdauungsenzyme. Der Körper der Katze kann die Nahrung nicht mehr genügend verarbeiten, und obwohl sie übermäßig frisst, magert sie dabei ab und trinkt sehr viel. Der Stuhl kann eine gelbliche Farbe annehmen (siehe auch Kapitel »Verdauungsapparat«).

5. Lebertumor

Bei einem Lebertumor zeigen sich Symptome wie viel Trinken, eventuell Erbrechen, veränderter Appetit, Abmagerung, Fieber und manchmal ein dicker Bauch. Homöopathisch kann hier leider oft nur begleitend die Leberfunktion unterstützt werden.

Augen

Die nach vorne gerichteten Augen der Katze sorgen für ein gutes räumliches Sehen. Die schlitzförmige Pupille ermöglicht der Katze eine extreme Anpassung an unterschiedliche Lichtreize. Die Größe der Pupille wird durch den Einfall des Lichts reguliert. Bei der Katze ist die Pupillenreaktion allerdings auch durch Stress, Angst oder Aggression über Adrenalinausschüttung geregelt, wodurch sich die Pupille bei Angst oder Stress weitet oder zusammenzieht. Eine weitere Besonderheit bei der Katze ist das Tapetum lucidum (auch »leuchtende Tapete« genannt). Diese Schicht besteht aus 15 Lagen schimmernder Zellen, die hinter der Netzhaut sitzen und einfallendes Licht reflektieren. Das ermöglicht der Katze, selbst bei Dämmerung und Dunkelheit durch den Einfall von Restlicht noch optimal sehen zu können. Die Farbe des Tapetum lucidum kann gelbgrün oder gelborange bei Lichteinfall leuchten. Die Tränendrüsen erzeugen Tränenflüssigkeit, die zur Befeuchtung die Augen umspült. Danach wird die Flüssigkeit durch ein Tränenkanalsystem in die Nasenhöhle abgeleitet. Durch die Bewegung der Augenlider wird Tränenflüssigkeit verteilt; Staub oder Fremdkörper werden so weggespült. Die Tränenflüssigkeit ist normalerweise wasserklar und kann beim Überlaufen des Auges zu Verfärbungen im Fell führen. Diese dunklen Spuren entstehen durch Tränenflüssigkeit, die sich an der Luft verfärbt.

Die Flüssigkeit setzt sich aus Salzen, Enzymen und Eiweißstoffen zusammen. Der Katze fehlt allerdings das Enzym Lysozym, welches im Auge bakterienabtötend wirkt.
Erkrankungen im Tränenkanal führen häufig zum Überlaufen der Flüssigkeit, wodurch die Augen verstärkt tränen. Die Lider schützen das Auge vor äußeren Einflüssen und befeuchten die Augen mit. Das dritte Augenlid, auch Nickhaut genannt, hilft ebenfalls dabei. Diese Nickhaut kommt manchmal zum Vorschein, wenn die Katze krank oder müde ist. Die Iris sorgt dafür, dass die Pupille sich je nach Lichteinfall zusammenzieht oder vergrößert. Die Linse sitzt direkt hinter der Pupille und an der Rückseite der Iris. Die Linse ist für die Schärfe der wahrgenommenen Bilder zuständig. Lichtreize werden an die Netzhaut des Auges weitergeleitet, die im Augenhintergrund zu finden ist, und werden von dort aus über die Nerven der Augen zum Gehirn weitergeleitet. Erst im Gehirn entsteht das empfangene Bild.

Hinweise auf Erkrankungen der Augen können sein:

› Augenzittern
› Lichtscheu
› Rötungen/Entzündungen
› Schwellungen
› ständiges Augenzwinkern
› ständiges Reiben und Kratzen
› ständiger Tränenfluss
› Trübung des Auges
› unterschiedlich große Pupillen
› Verschmutzung der Augenumgebung

Repertorium zu Augenerkrankungen

Diese Gesamtübersicht beschreibt die homöopathischen Mittel, die bei Augenerkrankungen in Betracht gezogen werden können. Genauere Anweisungen finden Sie in den Beschreibungen der nachfolgenden homöopathischen Mittel.

Symptome	Indikationen	Medikamente
Bindehautkatarrh	akut und eitrig	Belladonna, Hepar sulfuris, Mercurius vivus, Pulsatilla
	Allgemeininfektionen	Calendula, Echinacea angustifolia
	chronisch und eitrig	Argentum nitricum
	wässriger Augenausfluss	Aconitum, Allium cepa, Apis, Euphrasia
	mit Schwellungen	Apis
Blaues Auge		Arnica, Ledum, Hypericum
Blutung im Augapfel		Hamamelis, Symphytum
Feigwarze am Augenlid		Acidum nitricum, Thuja
Gerstenkorn (Hordeolum)		Hepar sulfuris, Myristica sebifera
Geschwollene Augenlider	bei Allergie oder Infektion	Apis, Euphrasia, Ledum
Hagelkorn (Chalazion)		Graphites, Platanus occidentalis
Hornhautentzündung	mit Geschwürbildung	Aethiops antimonialis, Aurum jodatum, Calendula, Kalium bichromicum, Silicea

Symptome	Indikationen	Medikamente
Lidakne		Sulfur jodatum
Linsentrübung		Calcium fluoratum, Causticum, Conium, Cineraria maritima, Naphthalinum, Sulfur
Milchglasauge		Thuja
Narben auf der Hornhaut		Conium, Graphites, Silicea
Triefauge		Graphites, Kalium bichromicum, Silicea
Trockenes Auge		Alumina, Aurum jodatum, Kalium bichromicum

Bei allen Augenerkrankungen ist auf jeden Fall der Tierarzt zu konsultieren, da auch Erkrankungen wie Diabetes oder Leukose zu Augenbeschwerden führen können. Die Sehfähigkeit Ihrer Katze ist gefährdet, wenn Sie eine Augenerkrankung nicht richtig einschätzen und falsch behandeln! Einige Augenbeschwerden können jedoch begleitend mit homöopathischen Mitteln behandelt werden, wenn dabei regelmäßiger Kontakt zum Tierarzt gehalten wird.

Wann muss die Katze dem Tierarzt vorgestellt werden?

› Wenn Verletzungen am Auge oder am Augenlid bestehen, egal in welcher Form.
› Wenn die Katze nicht mehr richtig sehen kann.
› Wenn die Katze sich ständig ein oder beide Augen reibt. Fremdkörper können Verletzungen der Hornhaut hervorrufen und müssen unbedingt entfernt werden!

- Bei Veränderungen im Verhalten bei Lichteinfall.
- Wenn die Pupille dauerhaft grünlich aussieht. Es könnte sich ein Glaukom gebildet haben, bei dem der Augeninnendruck verändert ist, wodurch das Auge unwiederbringlich geschädigt werden könnte.
- Wenn eine Bindehautentzündung besteht. Diese darf bei einer Katze nie als Bagatellerkrankung angesehen werden, häufig sind weitere Erkrankungen wie z. B. Katzenschnupfen der Auslöser dafür. Deshalb muss jede Bindehautentzündung unbedingt vom Tierarzt abgeklärt werden.

WICHTIG!

Alle nachfolgend aufgeführten homöopathischen Mittel für Augenerkrankungen sind für die orale Eingabe bei Ihrer Katze gedacht! Es gibt auch homöopathische Mittel, die ins Auge eingebracht werden können; diese werden gesondert benannt.

Mittelbeschreibungen – blaues Auge

Bei Katzen ist ein blaues Auge eventuell nur durch eine Schwellung im Augenbereich zu erahnen. Durch das Fell sind Verfärbungen der Haut nur schlecht zu erkennen. Dieser Bluterguss unter der Haut entsteht meist durch äußere Einwirkungen. Die Katze hat sich vielleicht gestoßen oder einen Schlag auf die Augenhöhle erhalten, wodurch Adern unter der Haut geplatzt sind und Blut unter das Hautgewebe austritt. Das Auge selbst ist meist nicht davon betroffen.

Arnica montana

Arnica ist zwar bei einem blauen Auge nicht unbedingt das angezeigte Mittel, es kann aber unterstützend mit angewendet werden.
Arnica D 6: 1–3 x täglich 1 Gabe, 1 Woche lang, oder D 30, 1 x täglich 1 Gabe, 1 Woche lang.

Hypericum

Zeigt die Katze Schmerzverhalten, indem sie ständig mit den Pfoten über das Auge reibt, kann Hypericum mit Arnica und Ledum zusammen verabreicht werden.
Hypericum D 6: 1–3 x täglich 1 Gabe, 1 Woche lang, oder D 30, 1 x täglich 1 Gabe, 1 Woche lang.

Ledum

Ledum ist bei einem blauen Auge das Mittel der Wahl; es kann mit Arnica und Hypericum zusammen verabreicht werden.
Ledum D 6: 1–3 x täglich 1 Gabe, 1 Woche lang, oder D 30, 1 x täglich 1 Gabe, 1 Woche lang.

Mittelbeschreibungen – Blutungen im Augapfel

Sollte eine Blutung im Augapfel bestehen, muss unbedingt der Tierarzt aufgesucht werden! Bei einer Blutung im Auge zeigt sich vor der Iris, hinter der Hornhaut Blut in der Augenkammer, die durch einen Schlag auf den Augapfel entstanden sein kann. Unterstützend zur tierärztlichen Behandlung kann eine homöopathische Behandlung erfolgen, die oft erstaunliche Resultate zeigt.

Symphytum

Bei Verletzungen der Augenregion ist Symphytum das angezeigte Mittel. Es kann mit Hamamelis kombiniert angewendet werden.

Symphytum D 6: 3 x täglich 1 Gabe, 1 Woche lang oder C 30, 1 x täglich 1 Gabe, 2–3 Tage lang. Dazu Hamamelis D 6: 3 x täglich 1 Gabe, 1 Woche lang.

Mittelbeschreibungen – Verletzungen des Auges

Verletzungen des Auges und des Augenlids können mit den Mitteln des Kapitels »Verletzungen und Entzündungen, allgemein« behandelt werden.

Bedenken Sie bitte, dass Verletzungen der Bindehaut oder des Augapfels vom Tierarzt behandelt werden müssen. Auch durch äußerliche Verletzungen können Eitererreger in das Auge eindringen und das Auge beeinträchtigen. Eine verzögerte Behandlung kann für Ihre Katze den Verlust des Sehvermögens oder eines Auges bedeuten.

Ein Symptom, das nicht für eine Augenkrankheit spricht, sondern auf eine schwere Nervenschädigung zurückzuführen ist, nennt man das Horner Syndrom. Bei diesem Symptom ist eine Pupille verkleinert und der Augapfel rutscht tiefer in die Augenhöhle.

Auf eine Nervenschädigung kann auch Augenzittern hinweisen, bitte gehen Sie in diesen Fällen unbedingt zum Tierarzt.

Mittelbeschreibungen – geschwollene Augenlider

Verletzungen, Bakterien, Milben oder Pilze können neben Entzündungen Schwellungen an den Augenlidern verursachen. Biss- und Kratzwunden oder Insektenstiche sind häufige Auslöser für eine Lidschwellung. Sollte der Stachel bei einem Bienenstich noch zu sehen sein, muss er entfernt werden. Meist sind dann das Ohr und der Bereich zum Maul hin ebenfalls geschwollen. Besteht Juckreiz oder der geschwollene Bereich schmerzt, kann die Katze sich durch ständiges Kratzen am Auge zusätzlich verletzen. Hierdurch können Krankheitserreger in die Haut eindringen, und ein Abszess entsteht, der unbedingt schnell vom Tierarzt behandelt werden muss! Sind Pilze oder Milben der Auslöser, müssen weitere Tiere, die im Haushalt leben, mitbehandelt werden, da Ansteckungsgefahr besteht! Schwellungen, die sich heiß anfühlen, können zusätzlich auch mit kalten Kompressen gekühlt werden. Dem Kühlwasser kann Calendula-Essenz im Mischungsverhältnis 1 : 10 zugesetzt werden.

Apis

Bei starken Schwellungen des Augenlids, die durch einen Insektenstich entstanden sind, kommt Apis zur Anwendung. Das geschwollene Augenlid ist dabei in der Regel sehr berüh-

rungsempfindlich. In Kombination mit Ledum D 6 kann meist schnell für Linderung gesorgt werden. Äußerlich kann auch Calendula-Lotion angewendet werden, um eine Infektion zu vermeiden.
Apis D 6: zu Beginn alle 5–10 Minuten 1 Gabe bis zu 3 x, danach 3 x täglich 1 Gabe, 2 Tage lang. Sollte die Möglichkeit bestehen, dass die Katze allergisch auf einen Insektenstich reagiert (erschwerte Atmung), muss das Tier schnellstmöglich zum Tierarzt gebracht werden, da Folgeerkrankungen zu befürchten sind!

Euphrasia

Allgemeine Reizzustände und Entzündungen am inneren und äußeren Auge können begleitend mit Euphrasia behandelt werden.
Euphrasia D 6: 3 x täglich 1 Gabe, 1 Woche lang.

Alle weiteren Wundinfektionen können ebenso behandelt werden wie in den Kapiteln »Notfalltherapie« und »Entzündungen« beschrieben.

Mittelbeschreibungen – Feig- oder Dornwarzen

Am Augenlidrand entstehen manchmal seltsame Gebilde, die nicht jucken, aber störend für die Katze wirken können. Es handelt sich dabei um Feig- oder Dornwarzen. Oft entstehen sie durch eine chronisch entzündete Lidranddrüse. Die

Katze kratzt eventuell vermehrt an dieser Warze, weil sie sich davon gestört fühlt, und könnte sie aufkratzen. Dadurch kann sie bluten, und die Hornhaut würde wund werden, was eine Hornhautentzündung nach sich ziehen könnte.
Sollte die Katze nicht auf die homöopathische Behandlung ansprechen, muss die Feigwarze vom Tierarzt mit einem einfachen Eingriff entfernt werden.

Acidum nitricum
Warzen am Augenlid, die zu Blutungen neigen, werden mit Acidum nitricum und Thuja im Wechsel behandelt.
Acidum nitricum D 6: 3 x täglich 1 Gabe, 2 Wochen lang, oder C 30, 1 x täglich 1 Gabe, 2–3 Tage lang. Thuja D 6: 3 x täglich 1 Gabe, 2 Wochen lang.

Thuja
Anwendung zusammen mit Acidum nitricum, siehe oben!
Thuja D 6: 3 x täglich 1 Gabe, 2 Wochen lang.

Mittelbeschreibungen – entzündete Lidranddrüsen

Ein Gerstenkorn oder Hagelkorn ist eine entzündete oder zugesetzte Drüse des Lidrandes. Diese können schmerzhaft oder schmerzfrei geschwollen sein. Das Hagelkorn entsteht durch Talgablagerungen in der Drüse, wohingegen ein Gerstenkorn durch eine Entzündung entsteht, die zum Abszess führt. Diese Entzündung kann wie im Kapitel »Entzündungen, allgemein« angegeben mit homöopathischen Mitteln behandelt werden. Ansonsten kommen die nachfolgenden Mittel in Betracht.

Myristica sebifera

Dieses Mittel wird auch als das »homöopathische Skalpell« bezeichnet. Es beschleunigt das Reifen eines Gerstenkorns und kann mit Hepar sulfuris kombiniert werden.

Myristica sebifera D 3: bei akuten Beschwerden alle 1–2 Stunden 1 Gabe, sonst 3 x täglich 1 Gabe, 2–3 Tage lang. Eine Kombination mit Hepar sulfuris D 6 ist möglich.

Platanus occidentalis

Bei Deformierungen des Lidrandes kann dieses Mittel auch noch bei länger bestehenden Abszessen eingesetzt werden.

Platanus occidentalis D 6: 3 x täglich 1 Gabe, 2–3 Wochen lang.

Staphisagria

Hagelkörner sind von verstopften Lidranddrüsen oft nicht zu unterscheiden. Deshalb sollte Staphisagira mit Graphites kombiniert werden, das bei verstopften Drüsen angewendet wird.

Staphisagira D 6: 3 x täglich 1 Gabe, 2–3 Wochen lang; Graphites D 6 (wie Staphisagria anwenden) eventuell zusätzlich geben.

Sulfur jodatum

Eine Lidakne besteht, wenn mehrere Lidranddrüsen geschwollen sind. Diese Drüsenschwellungen sind dann oft

auch am Kinn oder zwischen den Zehen vorzufinden (siehe Kapitel »Haut«). Diese Erkrankung kann durch Eitererreger ausgelöst werden und sollte dem Tierarzt vorgestellt werden. Unterstützend kann mit Sulfur jodatum und eventuell einer Staphylococcus-Nosode (D 30, 1 x täglich 1 Gabe, 2–3 Wochen lang) behandelt werden.
Sulfur jodatum D 6: 3 x täglich 1 Gabe, 2–3 Wochen lang.

Mittelbeschreibungen – Triefauge

Ein ständig tränendes Auge nennt man auch Triefauge. Die Tränenflüssigkeit kann nicht mehr über den Tränenkanal in die Nasengänge abfließen und staut sich im Augenwinkel: Das Auge läuft über. Zwischen Nase und Auge bildet sich auf der Behaarung eine Straße, die je nach ablaufendem Sekret nass oder dunkel gefärbt sein kann. Ein Triefauge entsteht, wenn vermehrt Tränenflüssigkeit produziert wird oder eine Entzündung im Tränenkanalsystem besteht.
Reizungen des Auges, wie bei einer Bindehautentzündung (siehe »Bindehautentzündung« im Kapitel »Auge«), erhöhen u.a. die Produktion der Tränenflüssigkeit. Verstopfte oder abgeklemmte Tränenkanäle führen zu einer Behinderung im Abfluss der Tränenflüssigkeit. Die Katze sollte unbedingt dem Tierarzt vorgestellt werden, da eine Spülung des Tränenkanals nötig werden könnte. Einen verstopften Tränenkanal, der durch Sekret verschlossen ist, kann man homöopathisch behandeln. Eine Beeinträchtigung besteht für das Auge nicht, wenn keine Entzündung der Bindehaut oder eine

sonstige Behinderung besteht. Es ist dann nicht mehr als ein Schönheitsfehler.

Kalium bichromicum

Zähe Absonderungen, die durch Verstopfung eines Tränenkanals entstehen, können durch das Mittel verflüssigt werden.

Kalium bichromicum D 6: 3 x täglich 1 Gabe, 1–2 Wochen lang, oder C 30, 1 x täglich 1 Gabe, 2–3 Tage lang.

Silicea

Chronisch verstopfte Tränenkanäle, bei denen die Tränenflüssigkeit nicht abfließen kann, benötigen Silicea im Wechsel mit Graphites.

Silicea D 6 und Grapithes D 6: 3 x täglich je 1 Gabe, 2–3 Wochen lang.

Mittelbeschreibungen – trockenes Auge

Ein Rückgang oder Stillstand der Tränenproduktion muss unbedingt dem Tierarzt vorgestellt werden, da das Auge austrocknen kann. Es müssen künstliche Tränen in Form von Augentropfen in das Auge eingebracht werden. Wenn die Produktion wieder in Gang kommt, sollte die Anwendung der Augentropfen langsam verringert und auch die homöopathische Behandlung langsam zurückgeführt werden.

Alumina

Das trockene Auge kann mit Alumina im Wechsel mit Kalium bichromicum behandelt werden.

Alumina D 6 und Kalim bichromicum D 6 je 3x täglich 1 Gabe, 3–4 Wochen lang.

Aurum jodatum

Bei trockenem Auge, wenn die Hornhaut viel Pigmentierung und Blutgefäße aufweist. Aurum jodatum kann eventuell auch mit Kalium bichromicum im Wechsel gegeben werden.

Aurum jodatum D 6 und Kalim bichromicum D 6: je 3x täglich 1 Gabe, 3–4 Wochen lang.

Kalium bichromicum

Dieses Mittel wird eingesetzt, wenn der Abfluss der Tränenflüssigkeit durch zähes Sekret behindert ist. Es kann eventuell mit Alumina kombiniert werden.

Kalium bichromicum D 6: je 3x täglich 1 Gabe, 3–4 Wochen lang.

Mittelbeschreibungen – Bindehautentzündung, Bindehautkatarrh

Die Bindehaut ist die äußere Schutzschicht an der Vorderfläche des Augapfels. Dabei wird die Hornhaut des Auges ausgespart. Die Bindehaut umschließt auch die Innenflächen der Augenlider. Diese Schleimhaut ist reich mit Blutgefäßen bestückt und reagiert sehr empfindlich auf äußere Reize. Dadurch wird sofort die Durchblutung gesteigert und die Tränenproduktion vermehrt. Diese Symptome deuten auf eine Bindehautentzündung hin. Die normale Farbe der Bindehaut ist blassrosa. Farbveränderungen weisen ebenfalls auf Erkrankungen hin.

Hinweise auf Erkrankungen bei Farbveränderungen der Bindehaut können sein:

- weiß – Anämie durch Blutungen, durch Leukose oder Kreislaufkollaps
- bläulich rot – Herzerkrankungen oder Kreislaufprobleme
- gelblich – Lebererkrankungen, Infektionen, Vergiftungen
- grau verwaschen – Vergiftungserscheinungen, Kreislaufschwäche
- schmutzig blau – Sauerstoffarmut im Blut: Sofort zum Tierarzt!
- rot – Entzündungen durch stark hervortretende Blutgefäße
- schwarz – bei einigen Katzenrassen arttypisch

Auslöser für eine Bindehautentzündung können Bakterien, Viren oder Pilze sein, die eine Infektion hervorrufen und zu einer sich ausbreitenden Entzündung führen. Chemische, physikalische oder mechanische Reize sind ebenfalls häufige Auslöser. In diese Rubrik fallen ätzende Substanzen, Rauch, Staub, Fremdkörper jeder Art, grelles Sonnenlicht, Zugluft, Kälte- oder Wärmebelastung, Verletzungen durch Stoß, Druck oder Schlag. Weitere Auslöser sind allergische Reaktionen wie z. B. eine Pollenallergie.

Aconitum

Schmerzhafte, akute Bindehautentzündungen, die Aconitum benötigen, entstehen oft durch kalten, trockenen Wind oder nachdem ein Fremdkörper aus dem Auge entfernt wurde. Es hilft zu Beginn meist sehr gut.

Aconitum D 6: mehrmals täglich 1 Gabe im Abstand von 10–20 Minuten, danach 3 x täglich 1 Gabe, 1–2 Tage lang, oder C 30, 1 x täglich 1 Gabe, 1–2 Tage lang.

Allium cepa

Tränende Augen und eine triefende Nase benötigen bei allergischen Reaktionen Allium cepa, das auch mit Euphrasia im Wechsel gegeben werden kann.

Allium cepa D 6: 3 x täglich 1 Gabe, 1 Woche lang, oder C 30, 1 x täglich 1 Gabe, 2–3 Tage lang. Eventuell im Wechsel mit Euphrasia (gleiche Anwendung wie Allium cepa).

Apis

Viel Tränen- und Schleimabsonderung zeigt sich bei der schmerzhaften Bindehautentzündung, die akut auftritt und Apis benötigt. Es besteht eine Neigung zur Schwellung, Juckreiz und Entzündung.

Apis D 6: 3 x täglich 1 Gabe, 1 Woche lang, oder C 30, 1 x täglich 1 Gabe, 2–3 Tage lang.

Argentum nitricum

Argentum nitricum kann mit Hepar sulfuris kombiniert verabreicht werden, wenn es sich um eine langwierige, eitrige Bindehautentzündung handelt. Der Ausfluss ist dick, gelb-

lich und mild. Zäher Ausfluss kann zusätzlich mit Kalium bichromicum behandelt werden.
Argentum nitricum D 6: 3 x täglich 1 Gabe, 1–2 Wochen lang, oder C 30, 1 x täglich 1 Gabe, bis zu 1 Woche lang. Hepar sulfuris D 6 und Kalium bichromicum D 6 im Wechsel geben (Dosierung wie Argentum nitricum).

Belladonna

Belladonna wird eingesetzt, wenn Aconitum nicht nach kurzer Zeit gewirkt hat. Starke Röte ist neben Lichtscheu und eitrigem Ausfluss ein Hinweis auf Belladonna. Die Behandlung kann eventuell mit Mercurius vivus unterstützt werden.
Belladonna D 6: 3 x täglich 1 Gabe, 1 Woche lang, oder C 30, 1 x täglich 1 Gabe, 2–3 Tage lang.

Calendula

Alle Verletzungen, auch die der Augen, können unterstützend mit Calendula behandelt werden.
Calendula D 2: 3 x täglich 1 Gabe, 1–2 Wochen lang, oder C 30, 1 x täglich 1 Gabe, 4–5 Tage lang.

Echinacea angustifolia

Zur Stützung des Immunsystems und gegen allgemeine Infektionen wird Echinacea angewendet.
Echinacea D 2: 3 x täglich 1 Gabe, 1 Woche lang, oder C 30, 1 x täglich 1 Gabe, 3 Tage lang.

Euphrasia officinalis

Der Augentrost ist ein Mittel für wässrige Augen. Durch die gereizte Bindehaut, oft eine Reaktion auf eine Allergie, wird die Produktion der Tränen stark angeregt. Die Tränen hinterlassen eventuell eine lackartige Spur im Fell.
Euphrasia D 6: 3 x täglich, 1 Gabe, 1 Woche lang, oder C 30, 1 x täglich 1 Gabe, 3–4 Tage lang. Eventuell mit Allium cepa kombinieren (Anwendung wie Euphrasia).

Pulsatilla

Eitriger Ausfluss, der die Augen verkleben kann und wechselnd stark auftritt, benötigt Pulsatilla. Die Entzündung tritt nicht so akut auf wie bei Belladonna.
Pulsatilla D 6: 3 x täglich 1 Gabe, 1 Woche lang, oder C 30, 1 x täglich 1 Gabe, 2–3 Tage lang. Eventuell mit Hepar sulfuris kombinieren (Anwendung wie Pulsatilla).

Mittelbeschreibungen – Linsentrübung, Altersstar, Katarakt

Der Graue Star ist auch als Altersstar bekannt. Die Pupille zeigt dabei eine helle bis blaugraue Trübung. Ursachen für den Katarakt können sein:

- Verletzungen
- Vererbung
- Alterserscheinung (Altersstar)
- Diabetes

Der Altersstar tritt meist erst ab dem achten Lebensjahr der Katze auf und behindert die Katze zunächst nicht sehr stark. Sie kann damit einige Zeit gut leben. Sollte die Katze jedoch an vermehrtem Durst leiden und häufig urinieren, verfressener als früher erscheinen und dabei trotzdem abnehmen, besteht die Möglichkeit, dass sie an der Zuckerkrankheit leidet. Hierdurch können die Augen stark geschädigt werden. Erkennbar ist der Zuckerstar an der sehr hellen Trübung der Pupille. Die Diagnose muss vom Tierarzt durch eine Blutuntersuchung gestellt werden. Zögern Sie bitte nicht, zum Tierarzt zu gehen, wenn die genannten Symptome vorliegen. Durch eine rechtzeitige Behandlung können ein Fortschreiten der Krankheit und der Verlust des Augenlichts vielleicht noch aufgehalten werden.

Cineraria maritima

Rechtzeitig erkannt, kann ein Katarakt mit Cineraria maritima meist positiv beeinflusst werden. Kombinierbare Mittel sind Naphtalinum D 6, Calcium fluoratum, Causticum oder Sulfur.
Cineraria maritima D 2: 3 x täglich 1 Gabe, 3–6 Monate lang (mit Kombination der o. g. Mittel, Anwendung wie Cineraria maritima, außer Sulfur C 30, 1 x täglich 1 Gabe, 2–3 Tage lang 1 x im Monat).

Conium

Conium kann eingesetzt werden, wenn der Graue Star durch äußere Verletzungen entstanden ist.
Conium D 6: 3 x täglich 1 Gabe, 1–2 Wochen lang, oder C 30, 1 x täglich 1 Gabe, 3–4 Tage lang.

Mittelbeschreibungen – Hornhautentzündung (Keratitis)

Die Hornhaut schützt das empfindliche Innere des Auges und ist sehr leicht verletzlich. Ein Kratzer durch einen Krallenhieb oder eine Schwellung durch eine Entzündung ist sehr schmerzhaft für die Katze. Als Reaktion darauf zwinkert die Katze häufig unkontrolliert, ist lichtscheu, reibt ständig das betroffene Auge, und das Auge tränt stark. Deswegen ist ein sofortiger Besuch des Tierarztes sehr wichtig, um das Augenlicht der Katze zu erhalten! Eine unterstützende homöopathische Behandlung ist bei zu trockenem Auge (siehe Abschnitt »Bindehautentzündung«) und bei Hornhautverletzungen (siehe Kapitel »Verletzungen«) auch mit den nachfolgenden Mitteln möglich.

Aethiops antimonialis

Bei Geschwürbildung der Hornhaut mit eitriger Entzündung, die dazu neigt, chronisch zu werden.
Aethiops antimonialis D 6: 3x täglich 1 Gabe, 1–2 Wochen lang, oder C 30, 1x täglich 1 Gabe, 3–4 Tage lang.

Aurum jodatum

Das Auge kann trocken sein und die Hornhaut ist chronisch entzündet. Die Blutgefäße der Hornhaut treten hervor. Die Hornhaut neigt zu einer Verfärbung, was zur Erblindung der Katze führen kann.
Aurum jodatum D 6: 3x täglich 1 Gabe, 1–2 Wochen lang, oder C 30, 1x täglich 1 Gabe, 3–4 Tage lang.

Calendula

Wie bei allen Verletzungen oder Entzündungen kann auch bei einer Hornhautentzündung Calendula heilend eingesetzt werden.

Calendula D 2: 3 x täglich 1 Gabe, 1–2 Wochen lang, oder C 30, 1 x täglich 1 Gabe, 4–5 Tage lang.

Conium

Bei Narben oder Hornhautentzündung kann Conium nach einer Entzündung helfen, wenn es zu Verhärtungen kommt. Auch steinharte Tumoren reagieren sehr gut darauf. Begleitend kann Silicea oder Graphites bei Narben und Verwachsungen eingesetzt werden.

Conium D 6: 3 x täglich 1 Gabe, 1–2 Wochen lang, oder C 30, 1 x täglich 1 Gabe, 4–5 Tage lang (Silicea und Graphites wie Conium im Wechsel anwenden).

Kalium bichromicum

Kalium bichromicum passt zu einfachen Augenentzündungen ebenso wie zu eitrigen Entzündungen und Hornhautgeschwüren. Es kann mit Mercurius corrosivus im Wechsel gegeben werden.

Kalium bichromicum D 6: 3 x täglich 1 Gabe, 1 Woche lang, oder C 30, 1 x täglich 1 Gabe, 2–3 Tage lang (Mercurius corrosivus wie Kalium bichromicum im Wechsel anwenden).

Silicea

Bei Geschwürbildung aller Art kann Silicea zur Erweichung insbesondere des Hornhautgeschwürs eingesetzt werden. Im

Wechsel mit Graphites gegeben, können Narbengewebe und Verklebungen gut beeinflusst werden.

Silicea D 6: 3x täglich 1 Gabe, 1 Woche lang, oder C 30, 1x täglich 1 Gabe, 2–3 Tage lang (Graphites wie Silicea im Wechsel anwenden).

Ohren

Das Ohr dient zwei verschiedenen Aufgaben, es ist Gehör- und Gleichgewichtsorgan zugleich. Es besteht aus dem Außenohr, dem Mittelohr und dem Innenohr. Beschwerden des Mittel- und Innenohres müssen unbedingt dem Tierarzt vorgestellt werden. Erkrankungen des Außenohres sind bedingt durch eine Selbstmedikation behandelbar. Sicherheitshalber sollte jede noch so harmlos erscheinende, länger anhaltende Ohrenerkrankung vom Tierarzt abgeklärt werden. Folgende Erkrankungen des Ohres werden hier besprochen:

- Otitis externa – Entzündung des äußeren Gehörganges
- Otitis interna – Entzündung des Innenohres
- Otitis media – Entzündung des Mittelohres
- Othämatom – Bluterguss in der Ohrmuschel
- Ohrverletzungen

Wann sollten Sie unbedingt zum Tierarzt gehen?

- Wenn die Katze den Kopf schief hält! Das betroffene, schmerzhafte Ohr wird dabei nach unten gehalten. Bei Freilaufkatzen sollte man zwischen Juni und Oktober auch an Fremdkörper in Form einer Granne oder eines Grassamens im Ohr denken. Dieser Fremdkörper muss schnellstens vom Tierarzt entfernt werden, denn er wandert selbständig immer weiter in das Ohr hinein und kann dabei das Trommelfell verletzen.

- Wenn an der Ohrmuschel stark blutende Verletzungen bestehen. Ansonsten verletzen sich Katzen bei Kämpfen häufig an den Ohren, die bei geringer Blutungsneigung mit Calendula-Tinktur, 1 : 10 verdünnt mit Wasser, versorgt werden können.
- Bei plötzlicher Taubheit der Katze oder wenn sie allgemein krank wirkt.
- Wenn eine Gleichgewichtsstörung besteht.
- Wenn unklar ist, ob es sich um eine Otitis media oder eine Otitis interna handeln könnte. Diese können gemeinsam auftreten, und es zeigen sich überlagernde Symptome. Eine Infektion des Innenohres kann tödlich enden, wenn diese über den 8. Hirnnerv das Gehirn erreicht!
- Wenn die Feinmotorik der Katze verändert ist oder sie unter völliger Ataxie leidet. Ataxie äußert sich durch Wahrnehmungsstörungen, Bewusstseinsstörungen und falsche Abmessung von Entfernungen zu Zielorten und entsteht durch Störungen im zentralen Nervensystem.

Repertorium zu Ohrenerkrankungen

Diese Gesamtübersicht zeigt Ihnen, welche homöopathischen Mittel bei einer *Ohrenerkrankung* angewendet werden können. Weiterführende Anweisungen zu den einzelnen Mitteln finden Sie in den Beschreibungen auf den nachfolgenden Seiten.

Symptome	Indikationen	Medikamente
Blutohr	in der Ohrmuschel	Arnica, Conium, Hamamelis, Silicea, Ruta
Othämatom		
Ohren-entzündung,	entzündet	Aconitum, Belladonna, Calendula
akute	eitrig, schmerzhaft	Hepar sulfuris
	wässrig-eitrig	Mercurius solubilis
Ohren-entzündung,	Gehörgangs-verschluss	Tellurium metallicum
chronische	eitrig mit Geschwürbildung	Aethiops antimonialis
	blutig und Schrunden bildend	Acidum nitricum
	Ausfluss stagniert	Kalium chloratum
	gelblicher, honigartiger Ausfluss	Graphites
	schmieriger, grünlicher Ausfluss	Thuja
	gelblicher, bräunlicher Ausfluss	Psorinum
	dicklich, gelblicher Ausfluss	Pulsatilla
	wässrig-eitrige, irritierende	Silicea, Sulfur
Warzen im Ohr		Acidum nitricum, Causticum, Thuja

Mittelbeschreibungen – Ohrenentzündung (Otitis)

Diese Ohrenerkrankungen äußern sich wie folgt:

Otitis externa	Otitis media	Otitis interna
Juckreiz	Schmerzen	Schmerzen
Rötung	Kopfschiefhaltung	Nystagmus (Augenzittern)
Ausfluss und Krusten	Gleichgewichts-störungen	Schwellung

Weitere Symptome, die auftreten können:

- Kopfschütteln
- Schmerzen bei Berührung des erkrankten Ohres
- plötzliche Taubheit
- Appetitmangel
- ständiges Drehen
- ständiges Kratzen
- Reiben mit dem Kopf über den Boden
- sich zu einer Seite lehnen und ständiges Stolpern
- Erbrechen

Ohrenzwang (heftiger Juckreiz) besteht bei Entzündungen der Haut an der Innenseite der Ohrmuschel, dem äußeren Ohr und Gehörgang bis zum Trommelfell. Die bereits genannten Symptome können durch Ohrmilben, Hefen und bakterielle Infektionen von Nase und Rachen hervorgerufen werden. Selbst Tumoren verursachen manchmal, über das

Blut streuend, Ohrenentzündungen. Ohrenentzündungen können auch Bestandteil einer Hauterkrankung sein, die ebenso abgeklärt werden sollte.
Kopfschütteln tritt vor allem bei Milbenbefall sehr häufig auf und geht mit Bildung von rotbraunem Ohrenschmalz einher. Sollte dieses Anzeichen bestehen, müssen die Parasiten mit einem Spezialpräparat vom Tierarzt abgetötet werden. Bei Juckreiz oder Schmerzen wird vermehrt das betroffene Ohr gekratzt oder über den Boden gerieben. Hat sich das Hautbild verändert und ist das Ohr verdickt oder gerötet, kann die Verdickung sogar zu einem Gehörgangsverschluss führen. Dadurch wird der Infektionsherd luftdicht verschlossen, und entstehender Ausfluss kann nicht mehr abfließen, was die Entzündung im Ohr zunehmend verschlimmert. Um dauerhafte Schäden am Gehör zu vermeiden, sollte der Tierarzt immer mit einbezogen werden!
Einfache Ohrenentzündungen können mit den hier genannten homöopathischen Mitteln gut behandelt werden, aber selbst chronische Ohrenerkrankungen reagieren darauf und können begleitend zur tierärztlichen Behandlung homöopathisch behandelt werden.

Ohrenausfluss und mögliche Konsistenz

› wässrig, eitrig
› blutig
› schwarzbraun, ölig: deutet auf Pseudomonas hin
› schwarzbraun, pastenartig: zu viel Ohrenschmalz
› rotbraun, kohlerußartig: deutet auf Ohrmilben hin
› honigartig, gelblich

Ursachen für eine Ohrenentzündung können sein:

- Veranlagung oder Anfälligkeit durch eine eventuelle Stoffwechselstörung. Andere Symptome sollten hierbei mit einbezogen werden, um ein passendes homöopathisches Mittel für den Patienten zu finden.
- Nahrungsallergien können ebenso Ohrenentzündungen auslösen. Rechtsseitige Ohrenentzündungen können durch Überlastungen von Leber, Nieren und Darm entstehen. Linksseitig deuten sie eventuell auf Hormonstörungen hin.
- Zu häufige Reinigung des Katzenohres! Eine gesunde Katze bedarf keiner zusätzlichen Reinigung des Ohres, der körpereigene Schutzfilm reicht völlig aus, um das Ohr sauber zu halten. Wenn die Katze Ohrenbeschwerden zeigt, muss das Ohr in Ruhe gelassen werden, auch wenn sich darin ein wenig Schmutz befindet. Der im Ohr befindliche Schmutz wird durch die Reinigungsbemühungen nur weiter in das Innenohr geschoben, wodurch Beschwerden erst recht ausgelöst werden!
- Eine kurmäßige Anwendung von antibiotikahaltigen Salben führt nicht selten zu einer Resistenz gegen Antibiotika. Dadurch verschlimmert sich der Zustand der Katze, da nun erst recht hartnäckige Bakterien, Hefen oder Schimmelpilze wachsen können. Eine dieser gefürchteten, fast unkontrollierbaren bakteriellen Infektionen ist die Pseudomonas-Infektion. Bei einer Überempfindlichkeit gegen Ohrreinigungsmittel oder Ohrsalben können diese für die Ohren mehr Schaden anrichten, als dass sie Nutzen bringen. In den tiefer gelegenen Innenohrteilen können sie ir-

reparable Schäden anrichten und für den Verlust des Gehörs sorgen!

Ohrmilben werden sehr leicht von Katze zu Katze übertragen. Das Ohrenschmalz hat bei Befall mit Milben eine rotbraune bis kohlerußartige Farbe. Der Tierarzt kann bei der Untersuchung mit dem Ohrenspiegel (dem Otoskop) die Ohrmilben im Ohr erkennen. Eine Behandlung mit einem Insektizid tötet die Milben ab. Sehr wichtig ist es, bei Befall mit Ohrmilben den Ansteckungsherd und weitere angesteckte Tiere gleichzeitig zu behandeln, da die Tiere sich sonst wieder gegenseitig infizieren. Die erkrankte Katze sollte nach einer angemessenen Behandlungszeit völlig gesund sein und darf keine Restbeschwerden mehr aufweisen. Ist dies nicht der Fall, und eine weitere Behandlung lässt sich nicht vermeiden, sollte diese möglichst mit homöopathischen Mitteln fortgeführt werden. Dies trifft auf Patienten mit chronischen Beschwerden, die scheinbar auf kein Mittel reagieren, ebenso zu wie auf Tiere mit immer wiederkehrenden Reizungen durch Ohrmilben. Die Homöopathie kann das Hautbild des Patienten positiv beeinflussen, wodurch sich Parasiten gar nicht erst wieder einnisten.
Die Diagnose über die Ohrenparasiten gehört in die Hände des Tierarztes, der mit dem Ohrenspiegel und Ohrentropfen helfen wird. Innerhalb von zehn Tagen ist meist das Ohr gereinigt, und vorhandene Parasiten sind abgetötet. Eine Selbstmedikation ist zu verantworten, wenn Sie die vorgenannten Punkte im Hinterkopf behalten, die einen Tierarztbesuch unumgänglich werden lassen. Bei Patienten, die im-

mer wieder zu Ohrenerkrankungen neigen, sollte auch daran gedacht werden, das Ohrenschmalz bakteriologisch untersuchen zu lassen. Leider wird daran zu selten gedacht.

Acidum nitricum

Warzen oder Schrunden im Ohr, die leicht bluten, und immer wiederkehrende chronische Entzündungen des äußeren Gehörganges weisen auf Acidum Nitricum hin.

Acidum nitricum D 6: 3x täglich 1 Gabe, bis zu 3 Wochen lang, oder in der Potenz C 30, 1x täglich 1 Gabe, 2–3 Tage lang.

Aconitum napellus

Im frühen Entzündungsstadium einer Ohrenentzündung, mit und ohne Ausfluss, kann Aconitum bereits schlimmere Ausbrüche verhindern. Hat es den Anschein, dass Aconitum nicht hilft, sollte spätestens nach 2–3 Tagen Belladonna im Anschluss gegeben werden.

Aconitum D 6: 3x täglich 1 Gabe, bis zu 1 Woche lang, oder in der Potenz C 30, 1x täglich 1 Gabe, 2–3 Tage lang.

Aethiops antimonialis

Eitriger Ausfluss mit der Neigung zur Geschwürbildung und eine chronische Entzündung des äußeren Gehörganges verweisen auf das Mittel.

Aethiops antimonialis D 3: 3x täglich 1 Gabe, bis zu 3 Wochen lang, oder in der Potenz C 30, 1x täglich 1 Gabe, 2–3 Tage lang.

Belladonna atropa

Wenn Aconitum im ersten Entzündungsstadium nicht nach kurzer Zeit hilft und schon Ausfluss besteht, das Ohr rot, heiß und geschwollen ist, hilft Belladonna als zweites Entzündungsmittel.

Belladonna D 6: 3 x täglich 1 Gabe, bis zu 1 Woche lang, oder in der Potenz C 30, 1 x täglich 1 Gabe, 2–3 Tage lang.

Calendula-Tinktur

Nach der Beseitigung von Grannen oder Grassamen und auch zur Heilung nach einer Ohrenerkrankung kann Calendula als Tinktur 1 : 10 vermischt mit Wasser entzündungshemmend und schmerzstillend eingesetzt werden. Das äußere Ohr wird damit betupft oder die Innenfläche bis zur Ausheilung ausgewischt.

Causticum Hahnemanni

Bei reichlich klebrigem, zähem Sekret mit Juckreiz und Schmerzempfindlichkeit des Ohres sollte Causticum in Betracht gezogen werden. Häufig gibt es auch eine Neigung zur Warzenbildung mit eher glatter Oberfläche oder eine Verengung des Gehörganges.

Causticum D 12: 3 x täglich 1 Gabe, bis zu 1 Woche lang, oder in der Potenz C 30, 1 x täglich 1 Gabe, 2–3 Tage lang.

Graphites

Bei gelblichem, honigartigem Ausfluss aus dem Ohr und chronischen Ohrenentzündungen des äußeren Gehörganges kann Graphites dem Patienten helfen, wenn er in das Graphi-

tes-Bild des Konstitutionsmittels passt (siehe Kapitel »Homöopathische Konstitutionstypen«).
Graphites D 6: 3 x täglich 1 Gabe, bis zu 3 Wochen lang, oder in der Potenz C 30, 1 x täglich 1 Gabe, 2–3 Tage lang.

Hepar sulfuris

Starke Berührungsempfindlichkeit steht bei diesem Mittel neben Eiterungen im Vordergrund. Das Tier lässt sich wegen seiner hochgradigen Schmerzempfindlichkeit nicht am Ohr anfassen. Akute Entzündungen des äußeren Gehörgangs, die von eitrigem, gelblich grünem Ausfluss begleitet werden und nach altem Käse riechen, weisen auf das Mittel hin. Eine Besserung der Beschwerden tritt bei Wärme auf, Verschlechterung bei Kälte.
Hepar sulfuris D 6: 3 x täglich 1 Gabe, bis zu 1 Woche lang, oder in der Potenz C 30, 1 x täglich 1 Gabe, 2 Tage lang.

Kalium chloratum

Dicker gelblich grüner Ausfluss, der stagniert, reagiert gut auf dieses homöopathische Mittel, das den Ausfluss in Gang bringt.
Kalium chloratum D 6: 3 x täglich 1 Gabe, bis zu 1 Woche lang, oder in der Potenz C 30, 1 x täglich 1 Gabe, 2–3 Tage lang.

Mercurius solubilis

Im Gegensatz zu Hepar sulfuris bessert Kälte und verschlimmert Wärme die Beschwerden bei einer Ohrenentzündung. Eine akute Entzündung des äußeren Gehörgangs weist stinkenden, dünnen, eitrigen Ausfluss auf.

Mercurius solubilis D 6: 3 x täglich 1 Gabe, bis zu 1 Woche lang, oder in der Potenz C 30, 1 x täglich 1 Gabe, 2–3 Tage lang.

Psorinum

Bei Reaktionsmangel ist Psorinum ein wichtiges Mittel bei chronischen Ohrenentzündungen. Der Ausfluss ist gelblich-bräunlich. Verschlechterungen treten bei kalter Luft, Wetterwechsel oder im Winter auf.
Psorinum D 30: 1 x täglich 1 Gabe, 3–5 Tage lang.

Pulsatilla

Für anschmiegsame, gutmütige und liebebedürftige Tiere bietet sich Pulsatilla als Konstitutionsmittel an (siehe Kapitel »Homöopathische Konstitutionstypen«). Das Sekret bei der Ohrenentzündung ist dicklich gelb und nicht wund machend.
Pulsatilla D 6: 3 x täglich 1 Gabe, bis zu 1 Woche lang, oder als Konstitutionsmittel in der Potenz C 30, 1 x täglich 1 Gabe, 2–3 Tage lang.

Silicea

Für chronische Entzündungen des äußeren Gehörganges und wenn das Mittel zum Patienten passt (siehe Kapitel »Homöopathische Konstitutionstypen«), hilft es bei wässrig-eitrigem Ausfluss, der übel riecht und die Haut irritiert.
Silicea D 6 oder D 12: 3 x täglich 1 Gabe, bis zu 1 Woche lang, oder in der Potenz C 30, 1 x täglich 1 Gabe, 2–3 Tage lang.

Sulfur

Nachdem die Ohrenentzündung abgeklungen ist, kann Sulfur helfen, dauerhaft für eine Umstimmung des Körpers zu sorgen. Tiere, die mit Sulfur behandelt werden, neigen weniger dazu, von Ohrmilben befallen zu werden.

Sulfur D 30: 1 x täglich 1 Gabe, 2–4 Tage lang.

Tellurium metallicum

Nach Fisch riechender Ausfluss deutet auf das Mittel hin, wenn eine chronische Entzündung des äußeren Gehörganges besteht. Dabei kommt es zum Gehörgangsverschluss oder zur Verdickung der Haut. Andere Körperöffnungen oder Hautfalten sind meist ebenfalls betroffen, und auch chronische Schleimhautentzündungen oder Rückenschmerzen können auftreten.

Tellurium D 12: 3 x täglich 1 Gabe, bis zu 3 Wochen lang.

Thuja

Schmieriges, grünliches Sekret bei einer hartnäckigen Ohrentzündung, mit einer Neigung zu Verhornung oder Verhärtung der Haut, braucht Thuja. Häufig zeigen sich auch Pigmentstörungen der Haut an den veränderten Stellen.

Thuja D 6: 3 x täglich 1 Gabe, bis zu 1 Woche, oder in der Potenz C 30, 1 x täglich 1 Gabe, 2–3 Tage lang.

Mittelbeschreibungen – Othämatom (Blutohr)

Hierbei handelt es sich um eine Blutansammlung zwischen dem Knorpel und der Haut des Ohres. Durch fehlendes Unterhautgewebe wird die Blutung unter der Haut nicht gestoppt, und es entsteht eine mehr oder weniger stark ausgebildete Schwellung.

Dieser Bluterguss der Ohrmuschel entsteht durch Verletzungen oder durch ständiges Kopfschütteln bzw. durch ständiges Kratzen des Ohres. Ohrmilben sind oft ein Auslöser für ständiges Kopfschütteln oder Kratzen, wodurch eine Ohrvene platzen kann. Vom Tierarzt sollte auf jeden Fall untersucht werden, ob ein Befall mit Parasiten besteht, die dann beseitigt werden sollten. Der Bluterguss kann sich über die ganze Ohrmuschel verteilen und sollte nicht mit einem Abszess verwechselt werden, der selten auftritt. Unterscheiden kann der Katzenbesitzer das Othämatom vom Abszess durch Schmerzäußerungen oder gestörtes Allgemeinbefinden der Katze.

Das Othämatom ist zwar lästig, aber nicht schmerzhaft, und die Katze fühlt sich nicht krank dabei. Man sollte nie selbständig versuchen, ein Blutohr zu manipulieren, sondern dies dem Tierarzt überlassen. Bevor über eine Operation nachgedacht wird, sollte mit homöopathischen Mitteln versucht werden, den Körper zu einer Resorption des Blutergusses anzuregen. Wenn nach zwei bis drei Wochen keine Reaktion erfolgt, muss der Bluterguss vom Tierarzt eröffnet werden.

Welche Auswirkungen kann ein Blutohr haben?

- Nach der Ausheilung kann das Ohr verkrüppeln.
- Es können lokal knorpelige Narben zurückbleiben.
- Es kann durch eine Schrumpfung des Ohres zum Verschluss des Gehörganges kommen, wodurch ständig weitere Ohrenentzündungen entstehen.

Arnica-Salbe

Äußerlich kann Arnica-Salbe 2–3 x täglich innen und außen auf das Ohr aufgetragen werden.

Arnica montana und Hamamelis virginica

Arnica D 6 und Hamamelis D 6: 3 x täglich je 1 Gabe, bis zu 2–3 Wochen lang.

Conium

Kann bei Vernarbungen des Ohres versuchsweise angewendet werden.
Conium D 6: 3 x täglich 1 Gabe, bis zu 1 Woche lang, oder in der Potenz C 30, 1 x täglich 1 Gabe, 2–3 Tage lang.

Ruta

Versuchsweise bei Knorpelschäden des Ohres, die bei einer Schrumpfung entstehen.
Ruta D 30: 1 x täglich 1 Gabe, bis zu 1–2 Wochen lang.

Silicea

Bei Narbenbildung kann Silicea helfen, diese zu reduzieren.
Silicea D 12: 3 x täglich 1 Gabe, bis zu 1 Woche lang.

Mittelbeschreibungen – Ohrenverletzungen

Mit einer stark blutenden Ohrwunde sollte man nicht spaßen, sondern sofort den Tierarzt aufsuchen, um die Blutung stoppen zu lassen. Da Katzen sehr häufig durch Kämpfe mit anderen Katzen mit zerfledderten Ohren heimkommen, kann als Erste Hilfe Calendula-Tinktur, 1 : 10 mit Wasser verdünnt, angewendet werden, um die Blutung zu stoppen und die Rissstelle zu desinfizieren. Dies ist allerdings nur zu empfehlen, wenn die Wunde nicht sehr stark blutet. Ansonsten kann bei Ohrenverletzungen ebenso verfahren werden wie bei anderen Verletzungen (siehe Kapitel »Verletzungen«).

Entzündungen, allgemein

Repertorium zu Entzündungen

Diese Gesamtübersicht beschreibt die homöopathischen Mittel, die bei einer Entzündung in Betracht gezogen werden können. Genauere Anweisungen finden Sie in den Beschreibungen der nachfolgenden homöopathischen Mittel.

Symptome	Indikationen	Medikamente
Allgemein	allgemein unterstützende Mittel	Arnica, Calendula, Echinacea
	Allgemeininfektionen des Körpers	Ferrum phosphoricum, Lachesis
	Anfangsstadium, nach lokalen Symptomen	Aconitum
	Infiltrationsstadium, Beginn der lokalen Symptome	Belladonna
	lokale Störungen, ohne Eiterungen	Apis mellifica, Bryonia
	Eiterungen und Abszessbildung	Hepar sulfuris, Mercurius solubilis, Myristica sebifera, Siegesbeckia orientalis, Tarantula cubensis
Schlecht heilende Entzündungen	mit Fistelbildung	Calcium sulfuricum, Silicea

Symptome	Indikationen	Medikamente
	Nosodentherapie vom Tierarzt oder Tierhomöopathen, nicht zur Selbstmedikation!	Pyrogenium, Staphylococcinum, Streptococcinum u.a.

Mittelbeschreibungen – Entzündungen

Im Anschluss finden Sie die im Repertorium genannten homöopathischen Mittel, die Sie zur Heilung einer Entzündung bei Ihrer Katze einsetzen können. Die Mittel sind hier nicht alphabetisch geordnet, sondern entsprechend den Entwicklungsstadien bei Entzündungen.

Aconitum

Heftiges Zittern, große Unruhe, panikartige Anfälle mit heftigem Abwehrverhalten bei der Untersuchung durch den Tierarzt und plötzlich auftretendes, hohes Fieber oder wässriger Augenausfluss deuten auf Aconitum hin. Es ist eine erste, meist sehr heftige Abwehrreaktion des Körpers auf den Krankheitserreger. Ausgelöst werden Entzündungen, die auf Aconitum reagieren, fast immer durch trockenen, kalten Wind oder Zugluft.

Aconitum D 6: 3x 1 Gabe alle 15–30 Minuten. Wenn sich nach diesen 3 Gaben keine Besserung zeigt, kann eines der nachfolgenden Mittel angezeigt sein. Das Aconitum-Stadium geht sehr schnell vorüber, meist ist als Folgemittel Belladonna angezeigt.

Belladonna

Auch Belladonna zeichnet sich durch Fieber aus, das aber bei weitem nicht so hoch ist wie das Fieber von Aconitum. Der Geruchs-, Hör- und Tastsinn können hypersensibel reagieren, so dass sich die Katze nicht gerne anfassen lässt und ängstlich reagieren kann. Allerdings sind die Abwehrreaktionen bei der tierärztlichen Untersuchung weniger heftig als bei Aconitum. Belladonna folgt meist gut auf Aconitum. Trockenheit der Schleimhäute und Rötung sind ebenfalls Hinweise auf dieses Mittel. Rechtsseitige Beschwerden treten bei Belladonna vermehrt auf. Erste lokale Symptome einer Entzündung sind zu erkennen. Schwellungen, Schmerzen und Wärme treten auf. Verschlechterungen gibt es am Abend und in der Nacht.
Belladonna D 6: 3x 1 Gabe, alle 30–60 Minuten. Im Anschluss 3x täglich 1 Gabe, 3–5 Tage lang, oder in der Potenz C 30, 1x täglich 1 Gabe, 2–3 Tage lang. Wenn sich keine Besserung zeigt, kann auch hier eines der nachfolgenden Mittel angezeigt sein.

Bryonia

Die Bryonia-Katze will einfach nur ihre Ruhe und kann recht gereizt reagieren, wenn sie diese nicht bekommt. Sie hat großen Durst und ausgesprochen trockene Schleimhäute. Dadurch wird bei jedem Temperaturwechsel trockener Husten ausgelöst. Alles ist zuerst trocken, gelegentlich aber auch nass. Harter Stuhl und wenig Urin werden ausgeschieden. Beschwerden werden durch Veränderungen der Lage, durch die kleinste Bewegung oder Berührung ausgelöst. Durch ständigen Druck kann allerdings eine Besserung eintreten

(z. B. Druckverband). Bauch- oder Rippenfellentzündungen (bei FIP angezeigt!) und Gelenksentzündungen reagieren gut auf Bryonia. Die Schwellungen sind hart, gerötet und sehr schmerzhaft. Das Fieber ist weniger hoch als bei Aconitum oder Belladonna, und die Temperatur kann schwanken.
Bryonia D 6: 3 x täglich 1 Gabe, 1 Woche lang, oder C 30, 1 x täglich 1 Gabe, 2–3 Tage lang.

Apis

Typisch für Apis ist der geringe Durst und und entsprechend wenig Urin. Die Katze neigt zu Blasenentzündungen (ähnlich Cantharis) sowie reichlichen Entzündungsflüssigkeiten bei Ödemen. Das Fieber wird von einem schnellen Puls begleitet. Starke Unruhe und Bewegungsdrang sowie starke Schmerzhaftigkeit des Entzündungsherdes vervollständigen das Apis-Bild, bei dem Wärme und Berührung verschlimmern und Kälte bessert.
Apis D 6: 3 x täglich 1 Gabe, 7 Tage lang, oder als C 30, 1 x täglich 1 Gabe, 2–3 Tage lang.

Mercurius solubilis

Dieses Mittel mag weder Hitze noch Kälte, und in der Nacht verschlimmern sich die Symptome. Entzündungen im Bereich der Lymphknoten, der Schilddrüse oder der Bauchspeicheldrüse und eitrige Erkrankungen im gesamten Verdauungskanal oder an den Mandeln treten gehäuft auf und verlangen nach Mercurius (siehe auch Silicea). Auch Geschwür- und Fistelbildung kann auftreten, allerdings weniger heftig als bei Hepar sulfuris.

In der Nacht auftretender Speichelfluss kann ebenfalls als Wegweiser angesehen werden.
Mercurius solubilis D 6: 3 x täglich 1 Gabe, 7–10 Tage lang, oder als C 30, 1 x täglich 1 Gabe, 2–3 Tage lang.

Tarantula cubensis

Eine Neigung zu Allgemeininfektionen, die sich vor allem im Unterhautgewebe, insbesondere an den Zehen zeigt, reagiert gut auf Tarantula cubensis. Bläuliche (siehe auch Lachesis) oder purpurfarbene Verfärbungen des Entzündungsherdes und starke Schmerzen deuten auf das Mittel hin. Bevor dieses Mittel Anwendung findet, sollte auch an Hypericum oder Ledum (siehe Kapitel »Verletzungen«) gedacht werden, die meist auch sehr hilfreich sind.
Tarantula cubensis D 6: 3 x täglich 1 Gabe, 7 Tage lang.

Hepar sulfuris

Angst vor Berührungen, Verschlechterung durch Kälte (Mercurius solubilis zeigt sie bei Wärme) tritt bei Hepar sulfuris auf. Die Katze ist dadurch eher gegen Kälte empfindlich, und Wärme bessert alle Beschwerden (bei Apis und Mercurius bessert Kälte). Häufig zeigt sich bei der Katze auch Fieber. Eitrige Entzündungen, die akut auftreten und zu einer Abszessbildung neigen, passen zu diesem Mittel. Analdrüsenentzündungen und Abszesse am Analbeutel, die stark eitern, können damit behandelt werden. Hepar sulfuris, in tiefen Potenzen angewandt, fördert die Ausbildung und das Öffnen des Abszesses (siehe auch Myristica sebifera), in hohen Potenzen führt es zur Resorption der Eiterung.

Hepar sulfuris D 3: zu Beginn 3x 1 Gabe innerhalb von 1–2 Stunden, danach 3x täglich 1 Gabe, 2 Tage lang. Achtung! Niemals eine tiefe Potenz bei Eiterungen in geschlossenen Höhlen (z.B. Nasennebenhöhlen) anwenden. Die Gefahr einer starken Eiteransammlung besteht dadurch! Hier sollten Potenzen ab der D 30 eingesetzt werden, um Abszesse einzuschmelzen.

Myristica sebifera

Dieses Mittel wird auch als das homöopathische Skalpell bezeichnet, weil es die Reifung von Abszessen, Fisteln, Furunkeln sowie das Abheilen von Schwellungen, z.B. am Krallenbett, beschleunigt. In der Wirkung ist es kräftiger als Hepar sulfuris.
Myristica sebifera D 3: bei akuten Beschwerden alle 1–2 Stunden 1 Gabe, sonst 3x täglich 1 Gabe, 2–3 Tage lang. Eine Kombination mit Hepar sulfuris und Tarantula cubensis ist möglich.

Siegesbeckia orientalis

Hepar sulfuris und Siegesbeckia sind sich in der Wirkung sehr ähnlich, allerdings ist Siegesbeckia sehr viel empfindlicher gegen Berührungen und Kälte. Eine Verschlechterung entsteht durch Bewegung, darum versucht die Katze, sich ruhig zu verhalten. Katzen, die Siegesbeckia benötigen, neigen zu allgemeinen Infektionen. Das Mittel wird überwiegend bei akuten oder chronischen Abszessen eingesetzt.
Siegesbeckia orientalis D 6: 3x täglich 1 Gabe, 1 Woche lang.

Calcium sulfuricum

Das Mittel hat eine tiefergehende Wirkung als Hepar sulfuris und folgt gut darauf. Es entfaltet seine Heilwirkung, wenn Abszesse bereits aufgebrochen oder aufgeschnitten sind oder immer wiederkehren. Analdrüsenvereiterungen, die nicht abheilen wollen und zähes, klebriges Sekret produzieren, können damit behandelt werden, wenn Hepar sulfuris keine Wirkung gezeigt hat.

Calcium sulfuricum D 6: 3 x täglich 1 Gabe, 3–4 Wochen lang.

Silicea

Silicea, der Bergkristall, aktiviert die weißen Blutkörperchen und beschleunigt so die Reifung von Abszessen. Es stützt das gestörte Immunsystem und wird eingesetzt, wenn eine Entzündung besteht oder ein Abszess schlecht abheilt. Fisteln, insbesondere Knochenfisteln (siehe auch Kapitel »Homöopathische Konstitutionstypen«) sprechen ebenso gut darauf an. Silicea treibt auch in der Haut oder im Fleisch sitzende Fremdkörper aus, die zu ständigen Entzündungen führen. Eingewachsene Splitter, Dornen oder Grannen, die ständig vereitern, werden mit Silicea in einem Abstoßungsprozess abgesondert. Verschlimmerung entsteht bei diesem Mittel durch Kälte und Besserung durch Wärme.

Silicea D 6: 3 x täglich 1 Gabe, bis zu 3 Wochen lang, oder als C 30, 1 x täglich 1 Gabe, 2–3 Tage lang.

Lachesis

Alle Entzündungen sind bei diesem Mittel dunkelrot bis blau verfärbt und neigen zu einem Übergang in eine Blutvergif-

tung. Meist bestehen die Beschwerden auf der linken Seite (z. B. eine Mandelentzündung) und wandern nach rechts. Ursachen für die Beschwerden könnte eine Gebärmutterentzündung oder eine Entzündung der Brustdrüsen sein. Die Entzündung zeigt meist noch keine Neigung zur Eiterung. Verschlimmerungen entstehen durch Wärme oder Berührung, Besserung durch Bewegung.
Lachesis D 12: 3 x täglich 1 Gabe, 1 Woche lang, oder C 30, 1 x täglich 1 Gabe, 2–3 Tage lang.

Ferrum phosphoricum
Ein Entzündungsmittel für das Anfangsstadium, das zu Blutarmut sowie zu schwachen und müden Katzen passt. Oft tritt die Entzündung zusammen mit Fieber auf, das zwar weniger hoch ist als bei den anderen Mitteln, dafür aber umso hartnäckiger zu sein scheint. Verschlechterung besteht bei Bewegung oder Berührung, eine Besserung bei sanfter Bewegung.
Ferrum phosphoricum D 6: 3 x täglich 1 Gabe, 1–3 Wochen lang, oder C 30, 1 x täglich 1 Gabe, 2–3 Tage lang.

Echinacea angustifolia
Es regt das Immunsystem zur stärkeren Arbeit an, indem die weißen Blutkörperchen aktiviert werden. Deshalb kann es bei allen Entzündungen zusätzlich eingesetzt werden.
Echinacea D 3: 3 x täglich 1 Gabe, 1 Woche lang, oder als C 30, 1 x täglich 1 Gabe, 3 Tage lang.

Calendula officinalis

Die Wundheilung wird durch das Mittel aktiviert bei allen Verletzungen, bei denen die Muskeln betroffen sind und keine glatten Wundränder bestehen. Die Anwendung schützt vor Infektionen der Wunde. Die Schmerzhaftigkeit bei Wunden und Entzündungen ist wesentlich höher, als angenommen werden darf. Entzündete, stark schmerzhafte Geschwüre oder eiternde Schnitt- oder Risswunden können damit gut beeinflusst werden. Verschlechterung besteht bei feuchtem und bewölktem Wetter, Besserung bei Wärme oder wenn die Katze vollkommen ruhig liegt. Aber auch langsames Umherlaufen kann die Beschwerden bessern. Das Mittel passt zu Katzen, die leicht erschrecken oder sehr nervös sind.
Calendula D 2: 3 x täglich 1 Gabe, 1–3 Wochen lang, oder als C 30, 1 x täglich 1 Gabe, 3 Tage lang.

Arnica montana

Arnica wird gewählt bei allen körperlichen Verletzungen, besonders bei Schmerzen, Entzündungen oder Schwellungen. Die Katze reagiert überempfindlich und ängstlich, wenn man sich ihr nähert. Sie kann auch zornig auf Berührungen reagieren, weil sie in Ruhe gelassen werden möchte. Ansonsten verhält sich die Katze, als wäre sie gesund, obwohl sie eigentlich schwer krank zu sein scheint. Arnica kann selbst bei Entzündungen angewendet werden, die schon länger bestehen. Verschlechterung bei Berührung und Bewegung, Besserung durch Ruhe oder im Liegen.
Arnica D 30: 1 x täglich 1 Gabe, 1–3 Wochen lang, oder als C 30, 1 x täglich 1 Gabe, 3 Tage lang.

Pyrogenium

Bei lebensgefährlichen Allgemeininfektionen oder Blutvergiftungen sollte an Pyrogenium gedacht werden. Es kann bei schwerwiegenden Infektionen eine schnelle Wende bringen. Hohes Fieber mit langsamem Puls oder kaum merkliches Fieber mit hohem Puls kann bestehen. Das Wundsekret zeigt eine helle bis grünliche Farbe, und ein fauliger Geruch kennzeichnet das Mittel. Pyrogenium kann auch gut mit Lachesis kombiniert werden.

Pyrogenium C 30: 1 x täglich 1 Gabe, 2–3 Tage lang.

Bella hat eine entzündete Bisswunde

Ich wurde zu Bella gerufen, weil sie eine Bisswunde hatte, die sich stark entzündet hatte. Bella reagierte recht heftig auf die Berührung der Wunde und musste in einem Handtuch fixiert werden, damit sie uns nicht zerkratzte.

Die Wunde reinigte ich mit einer verdünnten Calendula-Tinktur, 1 : 10 mit Wasser vermischt, und die Katze bekam Echinacea, um das Immunsystem zu stärken. Am Tag darauf sollte die Besitzerin ihrer Katze Belladonna verabreichen, falls sie Fieber bekommen sollte. Dies war dann aber nicht nötig, da die Wunde am Tag darauf schon wesentlich besser aussah. Nach einer Wiederholung der Behandlung heilte die Wunde ohne weitere Probleme ab. Ich riet der Besitzerin, die Mittel immer im Haus zu haben, da Bella sich gerne prügelte und öfter mit Wunden nach Hause kam. Auch Ledum und Arnica legte sie sich zu, damit sie bei Bisswunden sofort eingreifen konnte.

Notfalltherapie: Verletzungen und Vergiftungen

Katzen verletzen sich bei Freigang recht häufig durch Kämpfe, die sie miteinander austragen. Manchmal werden sie auch von einer Ratte oder Maus gebissen, und die Wunden können sich entzünden und eitern. Es ist günstig, wenn man dann sofort reagiert und die Wunden mit Calendula-Tinktur reinigt, die man 1 : 10 mit Wasser vermischt. Außerdem sollte man der Katze ein homöopathisches Mittel verabreichen, damit keine Entzündung entsteht.
Damit Sie im Notfall schnell reagieren können, empfiehlt es sich, eine kleine Hausapotheke anzulegen.

Mittelbeschreibungen – allgemeine Notfälle

Arnica

Es wird eingesetzt bei allen körperlichen Wunden, um die Schmerzen zu lindern und den Schock zu mildern. Bei Blutungen, Quetschungen und frischen Wunden kann es wunderbar helfen.
Arnica D 6: 3 x täglich 1 Gabe, 2–3 Wochen lang.

Calendula

Die Calendula-Tinktur sorgt dafür, dass keine Entzündung entsteht. Sollte bereits eine Entzündung bestehen, wirkt sie keimhemmend und nimmt der entzündeten Wunde den schlechten Geruch. So wirkt sie Eiterungen schon im Vorfeld entgegen. Weiterhin wirkt sie granulationsfördernd; die Wunde heilt so schneller. Zusätzlich kann Calendula als normales homöopathisches Mittel auch eingegeben werden. Besserung tritt meist schon durch langsame Bewegung ein.

Calendula-Tinktur 1:10 mit Wasser vermischen und die Wunde damit mehrmals täglich reinigen bis zur Abheilung.
Calendula D 2: 3x täglich 1 Gabe, 1–2 Wochen lang.

Hamamelis

Es wird bei allen Folgen von Quetschungen eingesetzt und kann mit Arnica kombiniert werden.
Hamamelis D 6: 3x täglich 1 Gabe, 1–2 Wochen lang.

Ledum

Dieses Mittel wird eingesetzt bei allen tiefen Wunden, die durch Bisse oder Stiche (auch Insektenstiche) entstehen.
Ledum D 6: 3x täglich 1 Gabe, 1–2 Wochen lang.

Rhus toxicodendron

Es ist ein Verletzungsmittel für die Sehnen und Bänder sowie für die Sehnenscheiden. Wenn die Katze sich nach anfänglichen Schwierigkeiten »einläuft«, ist dieses Mittel angezeigt.
Rhus toxicodendron D 6: 3x täglich 1 Gabe, 1–2 Wochen lang.

Ruta

Dieses Mittel ist ebenfalls für die Bänder und die Sehnen gedacht, wenn sie durch Stoß oder Überanstrengung verletzt wurden. Es lässt sich gut mit Rhus toxicodendron kombinieren.

Ruta D 6, 3 x täglich 1 Gabe, 1–2 Wochen lang.

Silicea

Silicea setzt man ein, wenn die Wundheilung verzögert ist. Es sollte aber vorsichtig eingesetzt werden, da es auch austreibend wirkt. Splitter und Dorne wandern damit selbständig aus der Haut.

Silicea D 6: 3 x täglich 1 Gabe, 1–2 Wochen lang.

Staphisagria

Bei Katzen, die sehr schmerzempfindlich sind, kann es bei allen Schnittwunden heilend eingesetzt werden.

Staphisagria D 6: 3 x täglich 1 Gabe, 1–2 Wochen lang.

Symphytum

Dieses Mittel ist für Knochenverletzungen und Brüche als Heilmittel sehr bekannt und wirkt sehr gut, weil es die Kallusbildung beeinflusst.

Symphytum D 6: 3 x täglich 1 Gabe, 4–6 Wochen lang.

Mittelbeschreibungen – Verbrennungen

Verbrennungen lassen sich ebenfalls sehr gut mit homöopathischen Mitteln behandeln. Da Katzen ein sehr eingeschränktes Wärmeempfinden haben, spüren sie es oft erst, wenn es zu spät ist, dass eine Kochplatte heiß ist oder eine Kerze sie verbrennt. Lassen Sie nie offenes Feuer herumstehen, damit keine Verbrennungen entstehen.

Apis

Bei Blasenbildung und einer Schwellung der Verbrennung wird Apis der Katze helfen. Kalte Umschläge wirken ebenfalls schmerzlindernd.
Apis D 6: 3 x täglich 1 Gabe, 2–3 Wochen lang.

Calendula

Wie bei äußeren Verletzungen kann auch Calendula bei schlechter Heiltendenz eingesetzt werden, wenn die Wunde anfängt, schlechten Geruch zu bilden, und die Wunde sich infiziert.
Calendula D 3: 3 x täglich 1 Gabe, 2–3 Wochen lang.

Cantharis

Das Mittel wird bei Verbrennungen eingesetzt, die sich röten, Blasen oder Bläschen bilden. Sie schmerzen, und es kann Juckreiz bestehen, wenn die Wunde heilt.
Cantharis D 6: 3 x täglich 1 Gabe, 2–3 Wochen lang.

Hypericum

Hypericum ist ein Mittel, das bei allen Verletzungen eingesetzt wird, die in nervenreichem Gewebe bestehen und sehr schmerzempfindlich sind.
Hypericum D 6: 3 x täglich 1 Gabe, 1–2 Wochen lang.

Mittelbeschreibungen – Vergiftungen

Bei Vergiftungen stehen häufig Symptome wie Erbrechen oder Durchfall im Vordergrund, deshalb ist es durchaus sinnvoll, auch in diesem Kapitel nach einem geeigneten Mittel zu schauen. Überaus wichtig ist es bei einer Vergiftung, die Entgiftungsorgane (Leber und Nieren) zu entlasten. Dies geschieht mit homöopathischen Mitteln, die diese Organe beeinflussen.

Arsenicum album

Um Schädigungen der Leber und der Nieren zu vermeiden, sollte Arsenicum album bei oder nach einer Vergiftung der Katze helfen, Giftstoffe auszuscheiden. Es bestehen oft auch Darmstörungen mit faulig riechendem Durchfall.
Arsenicum album D 6: 3 x täglich 1 Gabe, 1–2 Wochen lang.

Carduus marianus

Dies ist ebenfalls ein die Leber entgiftendes Mittel, das in Kombination oder im Wechsel mit Arsenicum album eingesetzt werden kann.
Carduus marianus D 6: 3 x täglich 1 Gabe, 1–2 Wochen lang.

Ipecacuanha

Es wird bei Erbrechen aufgrund einer Vergiftung eingesetzt.
Ipecacuanha D 6: 3 x täglich 1 Gabe, 1–2 Wochen lang.

Lycopodium

Nach einer Vergiftung setzt man dieses Mittel ein, wenn Leber- oder Nierenstörungen auftreten. Es tritt dann meist geringer oder wechselnder Appetit bei der Katze auf, und sie frisst vorzugsweise am Abend oder in der Nacht.
Lycopodium D 6: 3 x täglich 1 Gabe, 1–2 Wochen lang.

Nux vomica

Bei Magen- und Darmsymptomen mit Erbrechen und Durchfall, Blähungen oder Krämpfen sollte Nux vomica angewendet werden, um die Leber zu schützen und die Ausscheidung der Giftstoffe über die Leber zu fördern.
Nux vomica D 6: 3 x täglich 1 Gabe, 2–3 Wochen lang.

Okoubaka

Bei Folgen von Vergiftungen durch Insektenvertilgungsmittel oder chemische Mittel jeder Art wird dieses Mittel eingesetzt, um die resttoxischen Rückstände aus dem Körper auszuleiten. Wenn bei der Vergiftung Durchfall auftrat und die Katze sich nach einer Vergiftung nur schlecht erholt, benötigt sie dieses Mittel.
Okoubaka D 6: 3 x täglich 1 Gabe, 2–3 Wochen lang.

Mittelbeschreibungen – Operationsfolgen

Manchmal lässt sich eine Operation nicht umgehen; schon bei der Kastration steht fast jeder Katze dieser Gang bevor. Bei der Ausleitung der Rückstände von der Narkose und der Wundheilung kann die Homöopathie oft wahre Wunder bewirken.

Vor der Operation

Arnica

Um die Schmerzen während und nach der Operation zu mildern, kann Arnica gegeben werden. Allerdings sollte man das Mittel nicht bei Operationen einsetzen, die mit starken Blutungen verbunden sein können.

Arnica D 6: 3 x täglich 1 Gabe, 1–2 Wochen lang.

Hypericum

Hypericum wird bei allen Verletzungen in nervenreichem Gewebe eingesetzt, die zu hoher Schmerzempfindlichkeit führen. Auch bei Operationen kann es gegen die Schmerzen eingesetzt werden, da beim OP-Schnitt ja auch Nerven zertrennt werden.

Hypericum D 6: 3 x täglich 1 Gabe, 1–2 Wochen lang.

Nach der Operation

Auch hier kann Arnica eingesetzt werden (siehe »Vor der Operation«). Calendula unterstützt die Wundheilung, Echinacea das Immunsystem.

Nux vomica

Um die Nebenerscheinungen der Operation (Narkose) auszuleiten, kann Nux vomica hilfreich sein, damit keine Übelkeit aufkommt.
Nux vomica D 6: 3 x täglich 1 Gabe, 1–2 Wochen lang.

Staphisagria

Damit die Operationswunde glatt und ohne Komplikationen verheilt, kann Staphisagria gegeben werden. In der Regel heilen Wunden damit wesentlich besser und schneller ab.
Staphisagria D 6: 3 x täglich 1 Gabe, 1–2 Wochen lang.

Alterserscheinungen und Alterserkrankungen

Alt werden ist auch für Katzen mit teilweise erheblichen Einschränkungen verbunden. Der Bewegungsapparat ist beeinträchtigt durch Arthrose, und die Beweglichkeit nimmt insgesamt ab. Durch diese Einschränkung putzt sich die alte Katze nicht mehr wie früher und benötigt dabei Ihre Hilfe. Wenn Sie die Katze ab und zu mit einem feuchten Ledertuch abreiben, helfen Sie ihr dabei, das Fell zu pflegen.

Das Immunsystem ist möglicherweise geschwächt, und die Katze ist anfälliger als früher. Nicht zuletzt aus diesem Grund schläft sie mehr als sonst. Dadurch ist der Verdauungstrakt ebenfalls beeinträchtigt, und es kommt schneller zu Verstopfungen. Viel Animation zur Bewegung ist hier hilfreich. Das Hör- und Sehvermögen kann beeinträchtigt sein, deshalb benötigt die Katze einen festen Tagesablauf, der Sicherheit gibt. Neue Dinge stören die Katze und verunsichern sie, darum halten Sie an alten Ritualen mit ihr fest. Die Entgiftungsorgane, wie Nieren oder Leber, schaffen ihre Arbeit nicht mehr wie in früheren Jahren und benötigen ebenfalls Hilfe, um noch lange funktionieren zu können.

Repertorium zu Alterserkrankungen

Diese Gesamtübersicht beschreibt die homöopathischen Mittel, die bei Alterserkrankungen in Betracht gezogen werden können. Genauere Anweisungen finden Sie in den nachfolgenden Beschreibungen der Mittel.

Symptome	Indikationen	Medikamente
Kreislauf, Nerven	Stärkungsmittel	Arnica, Barium carbonicum, Carbo vegetabilis, Kalium carbonicum, Sepia
Leber- und Nierenleiden	zur Unterstützung	Arsenicum album, Lycopodium, Solidago virgaurea
Schwächeanfälle	Kreislauf	Crataegus, Ginseng
Verstopfung	Magen-Darm-Trakt, Bewegungsapparat	Bryonia, Opium, Nux vomica

Mittelbeschreibungen – Alterserkrankungen

Im Anschluss finden Sie die im Repertorium genannten homöopathischen Mittel in alphabetischer Reihenfolge, die Sie bei Alterserkrankungen Ihrer Katze einsetzen können.

Arnica montana

Katzen, die früher sehr lebhaft waren und nur noch ein Schatten ihrer selbst sind, benötigen Arnica.
Arnica D 6: 3 x täglich 1 Gabe, 2–3 Wochen lang.

Arsenicum album

Katzen, die vom Aussehen her schnell altern und auffällig häufig kleine Mengen Wasser trinken, finden bei Arsenicum album meist sehr gute Hilfe bei Nieren- und Leberleiden. Die Katzen suchen warme Plätze auf und versuchen sich trotz ihres Alters sehr sauber zu halten. Alles muss seinen Rhythmus haben. Unruhe in der Nacht ist ebenso ein Wegweiser zu diesem Mittel. Bei Erschöpfung oder nach schweren Erkrankungen, die schneller altern lassen, als es normal wäre, benötigt die Katze dieses Mittel. Es hilft der Katze auch, wenn die Zeit gekommen ist, Abschied zu nehmen. Es wird in der Sterbehilfe eingesetzt und erleichtert dem Patienten das Loslassen.
Arsenicum album D 6: 3 x täglich 1 Gabe, 2–3 Wochen lang.

Barium carbonicum

Die Katze, die Barium carbonicum benötigt, leidet unter starker Vergesslichkeit (man könnte diesen Zustand mit der Alzheimer-Krankheit beim Menschen vergleichen). Sie weiß vielleicht nicht mehr, wo ihr Katzenklo steht, und ist verglichen mit jüngeren Jahren scheuer gegenüber fremden Menschen. Der Gesichtsausdruck der Katze ist kränklich. Gesellschaft und Kälte verschlechtern ihren Zustand, Wärme bessert ihn.
Barium carbonicum D 6: 3 x täglich 1 Gabe, 2–3 Wochen lang.

Bryonia

Für den Bewegungsapparat und bei Verstopfung ist dieses Mittel für alte Katzen meist eine Wohltat. Katzen, die Bryo-

nia benötigen, laufen sich bei Erkrankungen des Bewegungsapparates nicht ein, Bewegung verschlechtert vielmehr ihren Zustand. Besserung bringen das Liegen auf der schmerzhaften Seite und Ruhe.
Bryonia D 6: 3 x täglich 1 Gabe, 2–3 Wochen lang.

Carbo vegetabilis
Dieses Mittel hat selbst Totgesagte schon wieder zum Leben erweckt. Sollte man also befürchten, die Katze könnte jeden Moment sterben, sollte man dieses Mittel versuchen. Für Erkrankungen, die mit dem Magen-Darm-Trakt im Zusammenhang stehen, ist es hervorragend geeignet, da es auf die Schleimhäute einwirkt. Bei allen erschöpfenden Erkrankungen und für alte Tiere ist es ebenfalls angebracht.
Carbo vegetabilis D 6: 3 x täglich 1 Gabe, 2–3 Wochen lang.

Crataegus
Zur Unterstützung von Herz und Kreislauf und um die Durchblutung anzuregen, kann Crataegus gegeben werden.
Crataegus D 6: 3 x täglich 1 Gabe, 2–3 Wochen lang.

Gingseng
Hilft der Katze bei Schwächeanfällen.
Ginseng D 6: 3 x täglich 1 Gabe, 2–3 Wochen lang.

Kalium carbonicum
Dieses homöopathische Mittel ist ein Universalmittel für die Muskeln und Bänder, das Herz und die Schleimhäute. Es hilft, wenn die Katze zu dick ist, wobei der Körper überge-

wichtig ist und die Beine dünn und die Katze viel trinkt und steif läuft. Es kann bei Herzerkrankungen ebenso wie bei Muskel- oder Gelenkbeschwerden eingesetzt werden. Verschlechterung durch kalte Luft, im Winter oder durch Liegen auf der schmerzhaften Seite und nach Flüssigkeitsverlust. Besserung durch Wärme oder frische Luft.
Kalium carbonicum D 6: 3x täglich 1 Gabe, 2–3 Wochen lang.

Lycopodium
Es hilft der Leber und den Nieren bei der Entgiftung und sorgt somit für eine bessere Funktion dieser Organe. Die Katze benötigt dieses Mittel. wenn sie sehr wenig frisst. Sie geht hungrig zum Napf, riecht oder leckt am Futter oder frisst sogar einen Brocken und geht dann angewidert oder scheinbar schon satt wieder weg. Häufig bestehen auch Blähungen, und es wird fester, klumpiger Kot abgesetzt.
Lycopodium D 6: 3x täglich 1 Gabe, 2–3 Wochen lang.

Nux vomica
Dieses Mittel hilft der Katze, wenn sie viele Medikamente bekommen muss, um gesund zu bleiben. Es sorgt dafür, dass die Giftstoffe, die sich in den Entgiftungsorganen ansammeln, gut abtransportiert werden. Die Katze hat meist Durchfall im Wechsel mit Verstopfung oder übergibt sich häufig als Nebenwirkung einer Medikamentenverabreichung.
Nux vomica D 6: 3x täglich 1 Gabe, 2–3 Wochen lang.

Opium

Gerade im Alter haben viele Katzen mit Verstopfung zu kämpfen, da sie sich viel weniger bewegen. Opium kann dabei helfen, die Darmtätigkeit wieder anzuregen.
Opium D 6: 3 x täglich 1 Gabe, 2–3 Wochen lang.

Wie funktioniert Homöopathie?

Wenn Sie sich bisher noch nicht mit Homöopathie beschäftigt haben, finden Sie im Folgenden einige Grundinformationen über diese Heilmethode.

Ähnliches mit Ähnlichem heilen

Da in der Homöopathie keine Tierversuche vorgenommen werden, müssen alle homöopathischen Mittel von Menschen geprüft werden. Der Grund hierfür ist auch, dass Katzen nicht mitteilen können, wie es ihnen unter der Einnahme eines homöopathischen Mittels geht. Da die Homöopathie aber auf diese Informationen angewiesen ist, um das richtige Mittel zu finden und einsetzen zu können, müssen diese erst einmal gesammelt und notiert werden.
Um nun zu verstehen, wie ein homöopathisches Mittel funktioniert, ist es am einfachsten, den Vorgang einer Prüfung eines Mittels zu kennen.
Viele hundert gesunde Menschen nehmen über einen längeren Zeitraum ein homöopathisches Mittel zu sich und schreiben in dieser Zeit der Einnahme alle auftretenden Symptome auf, die durch und seit der Einnahme des Mittels aufgetreten sind. Der Sinn und Zweck dieses Vorgangs ist es, eine sogenannte Arzneimittelprüfung hervorzurufen, die in

den meisten Fällen ausgelöst wird, wenn ein Mittel längere Zeit genommen wird. Deshalb sollten homöopathische Mittel der Katze auch möglichst nicht zu lange verabreicht werden, und wenn es doch nötig ist, sollten Pausen bei der Eingabe eingehalten werden, um keine Arzneimittelprüfung hervorzurufen.
Die Symptome, die am häufigsten während der Einnahme eines Mittels auftreten, werden von den Probanden notiert. Wenn diese Symptome bei vielen dieser Menschen auftreten, geht man davon aus, dass das homöopathische Mittel auch eine Krankheit beeinflussen kann, die diese Symptome aufzeigt.
Um diesen Zustand nun auf die Katze zu übertragen, wäre z. B. eine Vergiftung der Katze durch ein schwaches Insektizid, welches geringe Mengen Arsen enthält, durch die Eingabe von Arsenicum album (Weißarsenik) zu heilen. Bei dieser Vergiftung würden u. a. Symptome einer Magen- und Darmentzündung auftreten, die ebenso im geprüften Arzneimittelbild von Arsenicum album auftauchen. Ähnliches heilt Ähnliches, wenn vom krankheitserregenden Mittel eine sehr geringe Menge verabreicht wird – das ist das Grundprinzip der Homöopathie. Durch das Potenzieren (Verdünnen) des homöopathischen Mittels ist jeder Ausgangsstoff, wie giftig er in der Reinform auch wäre, einsetzbar, um die passenden Symptome zu beheben.

Der Begriff »Homöopathie« entstammt der griechischen Sprache und setzt sich zusammen aus: *homoios – gleich* und *pathos – Krankheit.* Sinngemäß bedeutet er also: eine Krankheit wird durch etwas ihr Ähnliches geheilt. Der Begründer der Homöopathie, Dr. Samuel Hahnemann, lebte von 1755 bis 1843 in recht bescheidenen Verhältnissen. Er war ein sehr kritischer Arzt, Apotheker und Chemiker mit einem fast unstillbaren Forschungssinn, den er dazu einsetzte, das Leid seiner Mitmenschen zu lindern. Er stellte durch einen Zufall fest, dass eine Krankheit spontan heilte, wenn eine andere Krankheit hinzukam. Durch seine Forschungsarbeit entdeckte er, dass eine ähnliche Krankheit ein Heilmittel sein konnte. Nun kann eine natürliche Krankheit den Zustand einer nicht ähnlichen Krankheit zwar nicht heilen, aber ein künstlich hervorgerufener Zustand durch ein homöopathisches Mittel, der der Krankheit ähnlich ist, kann dies nach Hahnemann sehr wohl erreichen.

Einige ausgewählte Beispiele können zeigen, wie ein Mittel in seiner Reinform und in der potenzierten Form wirkt:

› Chinarinde (China) in seiner Reinform löst nach Dr. Hahnemann Wechselfieber aus. In potenzierter Form heilt es aber das Wechselfieber. Dies war übrigens der erste Selbsttest von Dr. Hahnemann, mit dem er den Beweis erbrachte, dass die Homöopathie wirkt.
› Brennnessel (Urtica urens) löst im Urzustand allergische Hautreaktionen aus, die z. B. bei Quaddelbildung auf der Haut durch das potenzierte Urtica urens auch wieder behoben werden.
› Die Spanische Fliege ist als Aphrodisiakum bekannt. In potenzierter Form (Cantharis) kann das Mittel einen übermäßigen Geschlechtstrieb regulieren.

- Nux vomica, die Brechnuss, löst als reines Mittel Erbrechen aus und kann dieses als homöopathisches Mittel beheben.

Um homöopathische Mittel auswählen zu können, entwickelte man die *Materia Medica*, die alle Beschreibungen der homöopathischen Mittel enthält, und das Repertorium, in dem alle Krankheitssymptome und die dafür zu verwendenden homöopathischen Mittel aufgelistet werden. Mit diesen Büchern arbeitet der Homöopath, um ein passendes Mittel für seinen Patienten zu finden.
Für Tiere wurden mittlerweile separate Bücher in dieser Form geschrieben, mit denen es sich einfacher arbeiten lässt als mit den Büchern für Menschen.

Potenzieren und Potenzwahl

Um homöopathische Mittel nutzbar zu machen, müssen sie verdünnt, also potenziert werden. Der Patient, also auch die kranke Katze, soll ja gesund und nicht zusätzlich belastet werden.
Der Grundstoff des Heilmittels ist die Urtinktur und wird mit Ø gekennzeichnet. Die Heilmittel kommen zum großen Teil aus dem Pflanzenreich, werden aus Mineralien oder chemischen Mitteln oder aus dem Tierreich gewonnen. Die Verdünnung erfolgt in mehreren Schritten. Zuerst wird ein einzelner Tropfen des Heilmittels mit neun Tropfen Alkohol vermischt. Im Anschluss wird die Flasche zehnmal kräftig

geschüttelt; dazu werden sogenannte Schüttelstöße angewendet, bei denen man die Flasche auf eine Buchkante schlägt. Damit ist die erste Potenz D 1 entstanden. Um eine D 2 herzustellen, entnimmt man der D1-Potenz wieder einen Tropfen, gibt ihn wiederum zu neun Tropfen Alkohol und wiederholt den Prozess. Diese Herstellung ist für die D-Potenzen immer im Verhältnis 1 : 10 anzuwenden, also in Dezimalschritten. C-Potenzen sind in Schritten 1 : 100 zuzubereiten. Bei einer Zubereitung von Arsenicum album D 6 hat man aus mathematischer Sicht also eine Verdünnung 1 : 1 000 000, aber nur durch die Potenzierung des Mittels weist es eine Heilwirkung auf.
Koreanische Wissenschaftler haben festgestellt, dass Wasser bei Verdünnung Cluster bildet, die sich immer weiter vermehren, anstatt weniger zu werden. Vielleicht ist hier der Grund zu finden, warum homöopathische Mittel auch noch wirken, wenn kein Wirkstoff mehr physikalisch feststellbar ist.
Bei den einzusetzenden Potenzen scheiden sich die Geister sehr häufig, manche haben sogar Angst vor dem Einsatz höherer Potenzen. Dabei gibt es ein paar einfache Grundregeln beim Einsatz der Potenzen. Niedrige D-Potenzen oder C 1 bis C 12 wirken meist nicht lange und nicht sehr tief. Hohe D-Potenzen oder C 30 bzw. 200 oder höher wirken tiefer und länger, haben aber kein so breites Spektrum mehr wie die tiefen Potenzen. Ist man sich bei der Wahl eines Mittels sicher, kann man mit ruhigem Gewissen eine hohe Potenz wählen. Sollte man jedoch unsicher sein, ist es besser, die Potenz niedriger zu halten: Die Arznei besitzt dann auch ein breiteres Wirkungsspektrum.

Bei akuten Krankheiten, die einen dramatischen Verlauf nehmen, nutzt man die größere Wirkungsbreite einer tiefen Potenz. Bei milderen Verläufen kann eine höhere Potenz gesucht werden, denn selbst wenn das erste Mittel nicht das wirklich passende ist, hat man Zeit, ein neues Mittel zu suchen. Konstitutionsmittel sollten in einer Hochpotenz eingesetzt werden, und bei chronischen Krankheiten wirken diese meist ebenfalls besser als tiefe Potenzen. Bei geistigen oder psychischen Störungen (Trauer, Angst) sind ebenfalls höhere Potenzen die bessere Wahl, um eine Wirkung zu erzielen. Ebenso vermögen Hochpotenzen alte Vorerkrankungen, die eventuell noch Probleme bereiten, besser zu beseitigen.
Für die Auswahl der Potenz ist es entsprechend wichtig zu hinterfragen, ob:

› eine chronische Krankheit besteht,
› es sich um eine Krankheit handelt, die akut auftritt,
  – mit dramatischem Verlauf,
  – mit mildem Verlauf,
› ob ein Konstitutionsmittel gefunden werden kann,
› ob alte Erkrankungen den Zustand ausgelöst haben können,
› ob Gemütssymptome vorhanden sind, die vorrangig zu beachten sind.

Danach wird man die Potenz auswählen.

Darreichungsformen

Homöopathische Mittel werden in unterschiedlichen Formen angeboten:

- Tabletten
- Globuli (Kügelchen)
- Pulver
- Dilutionen (alkoholische Lösung)
- in Form von Cremes, Salben, Lotionen oder Tinkturen.

Bei allen festen Formen wird die zuvor potenzierte Lösung auf einen festen Stoff geträufelt. Die bekannteste Darreichungsform sind die Kügelchen; sie bestehen aus Milchzucker, der mit der potenzierten Lösung getränkt wird.

Wie wendet man homöopathische Mittel an?

Nachdem das passende Mittel in der richtigen Potenz ausgewählt wurde, muss es der Katze verabreicht werden. Für Katzen bieten sich die Globuli besser an als Tabletten oder Dilutionen. Die Globuli lassen sich oral verabreichen, ohne dass die Katze dabei unter Stress gesetzt werden muss, was bei Zwangsmaßnahmen oft der Fall ist. Stress ist bei Krankheit aber kontraproduktiv und hilft der Katze nicht beim Gesundwerden. Die Medikation wird entweder übers Trinkwasser verabreicht, oder die Kügelchen werden in etwas Wasser aufgelöst und direkt ins Maul eingegeben. Ein kleines Schnapsglas reicht zum Auflösen der Kügelchen völlig aus.

Drei bis fünf Kügelchen pro Tag je nach Potenzverabreichung, ein- bis dreimal oder noch öfter, werden so verabreicht. Gibt man die Mittel ins Trinkwasser und benutzt eine hohe Potenz, sollte der Wassernapf nach dem Trinken entfernt werden. Bei tiefen Potenzen kann der Napf durchaus den ganzen Tag stehen bleiben. Es ist aber darauf zu achten, dass die Katze einen zweiten Wassernapf ohne homöopathische Mittel vorfindet, damit sie selbst wählen kann. Häufig wissen Tiere genau, was ihnen guttut.
Bei ganz besonders hartnäckigen Fällen kann das aufgelöste Mittel auch auf die Pfoten getropft werden, damit die Katze es ableckt, oder es wird aufgelöst über ein wenig Futter gegeben. Homöopathische Mittel sollten auf die Mundschleimhaut gebracht werden, denn dort wirken sie. Es ist also eher ungünstig, die Kügelchen einfach ins Futter zu geben, weil sie dann zu schnell aus dem Mund in den Magen gelangen. Die homöopathischen Mittel werden immer so häufig wie nötig und so selten wie möglich verabreicht.

Die Wirkung eines homöopathischen Mittels

Jede Krankheit schwächt den Körper, denn Krankheitserreger sorgen für eine Abwehrreaktion im Körper, die ihn in eine Verteidigungssituation versetzt. Dies kostet den Katzenkörper mitunter viel Kraft. Setzt man nun chemische Mittel ein, können diese dem Körper helfen, ihn aber auch noch mehr schwächen, weil Nebenwirkungen auftreten können. Bei homöopathischen Mitteln sind Nebenwirkungen in die-

ser Form nicht zu erwarten. Hier gibt es Erstverschlimmerungen, meist wenn das Mittel gut gewählt wurde und zur Erkrankung passt, oder es gibt bei zu langer Verabreichung eines homöopathischen Mittels eine Arzneimittelprüfung. Die Symptome, die dann erscheinen, hören aber in der Regel schnell wieder auf, wenn das homöopathische Mittel abgesetzt wird.
Allerdings kann es auch in der homöopathischen Behandlung, wie in der schulmedizinischen Behandlung, zur Unterdrückung einer Erkrankung kommen, wenn ein homöopathisches Mittel nicht gut gewählt wurde. Dabei scheint die Krankheit zu verschwinden, wird aber im Anschluss von einer anderen Krankheit abgelöst.

Um zu verstehen, wie ein homöopathisches Mittel wirkt, muss ein kleiner Exkurs erklären, was bei einer Erkrankung im Körper vor sich geht. Der Körper leistet meist schon vor sichtbaren Symptomen unbemerkt Höchstarbeit, um eine Krankheit abzuwehren. Diese Arbeit wird von unserer Lebenskraft, in der Schulmedizin mit der Bezeichnung Immunsystem genannt, übernommen. Ist ein Krankheitserreger zu stark oder ein Organ bereits stark angegriffen, kann die Lebenskraft so sehr geschwächt werden, dass sie nicht mehr imstande ist, den Körper zu heilen. Schulmedizinische Arzneimittel stärken die Lebenskraft leider nicht, sondern lassen nur die Symptome verschwinden. Bei der Verabreichung eines homöopathischen Mittels wird dem Körper jedoch geholfen, indem die verbliebene Lebenskraft gestärkt wird und der Körper sich selbst heilen kann.

Leider können homöopathische Mittel stark geschädigte Organe nicht wieder heilen, sie können aber im besten Fall die verbliebenen, noch intakten Organteile stützen, um einen Teil der Aufgaben zu übernehmen, die vorher das ganze Organ erledigte.

Um die Lebenskraft stützen zu können, müssen die homöopathischen Mittel zur Erkrankung und zu deren Symptomen passen. Das Signal, das durch ein homöopathisches Mittel an den Körper gegeben wird, ist immer sehr spezifisch und kann nicht ausgetauscht werden. Deswegen ist es wichtig, genügend Symptome und Modalitäten zu finden, nach denen das passende Mittel gefunden werden kann. Nur so kann das homöopathische Mittel dem Körper den Anstoß geben, sich selbst zu helfen.

Bei Knochenbrüchen setzt man z. B. Symphytum ein, damit die Kallusbildung beschleunigt wird. Der Körper bekommt die Botschaft, die Bildung von Knochen zu forcieren, was er unter der Eingabe des Mittels auch tun wird. Der Bruch wird dadurch schneller heilen können. Arnica wirkt bei Blutergüssen und körperlicher Erschöpfung sehr gut, indem es dem Körper die Botschaft gibt, das Blut unter der Haut schneller abzutransportieren und ihn sich schneller erholen zu lassen.

Man sollte Kortison und Antibiotika trotzdem nicht verteufeln, sie haben ebenso ihre Berechtigung und können Tieren, die unter schwerwiegenden Krankheitserscheinungen leiden, schnell helfen.

Findet man nicht gleich ein homöopathisches Mittel, das zur Erkrankung passt, hat man in diesen Momenten meist nicht die Zeit zu probieren und sollte sie überbrücken, damit der

Körper symbolisch gesehen nicht in ein Loch fällt, aus dem man ihn nur schwer wieder herausholen kann. Gibt man ihm die Chance, stabilgehalten zu werden, hat man auch die Zeit, ein passendes homöopathisches Mittel zu finden. Übrigens habe ich die Erfahrung gemacht, dass homöopathische Mittel auch bei Anwendung von Kortison und anderen schulmedizinischen Mitteln hervorragend helfen und somit auch begleitend eingesetzt werden können.

Die Dosierung des Mittels

Die Häufigkeit der Gaben richtet sich nach der Potenz des Mittels. Um akute Erkrankungen zu beheben, gibt man eine tiefe Potenz, ebenso bei Patienten, die eine schwache Lebenskraft haben. Bei chronischen Erkrankungen wirken höhere Potenzen meist besser, weil sie tiefer ins Geschehen eingreifen. Wie bereits erwähnt, sind die hohen Potenzen in ihrer Wirkung stärker als die tiefen Potenzen, deswegen sollte als Selbstmedikation möglichst nicht über C 30 verabreicht werden. Tritt z. B. bei einer D 30 eine Verschlimmerung der Symptome auf, kann eine D 200 oder D 1000 zu einer sehr massiven Verschlechterung führen.

Tiefe Potenzen: Ø, D 1 bis D 6 oder C 1 bis C 6 werden 3–4 x täglich in einer Gabe verabreicht, in sehr akuten Fällen kann man ein bis zwei Stunden lang zu Beginn 3 x 1 Gabe alle 5–10 Minuten verabreichen. Danach geht man zur normalen Dosis über.

Mittlere Potenzen: D 8 bis D 30 oder C 8 bis C 30 werden 1–2 x täglich verabreicht, mit jeweils einer Gabe.

Hochpotenzen: Potenzen ab D/C 30 sind in der Selbstmedikation vorsichtig zu handhaben, da sie starke Reaktionen hervorrufen können. Der Patient bekommt nur eine Gabe, dann wird abgewartet. Erst nach der Reaktion wird entschieden, ob und wann die nächste Gabe verabreicht wird. In der Regel wird das Mittel nur 1 x monatlich verabreicht.

Eine Gabe besteht aus 3–5 Tropfen, 3–5 Kügelchen oder 1 Tablette. Dilutionen sollten mit Wasser verdünnt verabreicht werden, weil sie hauptsächlich aus Alkohol bestehen. Globuli oder Tabletten können ins Maul gelegt werden (in die Backentasche) oder in Wasser aufgelöst ins Maul gespritzt werden.

Nach der Verabreichung

Nach der Eingabe eines homöopathischen Mittels sollte man gut auf die Wirkung schauen. Manchmal können homöopathische Mittel in akuten oder noch nicht weit fortgeschrittenen chronischen Fällen sehr schnell eine Wirkung zeigen. Verschwinden lokale Symptome (z. B. Juckreiz) innerhalb weniger Tage, ist das meist nur eine vorübergehende Besserung; verschwindet der Juckreiz aber sofort, ist das Mittel passend und die Symptome sollten nicht wieder auftreten. Die Verbesserung oder das Abklingen von Beschwerden kann viel darüber aussagen, ob und welche Korrektur in der Arzneimittelgabe oder Arzneimittelwahl getroffen werden muss. Die Interpretation sollte dem Tierhomöopathen oder dem homöopathisch arbeitenden Tierarzt überlassen werden.

Einige Grundregeln lauten:

- Tritt nach der angeordneten Behandlungsdauer keine Besserung ein, sollte das Mittel abgesetzt werden. Es wird dann nicht mehr helfen. Ist die Zeit noch nicht abgelaufen, wartet man weiterhin ab. Ebenso wartet man ab, wenn eine Besserung eintritt.
- Ist die Katze gesund, hört man mit der Behandlung auf. Es macht keinen Sinn, das Mittel zur Sicherheit weiter zu verabreichen; außerdem kann es bei zu langer Einnahme zu einer Arzneimittelprüfung kommen (Arzneimittelkrankheit, ausgelöst durch das homöopathische Mittel).
- Da Tiere keine Mitteilung über den Verlauf der Verabreichung geben können, gibt man je nach Erkrankung und Potenz die Mittel meist drei bis zehn Tage oder bei Verhaltensauffälligkeiten auch schon einmal drei bis acht Wochen lang, selbst wenn nach drei Wochen bereits eine Besserung zu bemerken ist.
- Geht es der Katze schnell, aber nur kurz besser, muss ein passenderes Mittel gefunden werden oder Störfaktoren (Futter oder bestimmte Arzneien, eventuell auch Katzenminze, Minze kann die Wirkung aufheben!) müssen abgestellt werden.
- Es kann sein, dass man sich mit einer teilweisen Wirkung zufriedengeben muss oder nach Folgemitteln fahnden

muss, wenn die Erkrankung noch nicht komplett behoben wurde.

- Wenn sich die Beschwerden verschlimmern, sollte die Eingabe ausgesetzt werden. Es kann sich um eine Erstverschlimmerung handeln, die ausgelöst wurde, weil die Potenz nicht passend ausgewählt wurde. Bei einer echten Verschlimmerung wird die Katze sich besser und lebendiger fühlen, trotz noch vorhandener Symptome. Dann setzt man das Mittel ab und wartet. Nach kurzer Zeit sollte eine weitere Besserung der Symptome auftreten. Manchmal können Verschlechterungen auch auftreten, wenn das falsche Mittel gewählt wurde und eine Unterdrückung dadurch hervorgerufen wurde. Sprechen Sie dann bitte mit Ihrem Tierhomöopathen.
- Man hört ebenfalls mit der Eingabe auf, wenn die bestehenden Symptome abklingen und dafür alte Beschwerden wieder auftreten. Bei chronischen Erkrankungen ist eine Heilung in umgekehrter Reihenfolge zu erwarten. Die Beschwerden verschwinden von innen nach außen (z. B. bessert sich das Verhalten, dafür tritt aber ein leichtes Hautjucken auf), weg von wichtigen Organen zu weniger wichtigen Organen (z. B. von den Atemwegen zur Haut), von innen nach außen, vom Kopf zum Unterkörper.

Die Heringschen Gesetze

Constantin Hering (1800–1880) war ein deutsch-amerikanischer Arzt, der schon während seines Studiums mit der Homöopathie in Berührung kam. Tatsächlich hatte er den Auftrag zu einer Studie, mit der die Wirkungslosigkeit der Homöopathie nachgewiesen werden sollte, wandelte sich aber zu einem engagierten Befürworter. Er gilt als Begründer der Homöopathie in den USA. Auf ihn gehen die Entdeckung und die Formulierung einiger Lehrsätze zurück, die den Heilungsverlauf einer chronischen Erkrankung erklären:

- Die Symptome verschwinden in umgekehrter Reihenfolge des Auftretens.
- Die Symptome gehen von innen nach außen.
- Die Symptome wandern von lebenswichtigen zu weniger wichtigen Körperteilen.
- Verläuft die Heilung nicht nach diesen Prinzipien, sollte unbedingt der Tierhomöopath oder der Tierarzt aufgesucht werden.

Verzeichnis der benutzten und empfohlenen Literatur

Alexander, F.: *Veterinary Pharmacology.* 2nd ed., E. & S. Livingstone Ltd., Edinburgh 1969

Becvar, W., Dr. med. vet.: *Naturheilkunde für Katzen.* Franckh-Kosmos Verlags-GmbH & Co., Stuttgart 1996

Boericke, W.: *Homöopathische Mittel und ihre Wirkungen – Grundlagen und Praxis.* 3. Auflage, Leer 1988

Boger, C. M.: *Synoptic Key.* Similimum-Verlag, Ruppichteroth 2002

Braun, A.: *Methodik der Homöopathie.* Johannes Sonntag Verlagsbuchhandlung, Regensburg 1975

Fellenberg-Ziegler, A. v.: *Kleine homöopathische Arzneimittellehre.* Verlag von Dr. Willmar Schwabe, Leipzig 1919

Hahnemann, S.: *Organon der Heilkunst.* Hippokrates Verlag, Nachdruck der von R. Haehl herausgegebenen 6. Auflage, Stuttgart 1982

Huijsen, L. P.: *Der Homöopathie-Führer.* Droemer Knaur Verlag, München 1991

Julian, O.: *Materia Medica der Nosoden.* Haug Verlag, 4. Auflage, Heidelberg 1980

Kent, J. T.: *Kent's Repertorium.* 3 Bände, Haug Verlag, 9. Auflage, Heidelberg 1986

Kent, J. T.: *Kent's Arzneimittelbilder.* Haug Verlag, 5. Auflage, Heidelberg 1985

Köhler, G.: *Lehrbuch der Homöopathie.* 2 Bände, Hippokrates Verlag, Stuttgart 1986

Mezger, J.: *Gesichtete homöopathische Arzneimittellehre.* 2 Bände, Haug Verlag, 6. Auflage, Stuttgart 1986

Pfeifer, G. u. Drinneberg, J.: *Homöopathische Arzneimittelbilder bei Hund und Katze.* Sonntag Verlag, Stuttgart 2010

Quast, C.: *Homöopathische Konstitutionsmittel für Katzen.* Sonntag Verlag, Stuttgart 2007

Rakow, B./Rakow, M.: *Bewährte Indikationen der Homöopathie in der Veterinärmedizin.* Johannes Sonntag Verlagsbuchhandlung, Regensburg 1988

Roy, R.: *Selbstheilung durch Homöopathie.* Droemer Knaur Verlag, München 1988

Vithoulkas, G.: *Die wissenschaftliche Homöopathie.* Burgdorf Verlag, Göttingen 1986

Vithoulkas, G.: *Medizin der Zukunft.* Wenderoth Verlag, Kassel 1979

Westerhuis, A. H.: »A study of veterinary homoeopathic treatment of some cases of active and passive psychogene incontinentia urinae in dogs«, in: *Internal Journal for Veterinary Homoeopathy* 1 (1986), 1, 24–36

Westerhuis, A. H.: »Bespreking van enkele homoeotherapeutische ervaringen in de kleine huisdieren praktijk«, in: *S. S. C.* 8 (1978), 4, 106–111

Westerhuis, A. H. u. a.: *Compendium Veterinaire Homeopathie.* Groep Veterinaire Homeopathie KNMvD/VSM Geneesmiddelen bv, Alkmaar 1985–1989

Westerhuis, A. H.: *Homöopathie für Hunde.* Droemer Knaur Verlag, München 1991, 2000

Westerhuis, A. H.: *Digestietractusstoornissen, gedragsproblemen en homeopathie.* Groep Veterinaire Homoeopathie KNMvD / VSM geneesmiddelen bv, Alkmaar, Najaarsttraining, 1986

Westerhuis, A. H.: *Inleiding in de veterinaire homoeotherapie.* VSM Geneesmiddelen bv, Alkmaar 1981

Westerhuis, A. H.: *Klinische lessen veterinaire homoeopathie.* Groep Veterinaire Homeopathie KNMvD/VSM Geneesmiddelen bv, Alkmaar 1979–1984

Westerhuis, A. H.: »Praxisstudie über die homöopathische Behandlung von einigen Verhaltensstörungen beim Hund«, in: *Tierärztliche Umschau* 41 (1986), 6, 408–417

Westerhuis, A. H.: *Toepassing van de homeotherapie in de diergeneeskunde.* Groep Veterinaire Homoeopathie KNMvD/VSM Geneesmiddelen bv, Alkmaar, 1977–1986

Westerhuis, A. H.: »Zo baas, zo hond«, in: *S. S. C.* 13 (1983), 2, 51–57

Wolff, H.-G.: *Unsere Hunde – gesund durch Homöopathie.* Johannes Sonntag Verlagsbuchhandlung, Regensburg 1977

Wolff, H.-G.: *Unsere Katze – gesund durch Homöopathie.* Johannes Sonntag Verlagsbuchhandlung, Stuttgart 2002

Stichwortverzeichnis

Dr. med. Irene Schlingensiepen
und Mark-Alexander Brysch

Homöopathie für Skeptiker

Wie sie wirkt,
warum sie heilt,
was belegt ist

Die Homöopathie ist eine der ältesten und umstrittensten Therapieformen in unserem Kulturkreis. Befürworter und Gegner diskutieren in Foren und auf Kongressen über die Globuli und deren Wirkung.
Dieses Buch unterzieht die Homöopathie einer kritischen Prüfung und zeigt zugleich die wissenschaftlich messbare Wirksamkeit der weißen Kügelchen. Die Autoren vermitteln auf sachkundige und nachvollziehbare Weise die naturwissenschaftliche Grundlagenforschung zur Homöopathie und belegen sie mit eindrucksvollen Fallbeispielen.

Ein fundierter Einstieg in die Homöopathie auf dem neusten Stand der Forschung.

O.W. BARTH

Carola und Ravi Roy

Kinder mit Homöopathie behandeln

Die bekannten Homöopathen Carola und Ravi Roy beschreiben die Anwendungsmöglichkeiten der wichtigsten homöopathischen Mittel bei Kinderkrankheiten. Sie zeigen, wo die Homöopathie Alternativen zur schulmedizinischen Behandlung bieten kann. Ihr Schwerpunkt liegt auf dem Thema Impfen.
Die Gliederung nach Krankheiten und Krankheitssymptomen ermöglicht eine schnelle und einfache Übersicht. Außerdem gibt es konkrete Angaben zur praktischen Anwendung und Dosierung von homöopathischen Mitteln.

KNAUR

Martin Hirte

Impfen – Pro & Contra

Das Handbuch für die individuelle Impfentscheidung

Ein sachkundiger und aufschlussreicher Ratgeber, der sich unter Einbeziehung der neuesten Forschungsergebnisse mit der Notwendigkeit und den Risiken von Impfungen auseinandersetzt. Anhand des umfassenden Überblicks über alle Impfmöglichkeiten kann man schnell und pragmatisch entscheiden, welche Impfungen man für sich selbst oder seine Kinder als sinnvoll erachtet.

KNAUR
MENSSANA